全国高职高专应用型规划教材·机械机电类

# 机械加工设备

主　编　陈伟栋
副主编　滕文建　魏新村　刘新平
参　编　陈红杰　苏炳玲　刘　星
主　审　王国林

## 内 容 简 介

本书根据近年来高职高专教育教学的改革精神，按照基于工作过程的教学目标和教学内容要求，将理论与实践充分结合，介绍零件典型表面的机械加工方法和加工设备的特点、传动系统、典型结构和应用知识，同时，还对常用的机床附件、工具和量具等知识作了介绍。

本书共分 9 章，内容包括：绪论、外圆加工及设备、内孔加工及设备、平面与沟槽加工及设备、齿轮加工及设备、螺纹加工及设备、箱体加工及设备、先进制造技术、机床使用的基本知识。本书适用于职业技术教育机电类各专业和近机类专业，也可供相关技术人员和操作人员使用。

### 图书在版编目(CIP)数据

机械加工设备/陈伟栋主编. —北京：北京大学出版社，2010.6
（全国高职高专应用型规划教材·机械机电类）
ISBN 978-7-301-17182-0

Ⅰ. 机… Ⅱ. 陈… Ⅲ. 机械加工－机具－高等学校：技术学校－教材 Ⅳ. TG5

中国版本图书馆 CIP 数据核字(2010) 第 092345 号

| | |
|---|---|
| 书　　　　名： | 机械加工设备 |
| 著作责任者： | 陈伟栋 主编 |
| 策 划 编 辑： | 傅　莉 |
| 责 任 编 辑： | 桂　春　刘红娟 |
| 标 准 书 号： | ISBN 978-7-301-17182-0/TH·0190 |
| 出 版 发 行： | 北京大学出版社 |
| 地　　　　址： | 北京市海淀区成府路 205 号　100871 |
| 网　　　　址： | http://www.pup.cn |
| 电　　　　话： | 邮购部 62752015　发行部 62750672　编辑部 62765126　出版部 62754962 |
| 电 子 信 箱： | zyjy@pup.cn |
| 印 刷 者： | 三河市北燕印装有限公司， |
| 经 销 者： | 新华书店 |
| | 787 毫米×1092 毫米　16 开本　16.5 印张　399 千字 |
| | 2010 年 6 月第 1 版　2016 年 12 月第 2 次印刷 |
| 定　　　价： | 32.00 元 |

未经许可，不得以任何方式复制或抄袭本书之部分或全部内容。
**版权所有，侵权必究**
举报电话：010-62752024　电子信箱：fd@pup.pku.edu.cn

# 前　言

高等职业教育的目标是培养高素质的技能型人才。目前，高等职业院校正在从事教学方法的深入改革，为提高学生的学习效果，相应的教材内容也有了较大的改变。本书根据近年来高职高专教育教学的改革精神，在广泛调研相关企业和专家论证的基础上，按照基于工作过程的教学目标和教学内容要求，将理论与实践充分结合，从当前高等职业院校学生的就业技能需求出发，以适应职业教育发展的需要。

本书体现了职业教育的特色，密切联系实际，具有以下特点：

（1）定位准确，重点突出。本书从零件典型表面引入其机械加工方法和加工设备的特点、传动系统、典型结构和应用知识，同时，还对常用的机床附件、工具和量具等知识作了介绍。编者多为在企业工作多年的"双师型"教师，对编写内容的定位和重点把握较好。

（2）理论适度，条理清晰。在内容安排上，文化基础以"必需、够用"为度，注重知识的实用性和拓展性，并且各部分条理清晰，重点突出。

（3）注重实践，理实一体。以技术应用能力培养为主线，按职业岗位（群）要求的知识及能力来设置课程和实训环节，强化学生技能的训练，使理论与实践充分结合起来。

本书共分9章，内容包括：绪论、外圆加工及设备、内孔加工及设备、平面与沟槽加工及设备、齿轮加工及设备、螺纹加工及设备、箱体加工及设备、先进制造技术、机床使用的基本知识。

本书由山东交通职业学院陈伟栋老师任主编，滕文建、魏新村和刘新平老师任副主编，陈红杰、苏炳玲和刘星老师参加了编写，王国林老师任主审。其中，陈伟栋编写了第2章、第3章、第5章；滕文建编写了第1章；魏新村编写了第8章、第9章；刘新平编写了第4章；陈红杰编写了第6章；刘星编写了第7章；苏炳玲编写了附录。在编写过程中，王国林老师对本书提出了许多宝贵意见。

本书适用于职业技术教育机电类各专业和近机类专业，也可供相关技术人员和操作人员使用。

本书在编写过程中参考了许多教材及其他相关资料，同时也得到了有关同行的大力支持与帮助，在此向他们致以衷心的感谢！

鉴于编者水平有限，书中难免存在错误和不足之处，恳请广大读者批评指正。

编　者

2010年2月

# 目 录

**第1章 绪论** ………………………………………………………………… (1)
1.1 本课程的性质和任务 …………………………………………………… (2)
1.2 机械加工设备的地位及发展概况 ……………………………………… (2)
    1.2.1 机械加工设备在我国国民经济中的地位与作用 ………………… (2)
    1.2.2 金属切削机床发展概况 ………………………………………… (3)
1.3 金属切削机床的基本知识 ……………………………………………… (4)
    1.3.1 金属切削机床的分类 …………………………………………… (4)
    1.3.2 机床型号的编制方法 …………………………………………… (5)
    1.3.3 零件表面的成形方法 …………………………………………… (10)
    1.3.4 金属切削机床的运动 …………………………………………… (12)
    1.3.5 金属切削机床的传动原理及运动计算 ………………………… (13)
复习思考题 ……………………………………………………………………… (18)

**第2章 外圆加工及设备** ………………………………………………… (20)
2.1 外圆表面的加工方法 …………………………………………………… (21)
2.2 外圆表面的车削加工设备 ……………………………………………… (24)
    2.2.1 车削加工 ………………………………………………………… (24)
    2.2.2 CA6140型车床 ………………………………………………… (26)
    2.2.3 车刀 ……………………………………………………………… (42)
    2.2.4 工件的装夹 ……………………………………………………… (46)
2.3 外圆表面的磨削加工设备 ……………………………………………… (50)
    2.3.1 磨削加工 ………………………………………………………… (50)
    2.3.2 磨削加工设备 …………………………………………………… (51)
    2.3.3 M1432A型万能外圆磨床 ……………………………………… (52)
    2.3.4 其他外圆磨床 …………………………………………………… (61)
    2.3.5 砂轮 ……………………………………………………………… (63)
2.4 外圆表面的光整加工 …………………………………………………… (70)
    2.4.1 研磨 ……………………………………………………………… (70)
    2.4.2 抛光 ……………………………………………………………… (72)
    2.4.3 超精加工 ………………………………………………………… (73)
复习思考题 ……………………………………………………………………… (74)

**第3章 内孔加工及设备** ………………………………………………… (75)
3.1 内孔加工方法 …………………………………………………………… (76)

3.2　内孔加工机床的选择 ……………………………………………………………… (79)
3.3　内孔的钻削加工设备 ………………………………………………………………(81)
　　3.3.1　台式钻床 ………………………………………………………………………(81)
　　3.3.2　立式钻床 ………………………………………………………………………(82)
　　3.3.3　摇臂钻床 ………………………………………………………………………(83)
　　3.3.4　深孔钻床 ………………………………………………………………………(83)
　　3.3.5　钻削加工刀具 …………………………………………………………………(84)
3.4　内孔的镗削加工设备 ………………………………………………………………(93)
　　3.4.1　内孔的镗削加工 ………………………………………………………………(93)
　　3.4.2　镗床 ……………………………………………………………………………(93)
　　3.4.3　镗刀 ……………………………………………………………………………(97)
3.5　内孔的拉削加工 ……………………………………………………………………(99)
3.6　内孔的磨削加工 ……………………………………………………………………(101)
　　3.6.1　内孔的磨削方法 ………………………………………………………………(101)
　　3.6.2　砂轮的选择与安装 ……………………………………………………………(103)
3.7　内孔的光整加工 ……………………………………………………………………(105)
　复习思考题 ………………………………………………………………………………(107)

# 第4章　平面与沟槽加工及设备 ……………………………………………………(108)

4.1　平面加工方法 ………………………………………………………………………(109)
4.2　平面铣削加工及设备 ………………………………………………………………(111)
　　4.2.1　铣削加工 ………………………………………………………………………(111)
　　4.2.2　铣床 ……………………………………………………………………………(112)
　　4.2.3　铣刀及其安装 …………………………………………………………………(123)
　　4.2.4　平面的铣削方式 ………………………………………………………………(128)
　　4.2.5　典型平面铣削加工 ……………………………………………………………(130)
4.3　平面及沟槽的刨削加工及设备 ……………………………………………………(134)
　　4.3.1　刨削加工 ………………………………………………………………………(134)
　　4.3.2　刨床种类及用途 ………………………………………………………………(135)
　　4.3.3　刨刀 ……………………………………………………………………………(140)
　　4.3.4　典型表面的刨削加工 …………………………………………………………(142)
4.4　平面的磨削加工及设备 ……………………………………………………………(147)
　　4.4.1　磨削加工 ………………………………………………………………………(147)
　　4.4.2　平面磨床 ………………………………………………………………………(147)
4.5　平面的光整加工 ……………………………………………………………………(153)
　复习思考题 ………………………………………………………………………………(154)

# 第5章　齿轮加工及设备 ………………………………………………………………(155)

5.1　齿形加工方法及设备 ………………………………………………………………(157)
　　5.1.1　齿形加工原理与方法 …………………………………………………………(157)

5.1.2 齿轮加工设备 …………………………………………………………………… (159)
5.2 齿轮的铣削加工 …………………………………………………………………… (159)
5.3 齿轮的滚齿加工设备 ……………………………………………………………… (162)
　　5.3.1 滚齿机的加工表面及所需运动 ……………………………………………… (162)
　　5.3.2 Y3150E 滚齿机 ……………………………………………………………… (165)
　　5.3.3 Y3150E 型滚齿机传动系统分析 …………………………………………… (166)
　　5.3.4 滚刀 …………………………………………………………………………… (170)
　　5.3.5 工件的装夹 …………………………………………………………………… (173)
5.4 插齿加工设备 ……………………………………………………………………… (174)
5.5 齿轮的精加工 ……………………………………………………………………… (178)
　　5.5.1 剃齿加工 ……………………………………………………………………… (178)
　　5.5.2 珩齿加工 ……………………………………………………………………… (180)
　　5.5.3 磨齿加工 ……………………………………………………………………… (181)
5.6 齿轮的测量 ………………………………………………………………………… (183)
　　5.6.1 齿圈径向跳动 $\Delta F_r$ 的测量 ………………………………………………… (183)
　　5.6.2 公法线长度变动 $\Delta F_w$ 的测量 …………………………………………… (184)
　　5.6.3 齿厚偏差 $\Delta E_s$ 的测量 ……………………………………………………… (186)
复习思考题 ……………………………………………………………………………… (188)

## 第 6 章　螺纹加工及设备 ……………………………………………………………… (189)

6.1 攻螺纹和套螺纹 …………………………………………………………………… (191)
　　6.1.1 攻螺纹 ………………………………………………………………………… (191)
　　6.1.2 套螺纹 ………………………………………………………………………… (193)
6.2 螺纹的车削加工方法 ……………………………………………………………… (195)
6.3 螺纹的其他加工方法 ……………………………………………………………… (197)
　　6.3.1 螺纹的铣削加工方法 ………………………………………………………… (197)
　　6.3.2 螺纹的滚压加工方法 ………………………………………………………… (198)
　　6.3.3 螺纹的磨削加工方法 ………………………………………………………… (199)
　　6.3.4 螺纹的研磨 …………………………………………………………………… (200)
6.4 螺纹的测量方法 …………………………………………………………………… (200)
　　6.4.1 综合测量法 …………………………………………………………………… (200)
　　6.4.2 单项测量法 …………………………………………………………………… (200)
复习思考题 ……………………………………………………………………………… (202)

## 第 7 章　箱体加工及设备 ……………………………………………………………… (203)

7.1 组合机床 …………………………………………………………………………… (204)
　　7.1.1 概述 …………………………………………………………………………… (204)
　　7.1.2 组合机床的通用部件 ………………………………………………………… (205)
7.2 加工中心 …………………………………………………………………………… (208)
　　7.2.1 概述 …………………………………………………………………………… (208)

  7.2.2 加工中心主要部件结构 ……………………………………………… (210)
 复习思考题 ………………………………………………………………………… (214)
第8章 先进制造技术 …………………………………………………………… (215)
 8.1 高速切削的概念与高速切削技术 ………………………………………… (216)
  8.1.1 高速与超高速切削 ……………………………………………… (217)
  8.1.2 高速切削加工的关键技术 ……………………………………… (218)
 8.2 快速成型技术 ……………………………………………………………… (222)
  8.2.1 快速成型原理及方法 …………………………………………… (222)
  8.2.2 快速成型技术发展概况 ………………………………………… (223)
  8.2.3 快速成型技术的应用 …………………………………………… (224)
 8.3 先进制造技术的发展趋势 ………………………………………………… (225)
 复习思考题 ………………………………………………………………………… (226)
第9章 机床使用的基本知识 …………………………………………………… (227)
 9.1 机床安装 …………………………………………………………………… (228)
  9.1.1 机床的安装位置 ………………………………………………… (228)
  9.1.2 机床的基础 ……………………………………………………… (228)
  9.1.3 机床设备安装就位的方法 ……………………………………… (230)
  9.1.4 机床安装工作的内容 …………………………………………… (232)
 9.2 开箱验收、运转、调试和精度检验 ……………………………………… (232)
  9.2.1 设备的开箱验收 ………………………………………………… (232)
  9.2.2 设备的调试和验收 ……………………………………………… (233)
 9.3 机床的修理 ………………………………………………………………… (239)
  9.3.1 维修类别 ………………………………………………………… (239)
  9.3.2 机床的维护与保养 ……………………………………………… (240)
 复习思考题 ………………………………………………………………………… (241)
附录 实训指导 …………………………………………………………………… (242)
参考文献 ……………………………………………………………………………… (254)

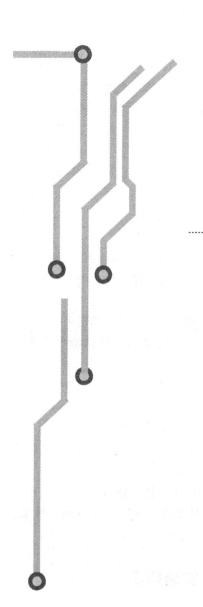

# 第 1 章
## 绪　论

## 1.1 本课程的性质和任务

目前，我国机械制造工业特别是装备制造业还远远落后于世界工业发达国家，因此，从事机械设计与制造的技术人员应该不断地进行知识更新、拓宽技能和掌握高新技术，勇于实践，为我国机械制造业的发展奠定基础。

本教材主要以零件典型表面为基础，介绍其机械加工方法和加工设备的特点、传动系统、典型结构和应用知识，同时，还对常用的机床附件、工具和量具等知识作了介绍。

本课程是一门专业必修课，它为机械设计与制造、机械制造、机电一体化等专业的培养目标服务，并为这些专业的后续课程和其他专业的选修课以及课程设计、毕业设计提供必要的基础知识。

《机械加工设备》是高职高专机械类专业的一门主要专业课，这门课程实践性、综合性、灵活性都很强。必须通过理论教学、生产实习以及综合实践等教学环节的相互配合，使学生达到下列要求。

① 通过学习该课程，使学生初步具备根据常见典型零件表面选择机床的能力。

② 通过学习该课程，使学生初步具备通用机床的加工范围、组成、结构特点和传动系统的分析与机床速度计算的能力。

③ 通过学习该课程，使学生初步具备典型机床（如铣床）操作和动手拆装机床（如车床）的能力。

④ 通过学习该课程，使学生掌握机床必要的安装、调整、验收和维护知识。

⑤ 通过学习该课程，使学生初步了解现代制造技术中的新设备，了解现代制造技术的发展方向。

⑥ 通过学习该课程，使学生初步具备独立分析问题与解决问题的能力。

此外，还应懂得由于各机械制造企业的生产条件千差万别，运用时切忌死搬教条，要灵活运用。

## 1.2 机械加工设备的地位及发展概况

### 1.2.1 机械加工设备在我国国民经济中的地位与作用

机械制造工业是将制造资源生产成零件，并将它们装配成机器、机械、仪器和工具的工业。它在国民经济中起着支配作用，担负着向国民经济的各个部门提供机械装备的任务，是一个国家经济实力和科学技术发展水平的重要标志，因而世界各国均把发展机械制造工业作为振兴和发展国民经济的战略重点之一。

装备制造业处于机械制造工业的中心地位，是为机械制造工业提供先进加工技术和现代化技术装备的"工作母机"工业，是国民经济持续发展的基础。在工业、农业、国防和科研领域以及人们的日常生活中，使用着的各种各样的机器、仪器和工具等，其组成零件（各种轴类、盘类、齿轮类、箱体类、机架类等）绝大部分是通过机械加工设备完成的。

在现代机械制造工业中加工机器零件的方法有多种，如铸造、锻造、焊接、切削加工和各种特种加工等，它们是由不同的机械加工设备完成的。一般情况下，通过铸造、锻造、焊接和各种轧制的型材毛坯精度低和表面粗糙度大，不能满足零件要求，必须进行切削加工才能成为零件。金属零件切削加工是指通过刀具与工件之间的相对运动，从毛坯上切除多余的金属，从而获得合格零件的加工方法。金属切削机床是加工机器零件的主要加工设备，它担负着几乎所有零件的加工任务，因此，机床的技术水平直接影响到机械制造工业的产品质量和劳动生产率，在机械制造过程中，处于十分重要的地位。

### 1.2.2 金属切削机床发展概况

金属切削机床是在人类认识和改造自然的过程中诞生的，并随着社会生产的发展和科学技术的进步而不断发展和完善的。

最原始的机床是木制的，人或畜力驱动，如图1-1（a）～图1-1（c）所示。公元前二千多年出现的树木车床是机床最早的雏形。工作时，工件由绳索带动旋转，手拿贝壳或石片等作为刀具，沿板条移动工具切削工件。

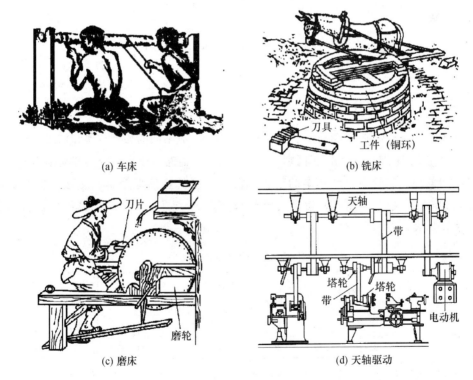

图 1-1 古代机床

1765年，瓦特发明蒸汽机，从此，机床开始用蒸汽机通过天轴驱动，形成现代机床雏形。

19世纪至20世纪，随着电动机的发明，机床开始先采用电动机通过天轴对机床进行集群驱动（如图1-1（d）所示），后又广泛使用单独电动机驱动（如图1-2（a）所示）。

20世纪初，为了加工精度更高的工件、夹具和螺纹加工工具，相继创制出坐标镗床和螺纹磨床。同时为了适应汽车和轴承等工业大量生产的需要，又研制出各种自动机床、仿形机床、组合机床和自动生产线。

随着电子技术的发展，美国于1952年研制成第一台数字控制机床，如图1-2（b）所示；1958年研制成能自动更换刀具，以进行多工序加工的加工中心，如图1-2（c）所示。

世界上第一条数控生产线诞生于1968年的英国，不久，美国通用电气公司提出了"工厂自动化的先决条件是零件加工过程的数控和生产过程的程控"，于是，到20世纪70年代中期，出现了自动化车间，如图1-2（d）所示；自动化工厂也已开始建造。

(a) 单独电动机驱动　　(b) 数字控制机床　　(c) 加工中心　　(d) 自动化车间

图1-2　现代机床

## 1.3　金属切削机床的基本知识

### 1.3.1　金属切削机床的分类

金属切削机床是切削加工使用的主要设备。为了适应不同的加工对象和加工要求，需要多种品种和规格的机床，为了便于区别、使用和管理，需对机床进行分类和编制型号。

机床的分类方法较多，最基本的是根据国家制定的机床型号编制方法，按照机床的加工方式和所用刀具及其用途，将机床分为12类，每类机床的代号用其汉语拼音的大写字母表示，如表1-1所示。

表1-1　机床的类及分类代号

| 类别 | 车床 | 钻床 | 镗床 | 磨床 | | | 齿轮加工机床 | 螺纹加工机床 | 铣床 | 刨插床 | 拉床 | 特种加工机床 | 切断机床 | 其他机床 |
|---|---|---|---|---|---|---|---|---|---|---|---|---|---|---|
| 代号 | C | Z | T | M | 2M | 3M | Y | S | X | B | L | D | G | Q |
| 读音 | 车 | 钻 | 镗 | 磨 | 二磨 | 三磨 | 牙 | 丝 | 铣 | 刨 | 拉 | 电 | 割 | 其 |

除了上述基本分类方法外，还有其他分类方法。

按照万能性程度，机床可分为以下3种。

（1）通用机床

这类机床可以加工一定尺寸范围内的多种类型零件，完成多种多样的工序，加工范围较广，但其结构与传动较复杂，适用于单件小批生产。如卧式车床、万能升降台铣床、万能外圆磨床等。

(2) 专门化机床

这类机床只能用于加工不同尺寸的一类或几类零件的一种（或几种）特定工序，加工范围较窄，生产率较高。如丝杠车床、凸轮轴车床等。

(3) 专用机床

这类机床通常只能完成某一特定零件的特定工序，加工范围最窄，但其生产率和自动化程度都比较高，适用于大批量生产。如加工机床主轴箱体孔的专用镗床、加工机床导轨的专用导轨磨床、汽车和拖拉机制造中大量使用的各种组合机床等。

按照机床的工作精度可分为：普通精度机床、精密机床和高精度机床。

按照机床的质量（重量）和尺寸可分为：仪表机床，中型机床（一般机床），大型机床（质量大于10 t），重型机床（质量在30 t以上）和超重型机床（质量在100 t以上）。

按照机床主要工作部件的数目可分为：单轴，多轴，单刀，多刀机床等。

按照机床的自动化程度可分为：手动、机动、半自动和自动机床。自动机床具有完整的自动工作循环，包括自动装卸工件，能够连续地自动加工出工件。半自动机床也有完整的自动工作循环，但装卸工件还需人工完成，因此不能连续地加工。

按照加工过程的控制方式可分为：普通机床、数控机床、加工中心、柔性制造单元等。

### 1.3.2 机床型号的编制方法

机床的型号是机床产品的代号，用以表明机床的类型、通用和结构特性、主要技术参数等。按照《GB T/15375—1994 金属切削机床型号编制方法》的规定，我国的机床型号由汉语拼音字母和阿拉伯数字按一定规律排列组合而成的。

1. 通用机床型号的编制方法

通用机床的型号主要表示机床类型、特性、组别、主参数及重大改进顺序等。其表示方法如下：

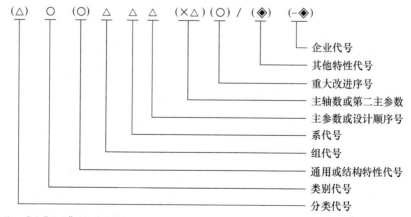

注：①有"( )"的代号或数字，无内容时不表示；有内容时则不带括号；
②有"〇"符号者，为大写的汉语拼音字母；
③有"△"符号者，为阿拉伯数字；
④有"◆"符号者，为大写的汉语拼音字母，或阿拉伯数字，或两者兼有之。

（1）机床类别的划分及其代号

机床的类别用汉语拼音大写字母表示，类别代号及其读音如表1-1所示。分类代号用数字表示，只有磨床才有。

（2）机床的通用特性代号、结构特性代号

这两种特性代号用汉语拼音大写字母表示。当某类机床既有普通形式，又有某种通用特性时，则在类别代号后加通用代号予以区别，通用特性代号有统一的固定含义，如表1-2所示。

表1-2  机床的通用特性代号

| 通用特性 | 高精度 | 精密 | 自动 | 半自动 | 数控 | 加工中心（自动换刀） | 仿形 | 轻型 | 加重型 | 简式或经济型 | 柔性加工单元 | 数显 | 高速 |
|---|---|---|---|---|---|---|---|---|---|---|---|---|---|
| 代号 | G | M | Z | B | K | H | F | Q | Z | J | R | X | S |
| 读音 | 高 | 密 | 自 | 半 | 控 | 换 | 仿 | 轻 | 重 | 简 | 柔 | 显 | 速 |

对于主参数值相同而结构性能不同的机床，在型号中加结构特性以示区别。结构特性在型号中没有统一的含义，只在同类机床中起区分机床结构、性能的作用。当机床型号中有通用特性代号时，结构特性代号应排在通用特性代号之后，通用特性代号已用的字母及字母"I"、"O"不能用。

（3）机床的组别、系别代号

机床的组别、系别代号用两位阿拉伯数字表示，前一位表示组别，后一位表示系别。每类机床划分为10个组（从0～9组），每个组又划分为10个系（从0～9型）。在同一类机床中，凡主要布局或使用范围基本相同的机床，即为同一组。凡在同一组机床中，若其主参数相同、主要结构及布局形式相同的机床，即为同一系。如表1-3所示为金属切削机床的组、系代号划分。

表1-3  金属切削机床类、组划分表

| 类别＼组别 | 0 | 1 | 2 | 3 | 4 | 5 | 6 | 7 | 8 | 9 |
|---|---|---|---|---|---|---|---|---|---|---|
| 车床 C | 仪表车床 | 单轴自动车床 | 多轴自动、半自动车床 | 回轮、轮塔车床 | 曲轴及凸轮轴车床 | 立式车床 | 落地及卧式车床 | 仿形及多刀车床 | 轮、轴、辊、锭及铲齿车床 | 其他车床 |
| 钻床 Z |  | 坐标镗钻床 | 深孔钻床 | 摇臂钻床 | 台式钻床 | 立式钻床 | 卧式钻床 | 铣钻床 | 中心孔钻床 | 其他钻床 |
| 镗床 T |  |  | 深孔镗床 |  | 坐标镗床 | 立式镗床 | 卧式铣镗床 | 精镗床 | 汽车、拖拉机修理用镗床 | 其他镗床 |

（续表）

| 类别\组别 | | 0 | 1 | 2 | 3 | 4 | 5 | 6 | 7 | 8 | 9 |
|---|---|---|---|---|---|---|---|---|---|---|---|
| 磨床 | M | 仪表磨床 | 外圆磨床 | 内圆磨床 | 砂轮机 | 坐标磨床 | 导轨磨床 | 刀具刃磨床 | 平面及端面磨床 | 曲轴、凸轮轴、花键轴及轧辊磨床 | 工具磨床 |
| | 2M | | 超精机 | 内圆珩磨机 | 外圆及其他珩磨机 | 抛光机 | 砂带抛光及磨削机床 | 刀具刃磨及研磨机床 | 可转位刀片磨削机床 | 研磨机 | 其他磨床 |
| | 3M | | | 球轴承套圈沟磨床 | 滚子轴承套圈滚道磨床 | 轴承套圈超精机 | | 叶片磨削机床 | 滚子加工机床 | 钢球加工机床 | 气门、活塞及活塞环磨削机床 | 汽车、拖拉机修磨机床 |
| 齿轮加工机床 Y | | 仪表齿轮加工机 | | 锥齿轮加工机 | 滚齿及铣齿机 | 剃齿及珩齿机 | 插齿机 | 花键轴铣床 | 齿轮磨齿机 | 其他齿轮加工机 | 齿轮倒角及检查机 |
| 螺纹加工机床 S | | | | 套螺纹机 | 攻螺纹机 | | | 螺纹磨床 | 螺纹车床 | | |
| 铣床 X | | 仪表铣床 | 悬臂及滑枕铣床 | 龙门铣床 | 平面铣床 | 仿形铣床 | 立式升降台铣床 | 卧式升降台铣床 | 床身铣床 | 工具铣床 | 其他铣床 |
| 刨插床 B | | | 悬臂刨床 | 龙门刨床 | | | 插床 | 牛头刨床 | | 边缘及模具刨床 | 其他刨床 |
| 拉床 L | | | | 侧拉床 | 卧式外拉床 | 连续拉床 | 立式内拉床 | 卧式内拉床 | 立式外拉床 | 键槽、轴瓦及螺纹拉床 | 其他拉床 |
| 锯床 G | | | | 砂轮片锯床 | | 卧式带锯床 | 立式带锯床 | 圆锯床 | 弓锯床 | 锉锯床 | |
| 其他机床 Q | | 其他仪表机床 | 管子加工机床 | 木螺钉加工机 | | 刻线机 | 切断机 | 多功能机床 | | | |

（4）机床主参数、设计顺序号

机床主参数代表机床规格的大小，在机床型号中，主参数用折算值（即，实际值乘以折算系数）表示，位于组、系代号之后。

当无法用一个主参数表示机床时，则在型号中用设计顺序号表示，由 01 开始。各类主要机床的主参数和折算系数如表1-4所示。

表1-4　各类主要机床的主参数和折算系数

| 机床 | 主参数名称 | 主参数折算系数 | 第二主参数 |
|---|---|---|---|
| 卧式车床 | 床身上最大回转直径 | 1/10 | 最大工件长度 |
| 立式车床 | 最大车削直径 | 1/100 | 最大工件高度 |
| 摇臂钻床 | 最大钻孔直径 | 1/1 | 最大跨距 |
| 卧式镗铣床 | 镗轴直径 | 1/10 | — |
| 坐标镗床 | 工作台面宽度 | 1/10 | 工作台面长度 |
| 外圆磨床 | 最大磨削直径 | 1/10 | 最大磨削长度 |
| 内圆磨床 | 最大磨削孔径 | 1/10 | 最大磨削深度 |
| 矩台平面磨床 | 工作台面宽度 | 1/10 | 工作台面长度 |
| 齿轮加工机床 | 最大工件直径 | 1/10 | 最大模数 |
| 龙门铣床 | 工作台面宽度 | 1/100 | 工作台面长度 |
| 升降台铣床 | 工作台面宽度 | 1/10 | 工作台面长度 |
| 龙门刨床 | 最大刨削宽度 | 1/100 | 最大刨削长度 |
| 插床及牛头刨床 | 最大插削及刨削长度 | 1/10 | — |
| 拉床 | 额定拉力（t） | 1/1 | 最大行程 |

（5）机床主轴数或第二主参数

第二主参数一般是指主轴数、最大跨距、最大工件长度、工作台面长度等。

多轴机床的主轴数，以实际的轴数标于型号中主参数之后，并用"·"表示，读作"点"。

第二主参数也用折算值表示，置于主参数之后，并用"×"（读作"乘"）分开。第二主参数属于长度、跨度、行程等的折算系数为1/100；属于直径、深度、宽度的为1/10；属于最大模数、厚度的为1/1。

（6）机床的重大改进顺序号

当机床性能和结构布局有重大改进时，在原机床型号尾部加重大改进顺序号以示区别。按字母"A、B、C……"的顺序表示（I、O除外）。

（7）其他特性代号

其他特性代号置于辅助部分之首。其中同一型号机床的变型代号，也应放在其他特性代号之首位。其他特性代号可用汉语拼音字母表示，也可以用阿拉伯数字表示，还可用两者结合表示。主要用以反映各类机床的特性。例如对于柔性加工单元，可用它来反映自动交换主轴箱；对数控机床，可用它来反映不同控制系统；对于一般机床，可以反映同一型号机床的变型等。

（8）企业代号

企业代号包括机床生产厂及研究单位代号，置于辅助部分尾部，用"—"分开，若辅助部分仅有企业代号，则不加"—"。

例如 Z3040×16/S2 的含义如下：

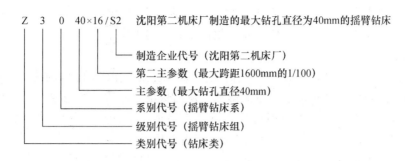

2. 专用机床的型号编制

专用机床的型号一般由设计单位代号和设计顺序号组成，表示方法如下：

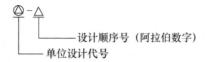

3. 组合机床及自动线型号

组合机床及自动线型号表示方法如下：

4. 机床的技术性能及其对选用机床的意义

机床的技术性能是指机床的加工范围、使用质量和经济效益的技术参数。主要包括以下内容。

(1) 工艺范围

机床的工艺范围是指机床所能完成的工序种类，适用的生产规模等。通用机床的工艺范围较广，但一般只适用于单件小批生产；专门化机床的工艺范围较窄，但适用于大批量生产。

(2) 技术规格

技术规格是反映机床尺寸大小和工作性能的各种技术数据，主要包括主参数和影响机床工作性能的其他各种参数。每一种通用机床都有不同的规格以适应加工尺寸大小不同的各种零件的需要。

(3) 加工精度和表面质量

加工精度和表面质量是指在正常工艺条件下，机床上加工的零件所能达到的尺寸、形位精度以及表面粗糙度。各种通用机床的加工精度和表面质量在国家制定的机床精度标准中均有规定。

(4) 生产率

机床的生产率是指在单位时间内机床所能加工的零件数量，它直接影响生产成本，生产率高则生产成本低。因此，在满足加工质量和其他使用要求的前提下，应尽可能地提高生产率。通用机床的生产率低，专门化机床和专用机床生产率高。

（5）自动化程度

机床的自动化程度高，不仅可以提高生产率，减轻操作者的劳动强度，而且可以减少由于操作者的操作水平对加工质量的影响，从而保证产品质量的稳定。

了解机床的技术性能，对合理选用和正确使用机床都具有十分重要的意义。如主轴上安装心轴或顶尖时，需了解主轴内孔锥度；当采用长棒料加工时，需了解最大加工棒料直径或最大加工长度。因此，在选择机床时，必须根据被加工对象的特点和具体生产条件（如被加工零件的材料、形状、尺寸和技术要求、生产批量和生产方式等），选择技术性能与之相适应的机床，这样才能充分地发挥其效能，取得良好的经济效益。

### 1.3.3 零件表面的成形方法

机械加工过程就是在机床上通过刀具与工件的相对运动，从工件毛坯上切除多余金属，使之形成符合要求的形状、尺寸的表面的过程，即工件表面的形成过程。

同一种表面可以采用多种方法加工，选择加工方法的基本原则是在保证加工质量的前提下，使生产成本较低。

**1. 零件表面分析**

机械零件的表面形状千变万化，但任何复杂的零件都是由简单的几何表面（如外圆面、孔、平面、成形表面等）组成，如图1-3所示。

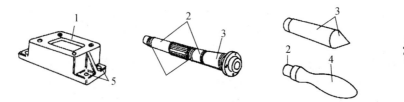

图1-3 机械零件上常见的表面
1—平面；2—圆柱面；3—圆锥面；4—螺旋面（成形面）；5—回转体成形面

**2. 零件表面形成方法**

机械零件上每个表面都可看作是一条母线沿着另一条导线运动而形成的轨迹，如图1-4所示。平面可看做是由一根直线（母线）沿着另一根直线（导线）运动而形成，如图1-4（a）所示；圆柱面和圆锥面可看做是由一根直线（母线）沿着一个圆（导线）运动而形成，如图1-4（b）和图1-4（c）所示；普通螺纹的螺旋面是由"八"字形线（母线）沿螺旋线（导线）运动而形成，如图1-4（d）所示；直齿圆柱齿轮的渐开线齿廓表面是由渐开线（母线）沿直线（导线）运动而形成，如图1-4（e）所示。形成表面的母线和导线统称为发生线。

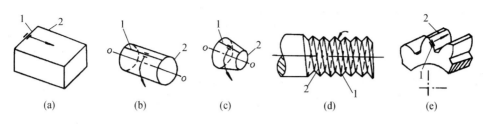

图 1-4 零件表面的形成

1—母线；2—导线

由图 1-4 可以看出，有些表面，如平面、圆柱面和直齿圆柱齿轮的渐开线齿廓表面等，其母线和导线可以互换，称为可逆表面；而另一些表面，如圆锥面、螺旋面等，其母线和导线不可互换，称为不可逆表面。

切削加工中发生线是由刀具的切削刃和工件的相对运动得到的，由于使用的刀具切削刃形状和采用的加工方法不同，形成发生线的方法也不同，概括起来有以下 4 种：轨迹法、成形法、相切法和展成法，如图 1-5 所示。

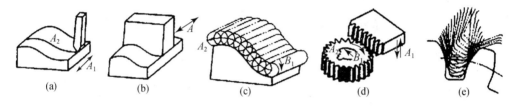

图 1-5 形成发生线所需的运动

（1）轨迹法

该方法指的是刀具切削刃与工件表面之间为近似点接触，通过刀具与工件之间的相对运动，由刀具刀尖的运动轨迹来实现表面的成形。图 1-5（a）中母线 $A_1$（直线）和导线 $A_2$（曲线）均由刨刀的轨迹运动形成。采用轨迹法形成发生线时，需要一个独立的成形运动。

（2）成形法

该方法是指刀具切削刃与工件表面之间为线接触，切削刃的形状与形成工件表面的一条发生线完全相同，另一条发生线由刀具与工件的相对运动来实现。图 1-5（b）中，曲线形母线由成形刨刀的切削刃直接形成，直线形的导线则由轨迹法形成。

（3）相切法

该方法是利用刀具边旋转边做轨迹运动对工件进行加工的方法。图 1-5（c）中，采用铣刀、砂轮等旋转刀具加工时，在垂直于刀具旋转轴线的截面内，切削刃可看作是点，当切削点绕着刀具轴线作旋转运动 $B_1$，同时刀具轴线沿着发生线的等距线作轨迹运动 $A_2$ 时，切削点运动轨迹的包络线，便是所需的发生线。采用相切法生成发生线时，需要两个相互独立的成形运动，即刀具的旋转运动和刀具中心按一定规律的运动。

（4）展成法

该方法是指对各种齿形表面进行加工时，刀具的切削刃与工件表面之间为线接触，刀具与工件之间作展成运动（或称啮合运动），齿形表面的母线是切削刃各瞬时位置的包络线。图1-5（d）所示，用齿条形插齿刀加工圆柱齿轮，刀具沿箭头$A_1$方向所作的直线运动，形成直线形母线（轨迹法），而工件的旋转运动$B_{21}$和直线运动$A_{22}$，使刀具能不断地对工件进行切削，其切削刃的一系列瞬时位置的包络线，便是所需要渐开线形导线，如图1-5（e）所示。用展成法形成发生线需要一个独立的成形运动（展成运动）。

3. 零件表面加工方法选择

任何复杂的零件都是由简单的几何表面（如外圆面、孔、平面、成形表面等）组成，而某一种表面又可以采用多种方法加工，相应的加工方法可以根据零件具体表面的加工要求、零件的结构特点及材料的性质等因素来选用。选择的基本原则是在保证加工质量的前提下，使生产成本较低。具体选择方法如下。

① 首先选定它的最终加工方法，然后再逐一选定各前道工序的加工方法。
② 加工方法的经济精度、表面粗糙度与加工表面的技术要求相适应。
③ 加工方法与被加工材料的性质相适应。
④ 加工方法与生产类型相适应。
⑤ 加工方法与本厂条件相适应。

### 1.3.4 金属切削机床的运动

切削加工时，刀具和工件必须作一定的相对运动，以切除毛坯上多余的金属，从而获得所需的机械零件。按机床的运动功能来分，机床的运动可分为表面成形运动和辅助运动。

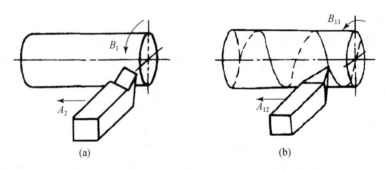

图1-6 表面成形运动的组成

1. 表面成形运动

表面成形运动是机床上最基本的运动，它是保证得到工件要求的表面形状的运动，是刀具和工件为了形成加工表面发生线而作的相对运动。

表面成形运动按其组成情况不同，可分为简单成形运动和复合成形运动。

（1）简单成形运动

如果一个独立的成形运动，是由单独的旋转运动或直线运动构成的，且各运动之间不必保持严格的相对运动关系，则此成形运动称为简单成形运动。如图1-6（a）所示，车削外圆柱面时，工件的旋转运动 $B_1$ 和刀具的直线运动 $A_2$ 就是两个简单运动。

（2）复合成形运动

如果一个独立的成形运动，是由两个或两个以上的旋转运动或（和）直线运动，按照某种确定的运动关系组合而成，则此成形运动称为复合成形运动。如图 1-6（b）所示，车削外螺纹时，形成螺旋形发生线所需的工件的旋转运动 $B_{11}$ 和刀具的直线移动 $A_{12}$ 之间必须保持严格的运动关系，即工件每转 1 转时，刀具必须准确地移动一个螺纹导程，从而使 $B_{11}$ 和 $A_{12}$ 这两个运动组成了一个复合成形运动。

表面成形运动按其在切削中所起的作用不同，又可分为主运动和进给运动。

（1）主运动

主运动是切除工件上的被切削层，使之转变为切屑，从而完成切削加工的最基本的运动。一般主运动速度最高，消耗功率最大，通常主运动只有一个。例如，车削加工时工件的旋转运动。

（2）进给运动

进给运动是配合主运动实现依次连续不断地切除多余金属层，完成所需的表面几何形状的运动。一般进给运动速度较低，消耗的功率也较少，根据工件表面成形的需要，进给运动可以是一个或多个，可以是连续的，也可以是步进的。

2. 辅助运动

机床在加工过程中以实现机床的各种辅助动作，为表面成形创造条件的运动称为辅助运动。它的种类很多，一般包括以下几种。

（1）切入运动

使刀具切入工件表面一定深度，以获得工件所需的尺寸的运动。

（2）分度运动

以顺序加工均匀分布的若干个相同的表面或使用不同的刀具作顺次加工的运动，如多工位工作台、刀架等的周期转位或移位，多头螺纹的车削等。

（3）调整运动

根据工件的尺寸大小，在加工之前调整机床上某些部件（刀具和工件之间）的位置，以便于加工的运动。

（4）其他运动

切削前后刀具或工件的快速趋近和退回运动，开车、停车、变速、变向等控制运动，装卸、夹紧、松开工件的运动等。

### 1.3.5 金属切削机床的传动原理及运动计算

1. 机床的传动形式

机床实现加工过程所需的各种运动，是通过动力源、传动装置和执行机构以一定的规律来实现的。

（1）动力源

它是为机床执行机构提供动力和运动的装置。机床可以每个运动单独使用一个动力源,也可以几个运动共用一个动力源,前者如数控机床,后者如普通机床。机床上的动力源一般采用三相异步电动机、步进电动机、伺服电动机等。

(2) 执行机构

它是机床上最终实现所需运动的部件,如主轴、刀架、工作台等,它们带动工件或刀具旋转或移动,从而完成一定的运动形式和准确的运动轨迹。

(3) 传动装置

它是把动力源的运动和动力传递给执行机构,或将运动由一个执行机构传递到另一个执行机构,以保持二个运动之间的准确关系的装置。此外,传动装置还可以完成变速、换向等任务。

机床的传动按其所采用的传动介质不同,可分为机械传动、液压传动、电气传动、气压传动。

(1) 机械传动

该传动是指应用带传动、齿轮、涡轮蜗杆、离合器、丝杠螺母等机械元件传递运动和动力。这种传动形式工作可靠、维修方便,具有结构紧凑、效率高和变速范围大等优点,目前在机床上应用最广。金属切削机床上常用的机械传动装置有以下几种。

① 带传动

该传动的特点是结构简单、制造方便、传动平稳,并有过载保护作用;但传动比不准确,传动效率低,所占空间较大。如图1-7所示为塔轮变速机构。

② 离合器传动

如图1-8所示,轴Ⅰ上装有两个固定齿轮$Z_1$、$Z_2$,分别与空套在轴Ⅱ上的齿轮$Z_1'$和$Z_2'$啮合。在$Z_1'$和$Z_2'$之间装有端面齿双向离合器,该离合器用花键与轴Ⅱ相连,当Ⅰ轴只有一种转速时,离合器分别向左啮合或向右啮合,轴Ⅱ就会得到两种转速。离合器变速组操作方便,变速时齿轮不需移动。该机构特点是传动比准确,传动效率高,寿命长,结构紧凑,刚性好,可传递较大转矩,但制造较复杂。另外,如将端面齿离合器换成摩擦式离合器,则可在变速组运转的情况下变速。

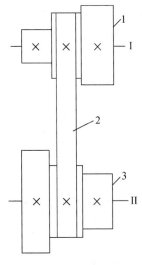

图1-7 塔轮变速机构

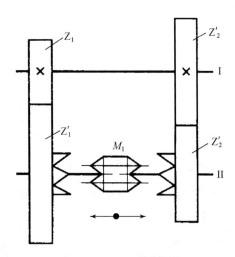

图1-8 离合器传动

③ 齿轮传动

该传动结构简单，传动比准确，传动效率高，传递转矩大，但制造较为复杂，制造精度要求高，可以实现换向和各种变速传动。机床上常用齿轮变速机构如图1-9所示。

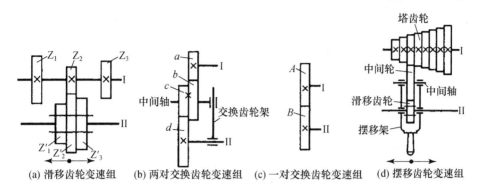

图1-9　机床上常用齿轮变速机构

a. 滑移齿轮变速组：如图1-9（a）所示，轴Ⅰ上装有$Z_1$、$Z_2$、$Z_3$ 3个固定齿轮，轴Ⅱ上装有一个三联滑移齿轮。当三联滑移齿轮分别滑移至左、中、右3个不同的啮合工作位置时，即会获得3种不同的传动比，即如果Ⅱ轴只有一种转速，则轴Ⅱ可得3种不同的转速，这个机构称为滑移齿轮变速组。该变速组结构紧凑，传动效率高，变速方便，能传递很大的动力，但不能在运动过程中变速，只能在停车或很慢转动时变速。

b. 交换齿轮变速组：如图1-9（b）和图1-9（c）所示为最常见的交换齿轮机构，该机构简单、紧凑，但变速较费时。

c. 摆移齿轮变速组：如图1-9（d）所示，在轴Ⅰ上装有8个齿数按一定规律排列的固定齿轮，通常称为塔齿轮，轴Ⅱ上装有一个滑移齿轮2，它通过一个可以轴向移动又能摆动的架子推动齿轮作左、右滑移，摆移架1的中间轴3上装有一中间空套齿轮，因此，当摆移架1摆动加移动依次地使中间轮4与塔齿轮中的一个齿轮相啮合时，如轴Ⅰ只有一种转速，则轴Ⅱ可得到不同的8种转速。该变速机构变速方便、结构紧凑。但由于该种变速组中有一摆移架，故刚性较差。

④ 蜗轮蜗杆传动

该传动结构紧凑，传动比大，传动平稳，无噪声，可实现自锁，但传动效率低，制造较复杂，成本高。

⑤ 齿轮齿条传动

该传动的特点是可改变运动形式，传动效率高，但制造精度不高时影响位移的准确性。

⑥ 丝杠螺母传动

该传动特点是可改变运动形式，传动平稳，无噪声，但传动效率低。

此外，机床上常见的变向齿轮机构有滑移齿轮变向机构和锥齿轮与离合器组成的变向机构等，其作用是改变机床执行件的运动方向，如图1-10所示。

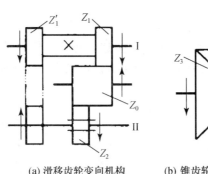
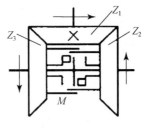

(a) 滑移齿轮变向机构　　(b) 锥齿轮与离合器组成的变向机构

图 1-10　常见的变向机构

（2）液压传动

该传动是指以油液作介质，通过泵、阀和液压缸等液压元件传递运动和动力。这种传动形式结构简单、传动平稳、容易实现自动化，在机床上应用日益广泛。

（3）电气传动

该传动是指应用电能，通过电器装置传递运动和动力，其易于实现自动控制。这种传动形式的电器系统比较复杂，成本较高，主要用于大型和重型机床。

（4）气压传动

该传动是指以空气为介质，通过气动元件传递运动和动力。这种传动形式动作迅速，易于实现自动化，但其运动平稳性差，驱动力较小，主要用于机床的某些辅助运动（如夹紧等）及小型机床的进给运动传动中。

根据机床的工作特点不同，在一台机床上往往采用以上几种传动形式的组合传动。

2. 机床的运动联系

为了便于研究机床的传动联系，用一些如图 1-11 所示的简明符号把传动原理和传动

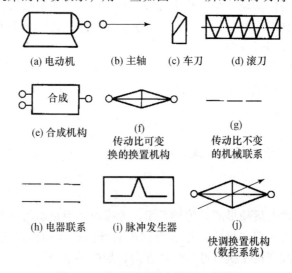

图 1-11　传动原理图中常用示意符号

路线表示出来，这就是传动原理图。在机床传动系统中，由动力源—传动装置—执行机构或执行机构—传动装置—执行机构构成的传动联系，称为传动链。传动链两端的元件称为首、末端件，它可以是动力源，也可以是执行机构。如图 1-12 所示为卧式车床传动原理图。

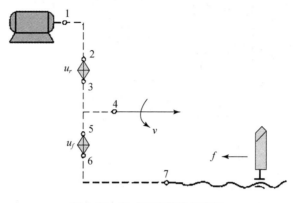

图 1-12　卧式车床传动原理图

通常，机床需要多少个运动，其传动系统中就有多少条传动链。按传动链的性质不同可分为以下两种。

（1）外联系传动链

它使执行机构获得一定的速度和运动方向，其传动比的变化，只影响生产率或表面粗糙度，而不影响加工表面的形状和精度。因此，不要求动力源与执行机构之间有严格的传动比关系。例如，在普通车床上车削圆柱面时，主轴的旋转和刀架的移动是两个互相独立的成形运动，主轴的转速和刀架的移动之间由两条外联系传动链相联系，两者之间没有精确的相对运动速度要求。

（2）内联系传动链

它决定着加工表面的形状和精度，对执行机构之间的相对运动有严格要求。因此，内联系传动链的传动比必须准确，不应有传动比不确定或瞬时传动比有变化的传动副（如带传动和链传动）。例如，在普通车床上车削螺纹时，为了保证所加工螺纹的导程，主轴（工件）每转 1 r，车刀必须直线移动一个螺纹导程。此时，联系主轴和刀架之间的螺纹传动链就是一条对传动比有严格要求的内联系传动链。

3. 机床运动的调整计算

为便于了解和分析机床运动的传递、联系情况，常采用传动系统图。它是将每条传动链中的具体传动机构用简单的规定符号来表示实现机床全部运动的传动示意图，图中标明齿轮和蜗轮的齿数、蜗杆头数、丝杠导程、带轮直径、电动机功率和转速等。传动链的传动机构，按照运动传递或联系顺序依次排列，以展开图形式画在能反映主要部件相互位置的机床外形轮廓中。

立式钻床的传动系统图如图 1-13 所示，下面以其主运动传动链为例进行分析。

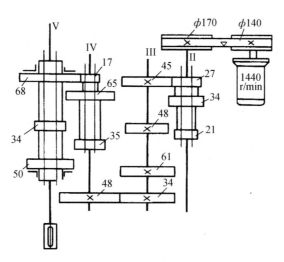

图 1-13 立式钻床传动系统图

机床运动的调整计算有两类：一是类计算某一末端执行件的运动速度（如主轴转速）或位移（如刀架或工作台的进给量等）；另一类是根据两执行件间所需保持的运动关系，计算传动链中挂轮的传动比并确定挂轮齿数。本例以第一类求主轴极限转速为例进行分析计算。

分析步骤如下。

（1）找首端件和末端件：电动机——主轴

（2）确定计算位移：$n_{电动机}$（r/min）——$n_{主轴}$（r/min）

（3）列运动平衡式或传动路线表达式

$$\frac{电动机}{1440\ \text{r/min}} - \text{I} - \frac{\phi 140}{\phi 170} - \text{II} - \begin{Bmatrix} \frac{27}{55} \\ \frac{34}{48} \\ \frac{21}{61} \end{Bmatrix} - \text{III} - \frac{34}{48} - \text{IV} - \begin{Bmatrix} \frac{17}{68} \\ \frac{65}{34} \\ \frac{35}{50} \end{Bmatrix} - \text{V} - 主轴$$

（4）计算主轴转速

$$n_{主轴(max)} = 1440\ \text{r/min} \times \frac{140}{170} \times \frac{34}{48} \times \frac{34}{48} \times \frac{65}{34} \approx 1140\ \text{r/min}$$

$$n_{主轴(min)} = 1440\ \text{r/min} \times \frac{140}{170} \times \frac{21}{61} \times \frac{34}{48} \times \frac{17}{68} \approx 72\ \text{r/min}$$

## 复习思考题

1. 按照机床的加工方式和所用刀具及其用途，将机床分为哪几类？
2. 通用机床的型号包括哪些内容？
3. 金属切削机床上常用的机械传动装置有哪几种？

4. 写出题图 1-1 所示传动系统的传动路线表达式，并计算主轴的极限转速。

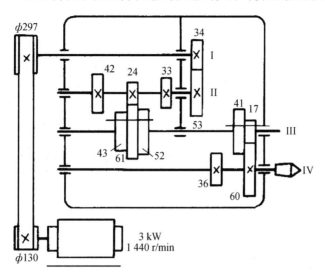

题图 1-1　机床部分传动系统图

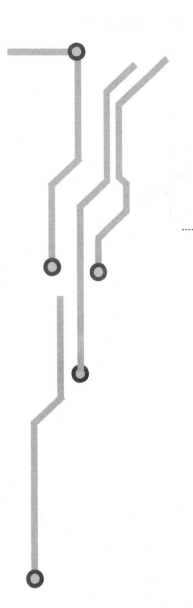

# 第 2 章
# 外圆加工及设备

# 第 2 章 外圆加工及设备

## 2.1 外圆表面的加工方法

外圆表面是轴、圆盘、套筒类零件的主要或辅助表面，在零件的切削加工中占有很大的比重。如图 2-1 所示的零件，其主要加工表面是外圆表面。

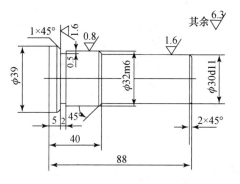
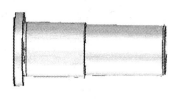

图 2-1　轴类零件

对外圆表面提出的技术要求主要有以下几项。

① 尺寸精度：外圆面直径和长度的尺寸精度。
② 形状精度：直线度、平面度、圆度、圆柱度等。
③ 位置精度：平行度、垂直度、同轴度、径向圆跳动等。
④ 表面质量：主要是指表面粗糙度，也包括有些零件要求的表面层硬度、残余应力大小、方向和金相组织等。

外圆表面的加工方法很多，如图 2-2 所示。一般情况下主要采用车削和磨削两种方法，所用设备是车床和磨床。当要求精度高、表面粗糙度值低时，还可能要用到精整和光整加工。

**1. 外圆表面的车削加工**

（1）粗车

粗车的主要目的是迅速地从毛坯上切除多余的金属，因此，提高生产率是其主要任务。通常是在车床工艺系统允许的前提下，采用尽可能大的背吃刀量和进给量来提高生产率。但为了保证必要的刀具寿命，切削速度一般选低速。粗车时，车刀应选取较大的主偏角，以减小背向力，防止工件的弯曲变形和振动；选取较小的前角、后角和负的刃倾角，以增强车刀切削部分的强度。粗车所能达到的加工精度为 IT12～IT11，表面粗糙度 $Ra$ 为 50～12.5 μm。

（2）半精车

半精车的目的是提高精度和减小表面粗糙度，可作为中等精度外圆的终加工，也可作为精加工外圆的预加工。半精车的背吃刀量和进给量较粗车时小。半精车所能达到的加工精度为 IT10～IT9，表面粗糙度 $Ra$ 为 6.3～3.2 μm。

(3) 精车

精车的主要任务是保证零件所要求的加工精度和表面质量，一般作为最终加工工序或作为精细加工的预加工工序。精车外圆表面一般采用较小的背吃刀量和进给量以及较高的切削速度进行加工。精车时车刀应选用较大的前角、后角和正的刃倾角，以提高加工表面质量。精车的加工精度可达 IT8～IT6 级，表面粗糙度 $Ra$ 可达 $1.6\sim0.8~\mu m$。

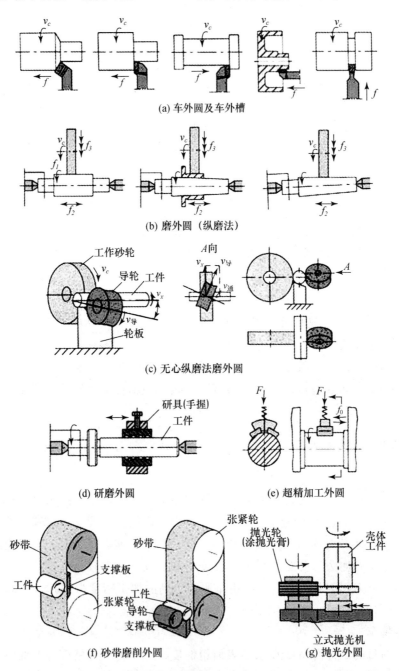

图 2-2 外圆表面的加工方法

## 第 2 章 外圆加工及设备

(4) 精细车

精细车是用极小的背吃刀量（0.03～0.05 mm）和进给量（0.02～0.2 mm/r），高的切削速度（150～2 000 m/min）对工件进行精细加工的方法。精细车一般采用立方氮化硼、金刚石等超硬材料刀具进行加工。精细车的加工精度可达 IT6～IT5 以上，表面粗糙度 $Ra$ 可达 $0.4～0.025\ \mu m$。多用于磨削加工性不好的有色金属工件（如铜、铝等）的精密加工。

2. 外圆表面的磨削加工

外圆表面的磨削加工是用砂轮作为刀具磨削工件的工艺过程。它是零件精加工的主要方法之一，能经济地获得高的加工精度和小的表面粗糙度值。加工精度通常可达 IT7～IT5，表面粗糙度 $Ra$ 值可达 $0.8～0.2\ \mu m$。高精度磨削的表面粗糙度 $Ra$ 值可达 $0.1～0.008\ \mu m$。特别适合于各种高硬度和淬火后的零件的精加工。

3. 外圆表面的光整加工

外圆表面的光整加工是精加工后，从工件表面上不切除或切除极薄金属层，用以提高加工表面的尺寸和形状精度、减小表面粗糙度或用以强化表面的加工方法，适用于某些精度和表面质量要求很高的零件。常用加工方法及特点如下。

(1) 研磨

研磨是在研具与工件之间加入研磨剂，在一定压力作用下研具与工件作复杂的相对运动，通过研磨剂的微量切削及化学作用，去除工件表面的微小余量，以提高加工表面的尺寸精度、形状精度和减小表面粗糙度的精整、光整加工方法。研磨外圆的尺寸精度可达 IT6～IT4，表面粗糙度 $Ra$ 值可达 $0.01\ \mu m$，圆度误差可达 $0.3～0.1\ \mu m$。但研磨不能提高位置精度，生产效率较低。研磨主要用于精密的零件，如量规、精密配合件、光学零件等。

(2) 抛光

抛光是把抛光剂涂在圆形抛光轮上，利用抛光轮的高速旋转对工件进行光整加工的方法。抛光能降低表面粗糙度，但不能提高工件的尺寸精度和形状精度。普通抛光工件表面粗糙度 $Ra$ 值可达 $0.4\ \mu m$。

(3) 超精加工

超精加工是用细粒度的磨条或砂带进行微量磨削的一种精整、光整加工方法。超精加工能减小工件的表面粗糙度（$Ra$ 可达 $0.1～0.012\ \mu m$），但不能提高尺寸精度和形状位置精度，工件精度由前道工序保证。

由于各种加工方法所能达到的经济加工精度、表面粗糙度、生产率和生产成本各不相同，因此必须根据具体情况，选择合理的加工方法。如表 2-1 所示为典型外圆表面加工方案。

表 2-1 典型外圆表面加工方案

| 序号 | 加工方案 | 经济精度 | 表面粗糙度 Ra 值/μm | 适用范围 |
|---|---|---|---|---|
| 1 | 粗车 | IT13～IT11 | 50～12.5 | 淬火钢以外的各种金属 |
| 2 | 粗车→半精车 | IT10～IT8 | 6.3～3.2 | |
| 3 | 粗车→半精车→精车 | IT8～IT7 | 1.6～0.8 | |
| 4 | 粗车→半精车→精车→滚压 | IT8～IT7 | 0.2～0.025 | |
| 5 | 粗车→半精车→精磨 | IT8～IT6 | 0.8～0.4 | 主要用于淬火钢，也可用于未淬火钢，不适用有色金属 |
| 6 | 粗车→半精车→粗磨→精磨 | IT7～IT6 | 0.4～0.1 | |
| 7 | 粗车→半精车→粗磨→精磨→超精加工 | IT5 | 0.1～0.012 | |
| 8 | 粗车→半精车→精车→精细车 | IT7～IT6 | 0.4～0.025 | 主要用于要求较高的有色金属 |
| 9 | 粗车→半精车→粗磨→精磨→超精磨 | IT5 以上 | 0.025～0.006 | 高精度的外圆加工 |
| 10 | 粗车→半精车→粗磨→精磨→研磨 | IT5 以上 | 0.1～0.012 | |
| 11 | 粗车→半精车→粗磨→精磨→砂带磨削 | IT6～IT5 | 0.4～0.1 | 特别适用于加工长径比很大的外圆 |
| 12 | 粗车→半精车→粗磨→精磨→抛光 | | 0.2～0.1 | 电镀前的预加工 |

## 2.2 外圆表面的车削加工设备

### 2.2.1 车削加工

车削加工主要是工件的旋转运动与刀具的进给运动相配合来改变毛坯的形状和尺寸，获得所需零件的一种切削加工方法。车削加工是最基本的加工方法之一，车削过程中使用的刀具主要是车刀，使用的机械加工设备是车床。

**1. 车削的工艺特点**

① 易于保证工件各加工面的位置精度。
② 切削过程较平稳，有利于提高生产率。
③ 加工材料范围较广，适用于有色金属零件的精加工。
④ 刀具的制造、刃磨和安装均较方便，生产成本低。
⑤ 适应性好。

**2. 车削加工的运动**

为了加工出所要求的工件表面，必须使刀具和工件实现一系列的运动。

(1) 表面成形运动

工件的旋转运动：这是车床的主运动，其转速常以 $n$（r/min）表示。主运动是实现切削最基本的运动，它的运动速度较高，消耗的功率较大。

刀具的移动：这是车床的进给运动，刀具作平行于工件旋转轴线的纵向进给运动（如车圆柱表面）或作垂直于工件旋转轴线的横向进给运动（如车端面），刀具也可作与工件旋转轴线成一定角度方向的斜向运动（如车圆锥表面）或做曲线运动（如车成形回转表面）。进给量常以 $f$（mm/r）表示。进给运动的速度较低，所消耗的功率也较少。

螺旋运动：车削螺纹时的复合主运动，它可以分解为主轴的旋转和刀具的纵向移动两部分。

(2) 辅助运动

为了将毛坯加工到所需尺寸，车床还应具有切入运动。切入运动通常与进给运动方向垂直，在卧式车床上由工人用手移动刀架来完成。有的还有刀架的纵、横向的快移，重型车床还有尾架的机动快移等。

3. 车削加工的设备——车床

外圆表面的车削加工是利用车床完成的，在车床上使用不同的车刀或其他刀具，可加工各种回转表面，如内外圆柱面、内外圆锥面、螺纹、沟槽、端面和成形面等，如图 2-3 所示。车削加工精度可达 IT8～IT7，表面粗糙度 $Ra$ 值为 1.6～0.8 μm。

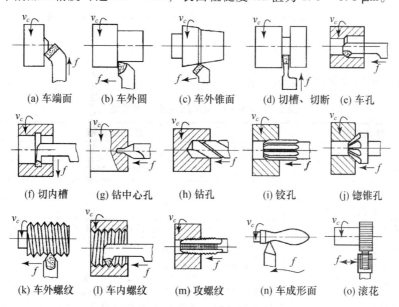

图 2-3 车床的工艺范围

在一般机械制造厂中，车床的应用是很广泛的，约占金属切削机床总台数的 20%～35%，而卧式车床约占车床类机床的 60% 左右。

车床的种类很多，按其结构和用途的不同，主要可分为卧式车床及落地车床、立式车床、转塔车床、仪表车床、单轴半自动和自动车床、多轴半自动和自动车床、仿形车床及多刀车床，此外，在大批大量生产的工厂中还有各种各样专门化车床，如凸轮轴车床、铲齿车床、曲轴车床等。而在所有的车床类机床中，以卧式车床的应用最为广泛。

**4. 提高外圆表面车削加工效率的途径**

车削加工是轴类、套类和盘类零件外圆表面加工的主要工序，也是这些零件加工耗费工时最多的工序。提高外圆表面车削加工效率的途径主要有以下几种。

（1）采用高速切削

高速切削是通过提高切削速度来提高加工生产效率的。

（2）采用强力切削

强力切削是通过增大切削面积来提高生产效率的。强力切削比高速切削的生产效率更高，适用于刚度比较好的轴类零件的粗加工。采用强力切削时，车床加工系统必须具有足够的刚性及功率。

（3）采用多刀加工方法

多刀加工是通过减少刀架行程长度提高生产效率的。

### 2.2.2 CA6140 型车床

CA6140 型车床通用性好，加工范围广，适于加工中、小型轴类、盘套类零件的内外回转面、端面，能加工米制、英制、模数制、径节制 4 种标准螺纹及加大螺距、非标准螺距螺纹等。但结构复杂，自动化程度低，适于单件小批生产及修配车间。

**1. CA6140 型车床主要技术参数**

CA6140 型车床主要技术参数如表 2-2 所示。

表 2-2 CA6140 型车床主要技术参数

| 序号 | 技术参数 | 技术参数值 |
| --- | --- | --- |
| 1 | 主参数 | 床身上最大工件回转直径：400 mm |
| 2 | 第二主参数 | 工件最大长度：750；1000；1500；2000 mm（4 种） |
| 3 | 主轴内孔直径 | 48 mm |
| 4 | 主轴前端锥孔的锥度 | 莫氏 6 号 |
| 5 | 主轴转速 | 正转 24 级（10～1400 r/min）；反转 12 级（14～1580 r/min） |
| 6 | 纵向进给量 | 64 级（0.028～6.33 mm/r） |
| 7 | 横向进给量 | 64 级（0.014～3.16 mm/r） |
| 8 | 车削螺纹范围 | 米制螺纹 44 种（螺距为 1～192 mm）；模数制螺纹 39 种（螺距为 0.25～48 mm）；英制螺纹 20 种（螺距为 2～24 tpi）；径节螺纹 37 种（螺距为 1～96 tpi） |
| 9 | 尾座顶尖套锥孔锥度 | 莫氏 5 号 |
| 10 | 主电动机功率及转速 | 7.5 kW，1450 r/min |

## 2. CA6140 型车床的主要组成部件

CA6140 型车床主要是加工轴类零件和直径不太大的盘类零件,故采用卧式布局。为了适应右手操作的习惯,主轴箱布置在左端。CA6140 型车床的外形如图 2-4 所示,其主要组成部件及功用如下。

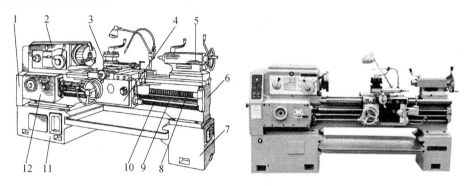

图 2-4 CA6140 型车床的外形如图

1—挂轮箱;2—主轴箱;3—刀架;4—溜板箱;5—尾座;6—床身;7—后床腿;
8—丝杠;9—光杠;10—操纵杆;11—前床腿;12—进给箱

（1）主轴箱

主轴箱的功能是支承主轴,并把动力经变速机构传给主轴,使主轴带动工件按规定的转速旋转,以实现主运动。主轴箱内装主轴和主轴变速机构。电动机的运动经 V 带传动传给主轴箱,通过变换箱外手柄的位置使主轴得到不同的转速,以满足不同车削工作的需要。

（2）进给箱

将主轴通过挂轮箱传递来的旋转运动传给光杠或丝杠,改变机动进给的进给量或所加工螺纹的导程。进给箱内装进给运动的变速机构,可按所需要的进给量或螺距调整其变速机构,改变进给速度。

（3）挂轮箱

挂轮箱用来搭配不同齿数的齿轮,以获得不同的进给量。主要用于车削不同种类的螺纹。

（4）溜板箱

溜板箱是把进给箱传来的运动传给刀架,使刀架实现纵向和横向进给,或快速运动,或车削螺纹。溜板箱上装有各种操作手柄和按钮。它与大拖板连在一起,是车床进给运动的操纵箱。可将光杠传来的旋转运动通过齿轮、齿条机构（或丝杠、螺母机构）变为车刀需要的纵向或横向的直线运动,也可操纵对开螺母由丝杠带动刀架车削螺纹。

（5）刀架

它是用来夹持车刀使其作纵向、横向或斜向进给运动的。刀架部分由几层滑板组成,大拖板（又称大刀架）与溜板箱连接,带动车刀沿床身导轨作纵向移动;中滑板（又称中刀架、横刀架）沿大拖板上面的导轨作横向移动;转盘用螺栓与中滑板紧固在一起,松开螺母,可使其在水平面内扳转任意角度;小滑板(又称小刀架)沿转盘上的导轨可作短距离的移动,将转盘扳转某一角度后,小滑板便可带动车刀作相应的斜向移动。方刀架用来夹持车刀,可同时安装 4 把车刀,如图 2-5 所示。

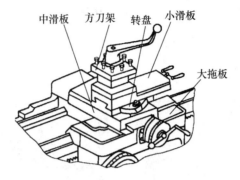

图 2-5 刀架

(6)尾座

其安装在车床导轨上,并可沿此导轨纵向调整位置,在尾座的套筒内安装顶尖可用来支承工件,也可安装钻头、铰刀和丝攻等,在工件上进行孔加工和螺纹加工,如图 2-6 所示。

(7)光杠和丝杠

它们将进给箱的运动传给溜板箱。光杠用于自动走刀车削除螺纹以外的表面,如外圆面、端面等,丝杠只用于车削螺纹。丝杠的传动精度比光杠高,光杠和丝杠不得同时使用。

(8)操纵杆

操纵杆是车床的控制机构,在操纵杆左端和拖板箱右侧各装有一个手柄,操作工人可以很方便地操纵手柄以控制车床主轴正转、反转或停车。

(9)床身与床腿

它们用来支承和连接各主要部件并保证各部件之间有严格、正确的相对位置。床身上的导轨,用以引导刀架和尾座相对于主轴箱进行正确的移动。床身的左右两端分别支承在左右床腿上,床腿固定在地基上。

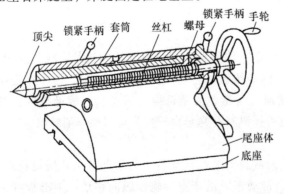

图 2-6 尾座

3. CA6140 型车床的传动系统

卧式车床为了加工出所需要的表面，必须有主运动和进给运动的相互配合。从电动机到主轴或主轴到刀架的这种传动联系，称为传动链。由电动机到主轴的传动链，即实现主运动的传动链称为主传动链。由主轴到刀架的传动链，即实现进给运动的传动链称为进给传动链。CA6140 型车床传动系统的传动框图如图 2-7 所示。

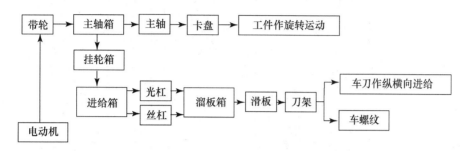

图 2-7  CA6140 型车床的传动框图

分析机床的传动系统，常用机床的传动系统图来进行。分析传动系统的方法是抓两端，连中间，即先要找出传动链的两个端件，然后分析它们之间的运动关系，列出传动路线表达式或运动平衡式。CA6140 型车床传动系统可分解为主运动传动链和进给运动传动链。进给运动传动链又可分为纵向机动和横向机动进给传动链、螺纹进给传动链，还有刀架快速移动传动链，传动系统图如图 2-8 所示。

（1）主运动传动链

主运动传动链是将电动机的转动传给主轴，同时完成主轴的启动、停止、换向和调速。由图 2-8 可知，主电动机和主轴是车床的主运动传动链的两个端件。其传动路线表达式如下：

$$
\begin{array}{c}
\text{电动机} \\
(1450\ \text{r/min}) \\
7.5\ \text{kW}
\end{array}
-\frac{\phi 130}{\phi 230}-\text{I}-\left\{
\begin{array}{l}
M_1\ (\text{左}) \\
(\text{正转})
\end{array}-\left\{\begin{array}{c}\frac{56}{38}\\ \frac{51}{43}\end{array}\right\} \\
M_1\ (\text{右}) \\
(\text{反转})
\end{array}-\left\{\frac{50}{34}\right\}-\text{VII}-\left\{\frac{34}{30}\right\}
\right\}-\text{II}-\left\{\begin{array}{c}\frac{22}{58}\\ \frac{30}{50}\\ \frac{39}{41}\end{array}\right\}-\text{III}-
$$

（中、低速传动路线）

$$
\left\{
\begin{array}{l}
\left\{\begin{array}{c}\frac{20}{80}\\ \frac{50}{50}\end{array}\right\}-\text{IV}-\left\{\begin{array}{c}\frac{51}{50}\\ \frac{20}{80}\end{array}\right\}-\text{V}-\left\{\frac{26}{58}\right\}-M_2\ (\text{右}) \\
\underline{\qquad}\left\{\frac{63}{50}\right\}-\ (\text{高速传动路线})\ \underline{\qquad} \\
M_2\ (\text{左})
\end{array}
\right\}-\text{VI（主轴）}
$$

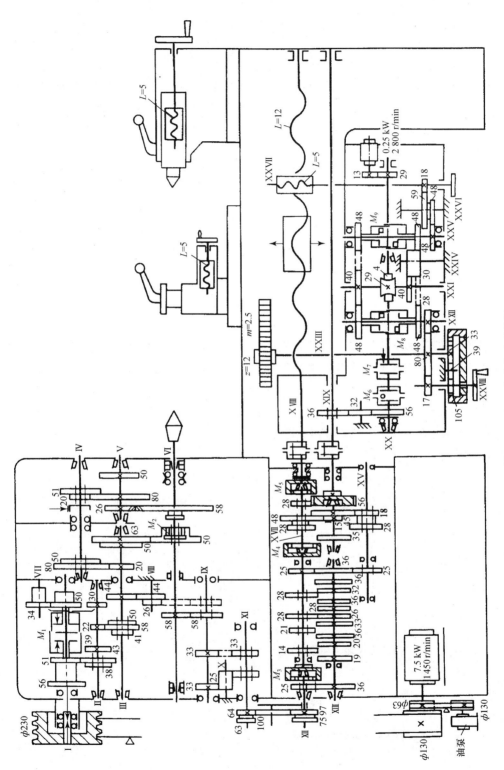

图 2-8 CA6140 车床传动系统图

轴Ⅲ至轴Ⅴ间的两组双联滑移齿轮变速组的4种传动比分别为：

$$u_1 = \frac{50}{50} \times \frac{51}{50} \approx 1 \quad u_2 = \frac{50}{50} \times \frac{20}{80} = \frac{1}{4}$$

$$u_3 = \frac{20}{80} \times \frac{51}{50} \approx \frac{1}{4} \quad u_4 = \frac{20}{80} \times \frac{20}{80} = \frac{1}{16}$$

其中 $u_2 \approx u_3$，所以主轴正转时的转速级数为 $2 \times 3 \times (1+3) = 6+18 = 24$ 级；反转时的转速级数为 $1 \times 3 \times (1+3) = 3+9 = 12$ 级。

主轴的转速可按下列运动平衡式计算：

$$n_主 = 1450 \times (130/230) \times (1-\varepsilon) u_{\mathrm{I-II}} u_{\mathrm{II-III}} u_{\mathrm{III-IV}}$$

式中：$\varepsilon = 0.02$——三角皮带传动的滑动系数。

按以上平衡式，CA6140型车床主轴最低转速为：

$$n_{\min} = 1450 \times (130/230) \times (1-0.02) \times (51/43) \times (22/58) \times (20/80) \times (20/80) \times (26/58) \approx 10 (\mathrm{r/min})$$

主轴最高转速为：

$$n_{\max} = 1450 \times (130/230) \times (1-0.02) \times (56/38) \times (39/41) \times (63/50) = 1418 (\mathrm{r/min})$$

（2）车螺纹进给运动传动链

进给运动传动链是使刀架实现纵向、横向运动或车削螺纹运动的传动链，包括车螺纹进给运动传动链和机动进给运动传动链。由图 2-8 可知，主轴和刀架是车床的进给运动传动链的两个端件。车螺纹的传动路线表达式如下：

$$主轴 Ⅵ - \left\{ \begin{array}{c} \dfrac{58}{58} \\ (正常螺纹导程) \\ \dfrac{58}{26} - \mathrm{V} - \dfrac{80}{20} - \mathrm{IV} - \left\{ \begin{array}{c} \dfrac{50}{50} \\ \dfrac{80}{20} \end{array} \right\} - \mathrm{III} - \dfrac{44}{44} - \mathrm{VIII} - \dfrac{26}{58} \\ (扩大螺纹导程) \end{array} \right\} - \mathrm{IX} - \left\{ \begin{array}{c} \dfrac{33}{33} \\ (右螺纹) \\ \dfrac{33}{25} - \mathrm{X} - \dfrac{25}{33} \\ (左螺纹) \end{array} \right\} -$$

$$- \mathrm{XI} - \left\{ \begin{array}{c} \dfrac{63}{100} - \dfrac{100}{75} \\ (米、英制螺纹) \\ \dfrac{64}{100} - \dfrac{100}{97} \\ (模数、径节螺纹) \end{array} \right\} - \mathrm{XII} - \left\{ \begin{array}{c} \dfrac{25}{36}(M_3 开) - \mathrm{XIII} - u_基 - \mathrm{XIV} - \dfrac{25}{36} - \dfrac{36}{25} - \\ (米制及模数螺纹) \\ M_3 合 - \mathrm{XIV} - \dfrac{1}{u_基} - \mathrm{XIII} - \dfrac{36}{25} - \\ (英制及径节螺纹) \end{array} \right\} - \mathrm{XV} - u_倍$$

$$\dfrac{a}{d} \cdot \dfrac{c}{d} - \mathrm{XII} - M_3 合 - \mathrm{XIV} - M_4 合$$
（非标准及精密螺纹）

$- \mathrm{XVII} - M_5 合 - \mathrm{XVIII}（丝杠）$

式中 $u_基$ 为轴 XIII—XIV 间变速机构可变传动比,是获得各种螺纹导程的基本机构,故称基本组,共 8 种:

$$u_基 = 26/28 = 6.5/7;\ 28/28 = 7/7;\ 32/28 = 8/7;\ 36/28 = 9/7;\ 19/14 = 9.5/7;$$
$$20/14 = 10/7;\ 33/21 = 11/7;\ 36/21 = 12/7。$$

$u_倍$ 为轴 XV—XIV 间变速机构的可变传动比,是使螺纹导程值成倍数关系变化的,称为增倍机构(倍增组),共 4 种:

$$u_倍 = 28/35 \times 35/28 = 1;\ 28/35 \times 15/48 = 1/4;\ 18/45 \times 35/28 = 1/2;\ 18/45 \times 15/48 = 1/8。$$

车螺纹时的运动平衡方程式为:

$$L_工 = l_{主轴} \times u \times L_丝$$

式中:$u$——从主轴到丝杠之间的总传动比;

$L_丝$——机床丝杠的导程,CA6140 型车床的 $L_丝 = 12\ \text{mm}$;

$L_工$——被加工螺纹的导程(mm)。

CA6140 型卧式车床能车削米制、英制、模数制和径节制 4 种标准螺纹,可以车削大导程、非标准和较精密的螺纹。它可以车削右旋螺纹,也可以车削左旋螺纹。无论车削哪一种螺纹,都必须在加工中保证主轴每转一转,刀具准确地移动被加工螺纹一个导程的距离。不同标准的螺纹用不同的参数表示其螺距,表 2-3 列出了米制、英制、模数制和径节制 4 种螺纹的螺距参数及其与螺距 $P$、导程 $L$ 之间的换算关系。

表 2-3  各种标准螺纹的螺距参数及其与螺距、导程的换算关系

| 螺纹种类 | 螺距参数 | 螺距/mm | 导程式/mm |
|---|---|---|---|
| 米制 | 螺距 $P$/mm | $P = P$ | $L = kP$ |
| 模数制 | 模数 $m$/mm | $P_m = \pi m$ | $L_m = kP_m = k\pi m$ |
| 英制 | 每英寸牙数 $a$(牙/in) | $P_a = 25.4/a$ | $L_a = kP_a = 25.4k/a$ |
| 径节制 | 径节 $DP$(牙/in) | $P_{DP} = 25.4\pi/DP$ | $L_{DP} = kP_{DP} = 25.4\pi k/DP$ |

注:表中 $k$ 为螺纹线数。

① 车削普通(米制)螺纹时的运动平衡式

$$L = kP = 1 \times 58/58 \times 33/33 \times 63/100 \times 100/75 \times 25/36 \times u_基 \times 25/36 \times 36/25 \times u_倍 \times 12$$
$$= 7 u_基\ u_倍$$

把 $u_基$ 和 $u_倍$ 的数值代入上式,可得 $8 \times 4 = 32$ 种导程值,其中符合标准的只有 20 种。

② 车削模数螺纹时的运动平衡式

模数螺纹的螺距参数为模数 $m$,其标准 $m$ 值也是分段等差数列。其传动路线与米制螺纹相同,只是所用挂轮不同,车削模数螺纹时所用的挂轮为 $64/100 \times 100/97$。其运动平衡式为:

$$L = k\pi m = 1 \times 58/58 \times 33/33 \times 64/100 \times 100/97 \times 25/36 \times u_基 \times 25/36 \times 36/25 \times u_倍 \times 12$$

化简后得:$m = (7/4k) \times u_基\ u_倍$

把 $u_基$ 和 $u_倍$ 的数值代入上式,可得标准模数螺纹。

③ 车削英制螺纹时的运动平衡式

英制螺纹的螺距参数为每英寸长度上螺纹牙数,以 $a$ 表示,其螺距 $P_a = 25.4/a$,含

有特殊因子 25.4。螺纹进给传动链作如下改动,利用挂轮和改变传动链中部分传动比,使其中含有特殊因子 25.4。其运动平衡式为:

$$L_a = 25.4k/\alpha = 1 \times 58/58 \times 33/33 \times 63/100 \times 100/75 \times 1/u_{基} \times 36/25 \times u_{倍} \times 12$$

上式中,$63/100 \times 100/75 \times 36/25 \approx 25.4/21$,

化简后得:$\alpha = (7k/4) \times (u_{倍}/u_{基})$

变换 $u_{倍}$、$u_{基}$ 可得英制螺纹的标准 $\alpha$ 值。

④ 车削径节螺纹时的运动平衡式

螺距参数 $P_{DP} = 25.4\pi/DP$,有两个特殊因子 $\pi$ 和 25.4,故所用的挂轮为 $64/100 \times 100/97$,传动路线采用英制螺纹的传动路线。其运动平衡式为:

$$L_{DP} = 25.4k\pi/DP = 1 \times 58/58 \times 33/33 \times 64/100 \times 100/97 \times 1/u_{基} \times 36/25 \times u_{倍} \times 12$$

化简后得:$DP = 7k \times (u_{倍}/u_{基})$

变换 $u_{倍}$、$u_{基}$ 可得径节的标准值。

⑤ 车削非标准螺纹、精密螺纹的运动平衡式

车削非标准螺纹及精密螺纹时,可将进给箱中的 3 个内齿轮离合器 $M_3$、$M_4$、$M_5$ 全部接合,使轴Ⅻ、轴ⅩⅣ、轴ⅩⅦ、丝杠ⅩⅧ联成一体。这时轴Ⅻ的运动直接传至丝杠,在这种情况下,由于传动链短,误差小,若选择高精度的齿轮作挂轮,则可加工精密螺纹。此时运动平衡式为:

$$L = 1 \times 58/58 \times 33/33 \times u_{挂} \times 12$$

化简后得出挂轮换置公式:$u_{挂} = a/b \times c/d = L/12$

被加工螺纹的导程可通过更换挂轮来调整。

⑥ 车削大导程螺纹的运动平衡式

当需要车削导程超过标准螺纹范围时,例如大导程多头螺纹、油槽等,则必须将轴Ⅸ右端 58 齿的滑移齿轮向右移动,使之与轴Ⅷ上的 26 齿的齿轮相啮合,再将 $M_2$ 右移,使之接合。此时,主轴Ⅵ至轴Ⅸ间的传动比 $u$ 扩大为:

$$u_1 = 58/26 \times 80/20 \times 50/50 \times 44/44 \times 26/58 = 4;$$
$$u_2 = 58/26 \times 80/20 \times 80/20 \times 44/44 \times 26/58 = 16$$

这表明,当螺纹进给传动链其他情况不变时,作上述调整可使主轴与丝杠间的传动比增大 4 倍或 16 倍,从而车出的螺纹导程也相应的扩大 4 倍或 16 倍。因此,一般把上述传动机构称为扩大螺距机构。必须指出,车大导程螺纹必须经过主轴箱内轴Ⅴ—Ⅳ和轴Ⅳ—Ⅲ间的双联滑移齿轮变速组,因此,主轴转速一定时,螺纹导程可能扩大的倍数是确定的。具体地说,主轴转速是低转速(10~32 r/min)时,导程可扩大 16 倍;主轴转速是第二组低转速(40~125 r/min)时,导程可扩大 4 倍;主轴转速更高时,导程不能扩大。这也正好符合大导程螺纹只能在低速时车削的实际需要。

(3)机动纵、横向进给运动传动链

当机动纵向及横向进给时,要求主轴转 1 转,刀架移动一个进给量。CA6140 车床纵向及横向进给传动路线表达式为:

主轴Ⅵ $-\left\{\begin{array}{l}\text{车米制螺纹传动路线}\\\text{车英制螺纹传动路线}\end{array}\right\} - ⅩⅦ - \dfrac{28}{56} - $ 光杠ⅩⅨ $ - \dfrac{36}{32} \times \dfrac{32}{56} - M_6$(超越离合器)$-$

$$M_7(\text{安全离合器}) - \text{XX} - \frac{4}{29} - \text{XXI} - \begin{cases} \begin{cases}(\text{刀架向左移}) \\ \frac{40}{48} - M_8 \uparrow \\ (\text{刀架向右移}) \\ \frac{40}{30} - \text{XXIV} - \frac{30}{48} - M_8 \downarrow \end{cases} - \text{XXII} - \frac{28}{80} - \text{XXIII} - \begin{array}{c}\text{齿轮} - \text{齿条} \\ (\text{纵向进给})\end{array} \\ \begin{cases}(\text{刀架向外移}) \\ \frac{40}{48} - M_9 \uparrow \\ (\text{刀架向里移}) \\ \frac{40}{30} - \text{XXIV} - \frac{30}{48} - M_9 \downarrow \end{cases} - \text{XXV} - \frac{48}{48} - \text{XXVI} - \frac{59}{18} - \begin{array}{c}\text{横向丝杠 XXVII} \\ (\text{刀架横向进给})\end{array} \end{cases}$$

纵向机动进给量：

$$f_{\text{纵}} = 1 \times 58/58 \times 33/33 \times 63/100 \times 100/75 \times 25/36 \times u_{\text{基}} \times 25/36 \times 36/25 \times u_{\text{倍}} \times 28/56 \times$$
$$36/32 \times 32/56 \times 4/29 \times 40/30 \times 30/48 \times 28/80 \times \pi \times 2.5 \times 12 = 0.71\, u_{\text{基}}\, u_{\text{倍}}\ \text{mm/r}$$

横向机动进给量：

$$f_{\text{横}} = 1 \times 58/58 \times 33/33 \times 63/100 \times 100/75 \times 25/36 \times u_{\text{基}} \times 25/36 \times 36/25 \times u_{\text{倍}} \times 28/56 \times$$
$$36/32 \times 32/56 \times 4/29 \times 40/30 \times 30/48 \times 59/18 \times 5 = 0.355\, u_{\text{基}}\, u_{\text{倍}}\ \text{mm/r}$$

可见，当纵向与横向机动进给传动路线相同时，所得的纵向进给量是横向进给量的两倍，这是因为横向切槽或切断，容易产生振动，切削条件差，故使用较小进给量。

（4）刀架纵、横向快速运动传动链

刀架快速移动由装在溜板箱右侧的快速电动机（0.25 kW，2 800 r/min）经齿轮副 13/29 传至轴 XX，然后再沿着溜板箱内与机动工作进给相同的传动路线传至刀架，使其实现纵向和横向的快速移动。当快速移动电动机使传动轴 XX 快速旋转时，依靠 56 齿的齿轮与轴 XX 间的单向超越离合器 M6，可避免与进给箱传来的慢速工作进给运动发生干涉。

4. CA6140 型车床的典型结构及调整

（1）主轴箱内主要部件结构

主轴箱（如图 2-9 所示）主要由主轴部件、传动机构、开停与制动装置、操纵机构

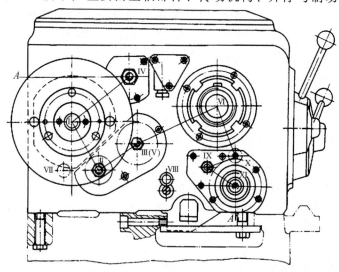

图 2-9  CA6140 型车床主轴箱各轴空间位置示意图

等组成。为了便于了解主轴箱内各传动件的传动关系、传动件的结构、形状、装配方式以及支承结构,常采用展开图的形式表示。CA6140型卧式车床主轴箱的展开图如图2-10所示,该图是沿轴Ⅳ-Ⅰ-Ⅱ-Ⅲ(Ⅴ)-Ⅵ-Ⅹ-Ⅸ-Ⅺ的轴线剖切后展开的。图中轴Ⅳ画得离轴Ⅲ与轴Ⅴ较远,因而使原来相啮合的齿轮副分开了。以下对主轴箱内主要部件的结构、工作原理及调整作一介绍。

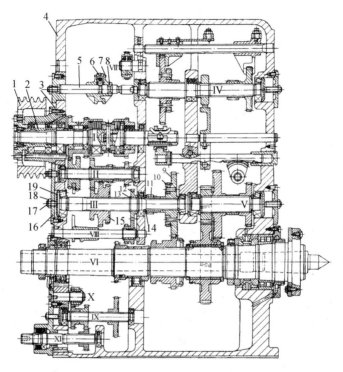

图2-10 CA6140型车床主轴箱展开图

1—带轮;2—花键套筒;3—法兰;4—箱体;5—导向轴;6—调节螺钉;7—螺母;
8—拨叉;9、10、11、12—齿轮;13—弹簧卡圈;14—垫圈;15—三联齿轮;
16—轴承盖;17—螺钉;18—锁紧螺母;19—压盖

① 卸荷带轮 电动机经Ⅴ带将运动传至轴Ⅰ左端的带轮1(如图2-10所示的左上部分),带轮1与花键套筒2用螺钉联接成一体,支承在法兰3内的两个深沟球轴承上。法兰3固定在主轴箱体4上,这样带轮1可通过花键套2带动轴Ⅰ旋转,Ⅴ带拉力则经轴承和法兰3传至箱体4。轴Ⅰ的花键部分只传递转矩,从而可避免因Ⅴ带拉力而使轴Ⅰ产生弯曲变形。从而把径向载荷卸给箱体,提高传动的平稳性。

② 双向多片摩擦离合器、制动器及其操纵机构 摩擦离合器除传递运动和动力,使主轴实现正转、反转、停车外,还能起过载保护作用。

双向多片摩擦离合器、制动器及其操纵机构如图2-11所示。双向多片摩擦离合器装在轴Ⅰ上。离合器左、右两部分结构是相同的,如图2-12所示。左离合器带动主轴正转,因为正转用于切削,传递的转矩较大,所以片数较多(外摩擦片8片,内摩擦片9片)。右离合器带动主轴反转，主要用于退刀，所以片数较少（外摩擦片4片，内摩擦片5片）。

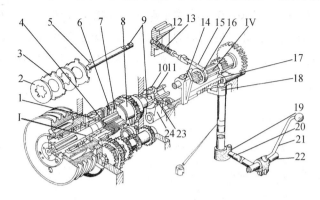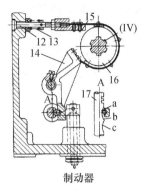

制动器

**图 2-11 双向多片摩擦离合器、制动器及其操纵机构**

1、8—齿轮；2—内摩擦片；3—外摩擦片；4—止推片；5、23—销；6—调节螺母；7—压块；
9—拉杆；10—滑套；11—元宝杠杆；12—调节螺钉；13—弹簧；14—杠杆；15—制动带；
16—制动盘；17—齿条轴；18—扇形齿轮；19—曲柄；20、22—轴；21—手柄；24—拨叉

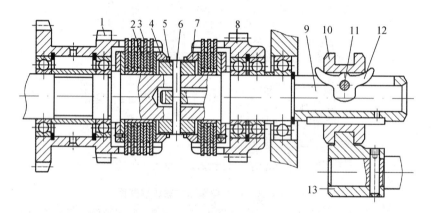

**图 2-12 双向多片摩擦离合器**

1—双联齿轮；2—内摩擦片；3—外摩擦片；4、7—螺母；5—压套；
6—长销；8—齿轮；9—拉杆；10—滑套；11—销轴；12—元宝杠杆；13—拨叉

如图2-11所示，剖开部分是左离合器。图中内摩擦片2装在轴Ⅰ的花键上，与轴Ⅰ一起旋转，外摩擦片3的4个凸起装在齿轮1的缺口槽中，外摩擦片空套在轴Ⅰ上。当拉杆9通过销5向左推动压块7时，使内摩擦片2与外摩擦片3相互压紧，于是轴Ⅰ的运动便通过内、外摩擦片之间的摩擦力传给齿轮1，使主轴正向转动；同理，当压块7向右压时，可使右离合器的内、外摩擦片压紧，使主轴反转；压块7处于中间位置时，左、右离合器处于脱开状态，这时轴虽然转动，但离合器不传递运动，主轴处于停止状态。

离合器的接合或脱开由手柄21操纵，它位于进给箱及溜板箱的右侧。当向上扳动手柄21时轴20向外移动，扇形齿轮18顺时针方向转动，齿条轴17通过拨叉24使滑套10向右移动。滑套10的内孔两端为锥孔，中间为圆柱孔。滑套10向右移动时就将元宝杠杆11的右端向下压，由于元宝杠杆11是用销23装在轴Ⅰ上的，所以这时元宝杠杆11就向顺时针方向摆动，于是元宝杠杆11下端的凸缘便推动装在轴Ⅰ内孔中的拉杆9向左移动，

拉杆9通过左端的销5带动压块7，使压块7向左压。故将手柄21扳到上端位置时，左离合器压紧，这时就可推动主轴正转。同理，将手柄21扳至下端位置时，右离合器压紧，主轴反转。当手柄21处于中间位置时，离合器脱开，主轴停止转动。

制动器（刹车）安装在轴Ⅳ上。它的功用是在多片离合器脱开的时刻制动主轴，使主轴迅速停止转动，以缩短辅助时间。制动器的结构如图2-11所示，它是由装在轴Ⅳ上的制动盘16、制动带15、调节螺钉12、弹簧13和杠杆14等件组成的。制动盘16是一个圆盘，它和轴Ⅳ用花键连接。制动带15为一条钢带，在它的内侧固定一层夹铁砂帆布，以增加摩擦面的摩擦系数。制动带15的一端与杠杆14相连接。制动器和多片离合器共用一套操作机构。制动器也是由手柄21操作的。当离合器脱开时，齿条轴17上的凸起正处于与杠杆14下端相接触的位置，使杠杆14向逆时针方向摆动，将制动带拉紧，使轴Ⅳ与主轴迅速停止旋转。当齿条轴17移向左端或右端位置时，多片离合器接合，主轴旋转。制动时制动带15在制动盘16上的拉紧程度应适当。如果制动带15拉得不紧，就不能起到制动作用，制动时主轴则不能迅速停止；但如果制动带15拉得过紧，则摩擦力太大，将烧坏摩擦表面。制动带的拉紧程度由调节螺钉12调整。

③ 主轴部件

主轴部件是主轴箱最重要的部分，由主轴、主轴轴承和主轴上的传动件、密封件等组成。主轴部件应具有较高的旋转精度及足够的刚度和良好的抗震性。

CA6140型车床的主轴是一个空心阶梯轴。其内孔是用于通过棒料或卸下顶尖时所用的铁棒，也可用于通过气动、液压或电动等夹紧驱动装置的传动杆。主轴前端可安装卡盘或拨盘，用以夹持工件或安装夹具，并由其带动旋转。主轴前端有精密的莫氏6号锥孔，用来安装顶尖或心轴。主轴后端的锥孔是工艺孔。

主轴部件采用三支承结构，如图2-10所示，前后支承分别装有NN3021K型和NN3015K型双列短圆柱滚子轴承，用于承受径向力。这种轴承具有刚性好、旋转精度高、承载能力大、调整方便等优点，且轴承的内环很薄，与主轴的配合面有1:12的锥度，当内环与主轴有相对位移时，内环产生径向弹性膨胀，从而调整了轴承径向间隙。前支承处还装有60°角接触双向推力球轴承，用以承受左右两个方向上的轴向力。中间支承为单列圆柱滚子轴承（NN216），用作辅助支撑，配合较松，间隙不能调整。

近年来，CA6140型卧式普通车床主轴组件有的已改为两支承结构。这种结构不仅可以满足刚度和精度方面的要求，而且使结构简化，降低了成本。前支承仍采用NN3201K型双列短圆柱滚子轴承以承受径向力，后支承由7215AC型角接触球轴承和51215型推力球轴承组成，分别承受两个方向的轴向力和径向力。

主轴上装有3个齿轮，如图2-10所示，最右边的是空套在主轴上的左旋斜齿轮，其传动较平稳，齿轮传动所产生的轴向力指向前轴承，以抵消部分轴向切削力，从而减小了前轴承所承受的轴向力；中间的滑移齿轮用花键与主轴相连，当其处于中间空挡位置时，可用手拨动主轴，以便装夹和调整工件；最左边的齿轮是固定在主轴上的，通过它可把运动传给进给系统。

主轴前后两端采用了油沟式密封。油沟为轴套外表面上锯齿形截面的环形槽。主轴旋转时，由于离心力使油液沿着斜面被甩回，经回油孔流回箱底，最后流回到床腿内的油池中。

如果车削工件外圆时发现表面上有混乱的波纹，出现圆度误差和加工面与基准面的同轴度误差；割槽时刀具颤动；工件端面出现平面度误差；车螺纹时出现螺距误差，这时就必须调整主轴轴承的间隙。

主轴轴承间隙调整的步骤如下。

a. 检测主轴的径向跳动和轴向窜动

测量主轴的径向圆跳动误差是将千分表固定在中滑板上，将千分表测头垂直顶在定心轴颈的圆锥表面或圆柱表面上，对主轴施加进给力 $F$，旋转主轴进行检验，如图 2-13 所示。千分表读数的最大差值不得超过 $0.01 \sim 0.015$ mm。

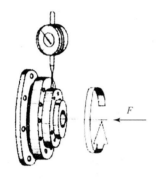
图 2-13 测量主轴的径向圆跳动误差

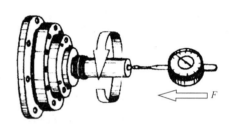
图 2-14 测量主轴的轴向窜动

测量主轴的轴向窜动是在主轴锥孔中插入一短检验棒，检验棒端部中心孔内放一钢球，千分表的平测头顶在钢球上对主轴作用一进给力 $F$，旋转主轴，如图 2-14 所示。千分表读数的最大差值不得超过 $0.01 \sim 0.015$ mm。

若以上测量结果超差，则必须对主轴轴承的间隙进行调整。

b. 轴承调整

打开主轴箱盖板并放置平稳。前轴承 4 可用螺母 5 和 2 调整，如图 2-15 所示，调整时用勾头扳手将主轴前端螺母 5 拧松，用一字螺丝刀将调整螺母 2 上的锁紧螺钉拧松，再

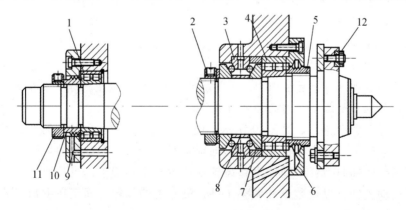
图 2-15 CA6140 主轴剖面图

1、4—双列短圆柱滚子轴承；2、5—螺母；3—双向推力角接触球轴承；6—轴承端盖；
7—隔套；8—调整垫圈；9—轴承端盖；10—套筒；11—螺母；12—端面键

用勾头扳手扳紧调节螺母 2，并用一字螺丝刀拧紧锁紧螺钉。一般只需调整前轴承即可，如调整前轴承后，通过测量仍达不到要求，则可调整后轴承。后轴承 1 的间隙可用螺母 11 调整，调整原理同前轴承。

c. 检查主轴轴承间隙的大小

用手转动主轴，应感觉灵活，无阻滞现象，如图 2-16 所示。

d. 再次测量主轴径向圆跳动和轴向窜动应符合要求

e. 关闭盖板

**注意事项：**

① 主轴轴承应在无间隙（或少量过盈）条件下进行运转。

② 主轴轴承的间隙须定期进行调整，通过调整若达不到要求，则应换轴承。

图 2-16　主轴轴承间隙检查

③ 双向推力角接触球轴承 3 需调整时，应将主轴拆出，取下两内圈间的调整垫圈 8 进行磨削，减小其厚度，以达到消除间隙的目的。

（2）溜板箱内主要部件结构及调整

① 安全离合器

安全离合器的功用是防止进给机构过载或发生偶然事故时损坏机床部件。当机动进给时，如进给力过大或刀架移动受阻，则有可能损坏机件，为此在进给链中设有安全离合器，使进给运动自动停止。安全离合器的结构如图 2-17 所示，它是由两个螺旋形端面齿爪及弹簧组成的。安全离合器在正常工作时，它的左、右两半部相互啮合，如图 2-17（a）所示；当发生过载时，将使离合器的轴向分力增大而超过弹簧力，使离合器的右半部向右移，如图 2-17（b）所示，于是两端面齿爪之间打滑，如图 2-17（c）所示，从而断开了传动，使机构不受损坏。过载排除后，离合器在弹簧作用下又恢复原状。

安全离合器螺旋齿面上产生的轴向分力，由弹簧 9 平衡。调整弹簧力时，用螺丝刀将溜板箱左边的边盖 2 打开，如图 2-17 所示，用扳手顺时针调整螺母 1，则拉杆 5 通过圆柱销 8 带动弹簧座 6 左移，弹簧力增大；同理，逆时针调整螺母 1，则弹簧力减小。

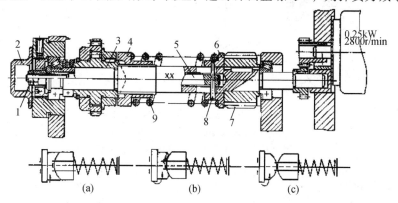

图 2-17　CA6140 型车床安全离合器结构及工作原理图

1—调整螺母；2—边盖；3—安全离合器左半部；4—安全离合器右半部；5—拉杆；
6—弹簧座；7—蜗杆；8—圆柱杠杆；9—弹簧

② 纵、横向机动进给操纵机构

纵、横向机动进给操纵机构的功能是接通、断开车床纵、横向机动进给和改变进给方向，手柄搬动的方向和刀架移动的方向一致，如图2-18所示。

向左或向右扳动手柄1便可以接通向左或向右的纵向进给，其运动传递过程如下：向左或向右扳动手柄1，使手柄座3绕销子2摆动时，手柄座3下端的开口槽通过球头销4拨动轴5沿轴向移动，再经杠杆7、连杆8使凸轮9转动，凸轮上的曲线槽通过销钉10带动轴11以及固定在它上面的拨叉12向前或向后移动，从而拨动离合器$M_8$向前或向后与轴XXII上两个空套齿轮之一啮合，即可接通向左或向右的纵向进给，刀架相应地向左或向右移动。

向前或向后扳动手柄1可接通向前或向后的横向进给，其运动传递过程如下：向前或向后扳动手柄1，通过手柄座3使轴19左端的凸轮18转动，凸轮18上的曲线槽通过销钉15使杠杆16绕轴销17摆动，再经杠杆16上的另一销钉14带动轴6及固定其上的拨叉13沿轴6轴向移动，并拨动离合器$M_9$向前或向后移动，使之与轴XXV上两个空套齿轮之一啮合，即可接通向前或向后的横向进给，刀架相应的向前或向后移动。

手柄搬至中间位置时，离合器$M_8$和$M_9$均处于中间位置，机动进给传动链断开。当手柄1扳至左、右、前、后任一位置，然后按下按钮S，则快速电动机启动，刀架便在相应方向上快速移动。

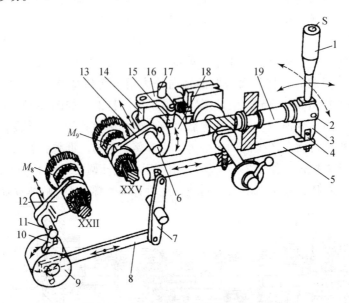

图2-18 纵、横向机动进给操纵机构

1—手柄；2—销子；3—手柄座；4—球头销；5、6、11、19—轴；7、16—杠杆；8—连杆；
9、18—凸轮；10、14、15—销钉；12、13—拨叉；17—轴销

③ 开合螺母机构

开合螺母机构的功用是在车削螺纹时，接通或断开从丝杠传来的运动。合上开合螺母，就可带动溜板箱和刀架移动。开合螺母机构如图2-19所示，由下半开合螺母1和上半开合螺母2组成，它们都可以沿溜板箱中竖直的燕尾形导轨上下移动。每个半螺母上装

有一个圆柱销3,它们分别插进槽盘4的2条曲线槽中。车削螺纹时,转动手柄6,使槽盘4逆时针转动时,两个圆柱销互相靠近,带动上下半螺母合拢,与丝杠啮合,刀架由丝杠螺母经溜板箱带动进给;反之,刀架停止进给。

用螺栓9经镶条5可调整开和螺母与燕尾导轨间的间隙。

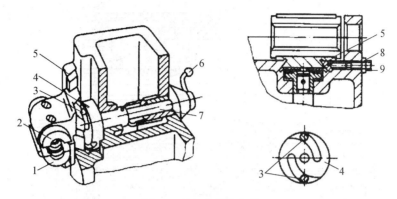

**图 2-19　开合螺母机构**

1—下半螺母;2—上半螺母;3—圆柱销;4—槽盘;5—镶条;6—手柄;7—轴;8—螺母;9—螺栓

(3) 间隙调整

① 床鞍与导轨间间隙的调整

床鞍安装在床身的V形导轨与平导轨上,当间隙过大时,将直接影响零件的加工精度,因此使用一段时间后要进行调整。调整时,首先切断车床电源,将床鞍移至导轨中间,其次拧动床鞍内侧和外侧螺钉,如图2-20所示,用塞尺检查床鞍与导轨间间隙,调整螺钉使其小于0.04mm,最后摇动床鞍感觉平稳、均匀、轻便即可。

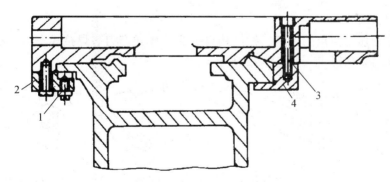

**图 2-20　床鞍与导轨间间隙的调整**

1—外侧螺钉;2、4—压板;3—内侧螺钉

② 横向进给丝杠与螺母间间隙的调整

如图2-21所示,中滑板装在床鞍顶面上的燕尾导轨上,由丝杠1经移动螺母带动沿导轨横向移动。横向进给丝杠采用可调的双螺母结构,螺母固定在中滑板2的底面上,由分开的两部分3和7组成,中间用楔块5隔开。当丝杠与螺母间间隙过大时,在外圆上会出现混乱波纹等,影响加工质量,因此必须调整。调整时,松开紧固螺钉4,然后转动楔

块5上的螺钉6，使楔块5向上移动，将螺母3向左挤，使间隙减小，调完后，拧紧螺钉4，将螺母3固定。

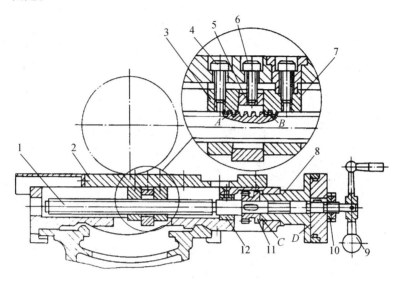

图 2-21　横向刀架结构图

1—丝杠；2—滑板；3、7—螺母；4、6—螺钉；5—楔块；8、12—滑动轴承；
9—手柄；10—螺母；11—齿轮

### 2.2.3　车刀

1. 常用车刀的种类及用途

（1）车刀结构

车刀是车削加工使用的刀具，按结构可分为整体式车刀、焊接式车刀、机夹式车刀和可转位式车刀4种形式，如图2-22所示。

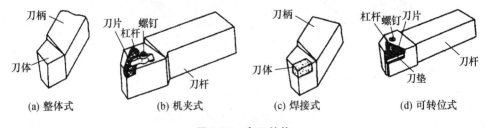

图 2-22　车刀结构

（2）常用车刀的种类及用途

车刀按用途可为分外圆车刀、镗孔车刀、端面车刀、螺纹车刀、切断刀和成形车刀等，其形状和用途如表2-4所示。

# 第 2 章 外圆加工及设备

表 2-4 常用车刀的种类及用途

| 车刀种类 | 车刀外形 | 车削示意图 | 用 途 |
|---|---|---|---|
| 45°车刀（弯刀） | | | 车削工件的外圆、端面和倒角 |
| 75°车刀 | | | 车削工件的外圆和端面 |
| 90°车刀 | | | 车削工件的外圆、台阶和端面 |
| 切断刀 | | | 切断工件或在工件上车槽 |
| 内孔车刀 | | | 车削工件上的内孔 |
| 螺纹车刀 | | | 车削螺纹 |
| 圆头车刀 | | | 车削工件的圆弧面或成形面 |

### 2. 车刀的刃磨

车刀的刃磨有机械刃磨和手工刃磨两种。机械刃磨效率高，质量稳定，操作方便，主要用于刃磨标准刀具。手工刃磨比较灵活，对磨刀设备要求不高，这种刃磨方法在目前中小企业应用较为普遍。对于车工来说,手工刃磨车刀是必须掌握的基本技能。下面以焊接式硬质合金90°车刀为例,介绍其刃磨的步骤和方法。

(1) 砂轮的选用

常用的磨刀砂轮有氧化铝砂轮(呈白色)和碳化硅砂轮(呈绿色)两类,刃磨时必须根据刀具材料来选定。氧化铝砂轮的磨粒韧性好,比较锋利,硬度稍低,适用于刃磨高速钢和硬质合金车刀的刀柄部分。碳化硅砂轮的磨粒硬度高,切削性能好,但较脆,适用于刃磨硬质合金刀具。

(2) 修磨前刀面和后刀面

先磨去车刀前刀面、后刀面和副后刀面等处的焊渣,并磨平车刀的底平面。磨削时应采用粗粒度的氧化铝砂轮。

(3) 粗磨主后刀面和副后刀面的刀柄部分

刃磨时,将车刀底平面在略高于砂轮中心的水平位置向砂轮方向倾斜一个比刀体上的后角大2°~3°的角度,以便刃磨刀柄处的主后刀面。同样方法磨刀柄处的副后刀面。用氧化铝砂轮磨削。

(4) 粗磨刀片上的主后刀面和副后刀面

粗磨出来的后角、副后角应比所要求的后角大2°左右,刃磨方法如图2-23所示。刃磨时应采用粗粒度的碳化硅砂轮。

(5) 磨前刀面

用砂轮的外圆磨出车刀的前角和刃倾角,磨削时应采用碳化硅砂轮。

图2-23 粗磨后面、副后面

(6) 磨断屑槽

刃磨车刀时通常在车刀的前面上磨出断屑槽,以使断屑容易。常用的断屑槽形式有直线形和圆弧形两种。当刃磨圆弧形断屑槽时,必须先把砂轮的外圆与平面的相交处修整成相应的圆弧。刃磨直线形断屑槽时,其砂轮的外圆与平面的相交处应修整得比较尖锐。刃磨时,刀尖向下或向上磨削,如图2-24所示。刃磨时应考虑留出车刀倒棱的宽度。

(7) 精磨主后刀面和副后刀面

精磨前应先修磨好砂轮,然后将车刀底平面靠在调整好角度的托架上,并使刀刃轻轻靠住砂轮的端面上,进行刃磨,如图2-25所示。刃磨过程中,车刀应左右缓慢移动,使车刀刃口平直光洁。应选粒度为180#~220#的碳化硅砂轮。

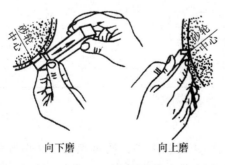

图2-24 磨断屑槽

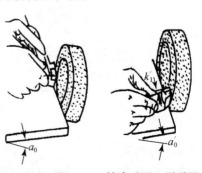

图2-25 精磨后面、副后面

(8) 磨负倒棱

为了提高主切削刃的强度,改善其受力和散热条件,通常在车刀切削刃上要磨出负倒棱。刃磨负倒棱时,用力要轻微,车刀沿主切削刃的后端向刀尖方向摆动。刃磨时,应采用细磨粒的碳化硅砂轮。

(9) 磨过渡刃

过渡刃有直线形和圆弧形两种,刃磨方法与精磨后刀面时基本相同。对于车削较硬材料的车刀,也可以在过渡刃上磨出负倒棱。采用的砂轮与精磨后面时所用的砂轮相同。

(10) 研磨

对精加工用车刀,为了保证工件表面加工质量,常对车刀进行研磨。研磨时,用油石加些机油,然后将油石与被研磨表面贴平,前后沿水平方向平稳移动,推时用力,回时不用力,不要上下移动,以免将切削刃磨钝。直到车刀表面光洁,看不出磨削痕迹为止。这样既可使刀刃锋利,又能增加刀具的耐用度。研磨顺序是先研磨后刀面,再研磨前刀面,最后研磨负倒棱。

3. 车刀的安装

车刀安装正确与否,直接影响到切削能否顺利进行和工件的加工质量。所以在安装车刀时,一定要注意以下几点。

① 车刀装夹在刀架上的悬伸部分要尽量缩短。一般悬伸长度约为刀柄厚度的 1~1.5 倍。悬伸过长,车刀切削时刚性差,容易产生振动、弯曲甚至折断,影响加工质量。车刀下面垫片的数量要尽量少,一般为 1~2 片,并与刀架边缘对齐,压紧车刀时,至少用两个螺钉,以防震动。

② 车刀一定要夹紧,否则,车刀崩出将造成难以想象的后果。

③ 车刀刀尖应与工件旋转轴线等高。如不等高,将使车刀工作时的前角和后角发生改变。如图 2-26 所示,车外圆时,如果车刀刀尖高于工件轴线,则使车刀的实际前角增大,后角减小,从而加剧后面与工件之间的摩擦;如果车刀刀尖低于工件旋转轴线,则使后角增大,前角减小,切削阻力增大,从而使切削不顺利。在车削内孔时,其角度的变化情况正好与车外圆时相反。

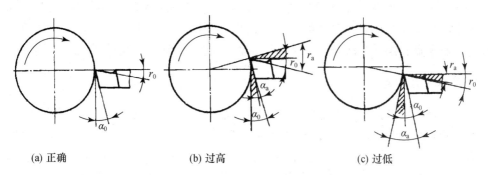

(a) 正确　　　　　　(b) 过高　　　　　　(c) 过低

图 2-26 装刀高低对前、后角的影响

刀尖不对准工件中心,在车削至端面中心时会留有凸头,如图 2-27（a）所示。使用硬质合金车刀时，会使刀尖崩碎，如图2-27（b）所示。

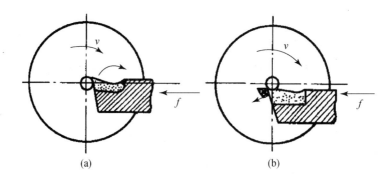

图2-27 车刀刀尖不对准工件中心的后果

④ 车刀刀杆中心线应与进给运动方向垂直，如图2-28（b）所示。不垂直会使车刀工作时的主偏角和副偏角发生改变。如图2-28（a）所示，副偏角减小，加剧摩擦；如图2-28（c）所示，主偏角减小，进给力增大。

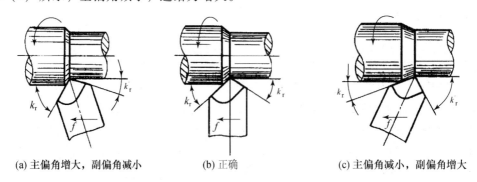

图2-28 车刀刀杆装偏对主、副偏角的影响

以上要求对各种车刀的安装是通用的，但对不同的切削情况，又有其特殊的要求。

### 2.2.4 工件的装夹

车削加工的生产率和加工质量直接受工件的装夹速度和精度的影响。工件的形状、尺寸大小和加工质量不同，采用的装夹方法也不相同。在车床上常用装夹工件的附件有三爪自定心卡盘、四爪单动卡盘、顶尖、心轴、花盘、弯板、中心架和跟刀架等。

**1. 三爪卡盘装夹**

三爪自定心卡盘是车床上常用工具，它夹持工件时一般不需要找正，装夹速度较快。3个卡爪同时移动并能自行对中（其对中精度约为0.05～0.15 mm），适宜快速夹持截面为圆形、正三边形、正六边形的工件。三爪自定心卡盘的结构和形状如图2-29所示，主要由外壳体、3个卡爪、3个小锥齿轮、1个大锥齿轮等零件组成。当用卡盘扳手插入小锥齿轮的方孔中转动时，大锥齿轮也随之转动，在大锥齿轮背面平面螺纹的作用下，使3个卡爪同时向中心移动或退出，以夹紧或松开工件。卡爪有正、反两副。正卡爪用于装夹外圆直径较小和内孔直径较大的工件；反卡爪用于装夹外圆直径较大的工件。

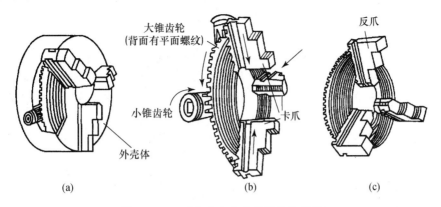

图 2-29 三爪自定心卡盘的结构和形状

#### 2. 四爪单动卡盘装夹

四爪单动卡盘简称四爪卡盘，4 个卡爪通过 4 个调整螺杆独立移动，不能联动。四爪单动卡盘的结构及外形如图 2-30 所示。四爪卡盘与车床主轴连接，不但可以安装截面是圆形的工件，还可以安装截面为方形、长方形、椭圆或其他某些形状不规则的工件，在圆盘上车偏心孔也常用四爪单动卡盘安装，如图 2-31 所示。

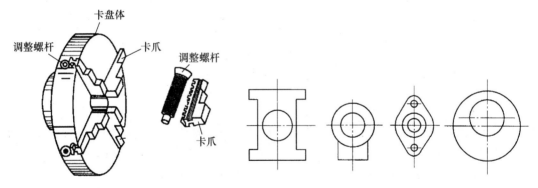

图 2-30 四爪单动卡盘的结构及外形　　　图 2-31 四爪单动卡盘夹持工件形状

由于四爪卡盘装夹后不能自动定心，所以装夹效率较低，装夹时必须用画线盘或百分表找正，使工件回转中心与车床主轴中心对齐，如图 2-32 所示为用百分表找正外圆的示意图。

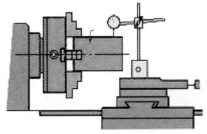

图 2-32 百分表找正外圆示意图

### 3. 顶尖及鸡心夹头（两顶尖）装夹

在车床上加工长度较长或工序较多的轴类工件时，把轴架在前后两个顶尖上，前顶尖装在主轴锥孔内或卡盘上，并和主轴一起旋转，后顶尖装在尾座套筒内，前后顶尖就确定了轴的位置。将鸡心夹头紧固在轴的一端，其尾部插入拨盘的槽内或卡爪之间，拨盘安装在主轴上（安装方式与三爪自定心卡盘相同）并随主轴一起转动，通过拨盘或卡盘带动鸡心夹头即可使工件转动，如图 2-33 所示。这种方式安装工件方便，不需找正，而且定位精度高，但装夹前必须在工件的两端面钻出合适的中心孔。常用顶尖如图 2-34 所示。

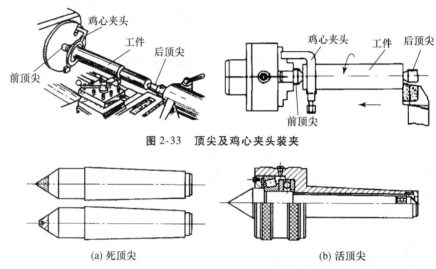

图 2-33　顶尖及鸡心夹头装夹

图 2-34　常用顶尖

### 4. 一夹一顶装夹

由于两顶尖装夹刚性较差，因此在车削轴类零件，尤其是较重工件时，常采用一夹一顶（卡盘和顶尖）的装夹方法。为了防止工件轴向位移，需在卡盘内装一限位支撑，如图 2-35（a）所示，或利用工件的台阶作限位，如图 2-35（b）所示。由于一夹一顶装夹刚性好，轴向定位准确，且比较安全，能承受较大的轴向切削力，因此应用广泛。

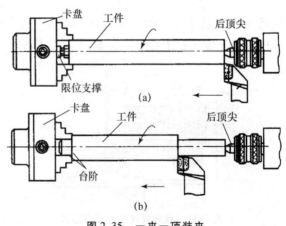

图 2-35　一夹一顶装夹

### 5. 心轴装夹

对于盘套类零件，可以利用已精加工过的孔把零件安装在心轴上，再把心轴安装在前后顶尖之间，当成阶梯轴来加工外圆和端面，如图 2-36 所示。

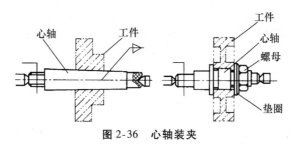

图 2-36 心轴装夹

### 6. 花盘和弯板装夹

对于某些形状不规则的零件，当要求外圆、孔的轴线与安装基面垂直，或端面与安装面平行时，可以把工件直接压在花盘上加工。花盘是安装在车床主轴上的一个大铸铁圆盘，盘面上有许多用于穿放螺栓的槽，其结构与外形如图 2-37 所示。

对于某些形状不规则的零件，当要求孔的轴线与安装面平行，或端面与安装基面垂直时，可用花盘-弯板安装工件。用花盘或花盘-弯板安装工件时，由于重心往往偏向一边，需要在另一边加平衡铁，以减少旋转时的振动，如图 2-37 所示。

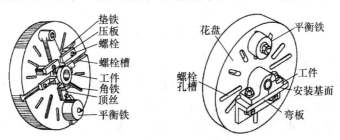

图 2-37 花盘和弯板装夹

### 7. 中心架和跟刀架

加工长径比大于 10 的细长轴时，为防止轴受切削力的作用而产生弯曲变形，往往需要加用中心架或跟刀架，另外较长轴类工件在端面、钻孔或车孔时，也要以中心架作为支承。如图 2-38 所示。使用这两种附件时，在工件的支承部位都必须预先车出光滑的定位用圆柱面。

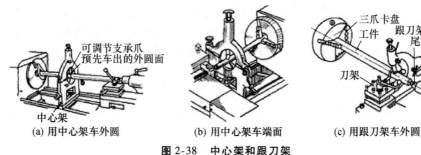

(a) 用中心架车外圆　　(b) 用中心架车端面　　(c) 用跟刀架车外圆

图 2-38 中心架和跟刀架

## 2.3 外圆表面的磨削加工设备

### 2.3.1 磨削加工

磨削加工是用带有磨粒的工具（砂轮、砂带、油石等）以给定的背吃刀量（或称切削深度），对工件进行加工的方法。常见磨削加工种类如图2-39所示。

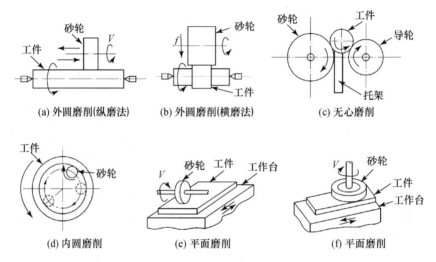

图 2-39 磨削加工的种类

磨削加工具有以下特点。

① 背吃刀量小、加工质量高。磨粒上锋利的切削刃能够切下一层很薄的金属，切削厚度可以小到数微米，残留面积的高度小，有利于形成光洁的表面；另外，磨床有较高的精度和刚度，并有实现微量进给的机构，可以实现微量切削，能获得很高的加工精度和低的表面粗糙度。

② 砂轮有自锐作用。磨削过程中，磨钝了的磨粒会自动脱落而露出新鲜锐利的磨粒。

③ 磨削速度快、温度高，必须使用充足的切削液。磨削时的切削速度为一般切削加工的 10~20 倍，同时，砂轮本身的传热性很差，大量的磨削热在短时间内传散不出去，在磨削区形成瞬时高温，有时高达 800~1000℃。切削液起冷却、润滑作用，不仅可降低磨削温度，还可以冲掉细碎的切屑和碎裂及脱落的磨粒，避免堵塞砂轮空隙，提高砂轮的寿命。

④ 磨削的背向力大（径向磨削分力大）。如图 2-40 所示，磨削外圆时，总磨削力 $F$ 分解为磨削力 $F_c$、进给力 $F_f$ 和背向力 $F_p$ 3个相互垂直的分力，背向磨削力 $F_p$ 大于磨削力 $F_c$（一般为 2~4 倍）。背向力 $F_p$ 不消耗功率，但它会使工件产生水平方向的弯曲变形，直接影响工件的加工精度。

## 第 2 章 外圆加工及设备

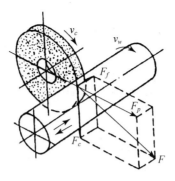

图 2-40 磨削力

磨削加工通常用来磨削外圆表面、内孔、平面及凸轮、螺纹、齿轮等成形面。

### 2.3.2 磨削加工设备

用磨料磨具（砂轮、砂带、油石和研磨料）作为工具对工件进行切削加工的机床统称为磨床。磨床广泛用于零件的精加工，尤其是淬硬钢件，高硬度特殊材料及非金属材料（如陶瓷）的精加工，常见磨削的加工范围如图 2-41 所示。

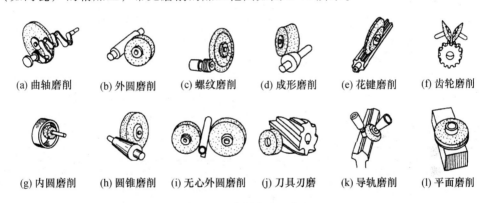

(a) 曲轴磨削　(b) 外圆磨削　(c) 螺纹磨削　(d) 成形磨削　(e) 花键磨削　(f) 齿轮磨削

(g) 内圆磨削　(h) 圆锥磨削　(i) 无心外圆磨削　(j) 刀具刃磨　(k) 导轨磨削　(l) 平面磨削

图 2-41 磨削的加工范围

磨床种类很多，其主要类型有以下几种。

（1）外圆磨床

主要用于外回转表面的磨削。包括普通外圆磨床、万能外圆磨床、半自动宽砂轮外圆磨床、端面外圆磨床和无心外圆磨床等。

（2）内圆磨床

主要用于内回转表面的磨削。包括内圆磨床、无心内圆磨床和行星内圆磨床等。

（3）平面磨床

用于各种平面的磨削。包括卧轴矩台平面磨床、立轴矩台平面磨床、卧轴圆台平面磨床和立轴圆台平面磨床等。

（4）工具磨床

用于各种工具的磨削，如样板、卡板等。包括工具曲线磨床和钻头沟槽磨床等。

**(5) 刀具和刃具磨床**

用于各种刀具的刃磨。包括万能工具磨床（能刃磨各种常用刀具）、拉刀刃磨床和滚刀刃磨床等。

**(6) 各种专门化磨床**

专门用于磨削某一类零件的磨床，如曲轴磨床、凸轮磨床、花键轴磨床、齿轮磨床、螺纹磨床等。

此外还有珩磨机、研磨机和超精加工机床等。本章主要介绍外圆磨床。

### 2.3.3 M1432A型万能外圆磨床

外圆磨床主要用于磨削内、外圆柱和圆锥表面，也能磨削阶梯轴的轴肩和端面，其主参数是最大磨削直径。这种机床的工艺范围广，但生产效率低，适用于单件、小批量生产车间。

**1. M1432A型万能外圆磨床的主要技术参数**

M1432A型万能外圆磨床的主要技术参数如表2-5所示。

表2-5　M1432A型万能外圆磨床的主要技术参数表

| 序号 | 技术参数 | | 技术参数值 |
|---|---|---|---|
| 1 | 外圆磨削直径 | | 8～320 mm |
| 2 | 外圆最大磨削长度 | | 1 000；1 500；2 000 mm（3种） |
| 3 | 内孔磨削直径 | | 30～100 mm |
| 4 | 内孔最大磨削长度 | | 125 mm |
| 5 | 磨削工件最大重量 | | 150 kg |
| 6 | 砂轮尺寸和转速 | | $\phi$400 mm×50 mm×$\phi$203 mm；1 450 r/min |
| 7 | 头架主轴转速 | | 25；50；80；112；160；224 r/min（6级） |
| 8 | 内圆砂轮转速 | | 10 000；15 000 r/min（2级） |
| 9 | 工作台纵向移动速度 | | 0.05～4 m/min（液压无级调速） |
| 10 | 机床外形尺寸 | 长 | 3 200；4 200；5 200 mm（3种） |
|   |   | 宽 | 1 500～1 800 mm |
|   |   | 高 | 1 420 mm |
| 11 | 机床重量 | | 3 200；4 500；5 800 kg |

**2. M1432A型万能外圆磨床的主要组成**

M1432A型万能外圆磨床的外形图如图2-42所示，主要由床身1、头架2、内圆磨具3、砂轮架4、尾座5、滑鞍6、手轮7和工作台8等组成。

# 第 2 章　外圆加工及设备

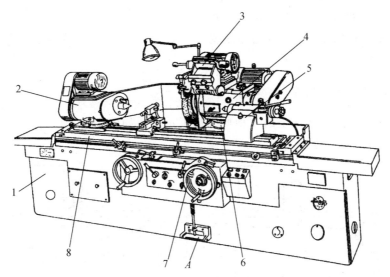

图 2-42　M1432A 型万能外圆磨床外形图
1—床身；2—头架；3—内圆磨具；4—砂轮架；5—尾座；6—滑鞍；7—手轮；8—工作台

（1）床身

用于支撑各部件，工作时保证它们之间有准确的相对位置。上部装有工作台和砂轮架等部件，内部装有液压传动系统。

（2）头架

头架内的主轴由单独电动机带动旋转。主轴端部可装夹顶尖、拨盘或卡盘，以便装夹工件并带动工件旋转作圆周进给运动。当头架体座回转一个角度时，可磨削短圆锥面；当头架体座逆时针回转 90°时，可磨削小平面。

（3）内圆磨具

用于支撑磨内孔的砂轮主轴。内圆磨具主轴由单独的内圆砂轮电动机驱动。

（4）砂轮架

用于装夹砂轮，并由单独电动机带动砂轮旋转。砂轮架可沿床身后部横向导轨前后移动，有手动和快速引进、退出两种方式。砂轮架装在滑鞍上，回转角度为 ±30°。当需要磨削短圆锥面时，砂轮架可调至一定的角度位置。

（5）尾座

利用安装在尾座套筒上的顶尖（后顶尖），与头架主轴上的前顶尖一起支承工件，使工件实现准确定位。尾座可在工作台上移动，调整位置以装夹不同长度的工件。

（6）滑鞍

转动横向进给手轮 7 或液压装置，通过横向进给机构带动滑鞍 6 及砂轮架作横向移动，实现砂轮架的周期或连续横向工作进给，调整位移和快速进退，以确定砂轮和工件的相对位置，控制被磨削工件的直径尺寸。

（7）手轮

为横向进给手轮，转动它可使砂轮架作横向移动，确定砂轮和工件的相对位置。

（8）工作台

由上、下两层组成。磨削时下工作台作纵向往复移动，以带动工件纵向进给，其行程长度可用挡块位置调节。上工作台相对下工作台在水平面内可扳转一个不大的角度（±10°），以便磨削圆锥面。工作台顶面装有头架和尾座，它们随工作台一起沿床身导轨作纵向往复运动。

**3. M1432A 型万能外圆磨床的运动**

M1432A 型万能外圆磨床上的 4 种典型加工示意图如图 2-43 所示，为了实现磨削加工，机床应具有以下运动。

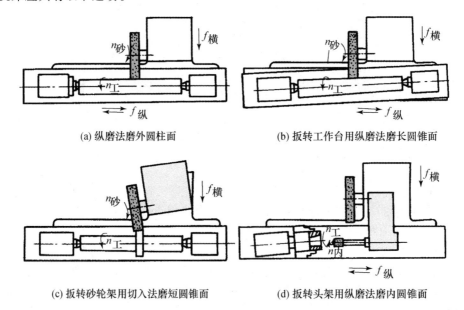

图 2-43　M1432A 型万能外圆磨床加工示意图

（1）砂轮的旋转运动

该运动是磨削加工的主运动，通常由电动机通过 V 带直接带动砂轮主轴旋转，转速较高。由于采用不同的砂轮磨削不同材料的工件时，磨削速度的变化范围不大，故主运动一般不变速。但当砂轮直径因修整而减少较多时，为了获得所需的磨削速度，可采用更换带轮变速。

（2）工件圆周进给运动

该运动通常由单速或多速异步电动机经塔轮变速机构传动，也可用电气或机械无级变速装置传动，转速较低。

（3）工件纵向进给运动

该运动通常采用液压传动，以保证运动的平稳性，并便于实现无级调速和往复运动循环的自动化。

（4）砂轮周期或连续横向进给运动

该运动由横向进给机构用手动或液动实现。

此外，为便于装卸工件，机床还有两个辅助运动，即砂轮架横向快速进退和尾座套筒的缩回，这两个运动通常都是由液压传动的。

**4. M1432A 型万能外圆磨床的机械传动系统**

M1432A 型万能外圆磨床的运动由机械和液压联合传动，除工作台的纵向往复运动、砂轮架的快速进退和周期自动切入进给及尾座顶尖套筒的缩回为液压传动外，其余运动都是机械传动。其机械传动系统如图 2-44 所示。

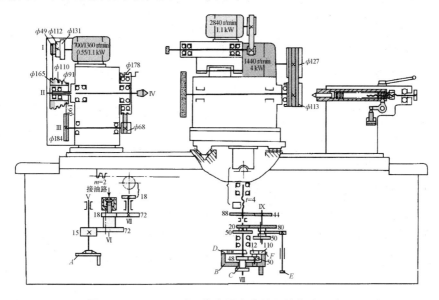

图 2-44　M1432A 型万能外圆磨床的机械传动系统图

（1）头架带动工件的传动

工件的转动是由双速电动机（700 r/min 和 1360 r/min，0.55 kW 和 1.1 kW）驱动，经 V 带塔轮及两级 V 带传动，使头架上的拨盘或卡盘带动工件实现圆周运动。其传动路线如下：

$$\text{头架电动机} - \text{I} - \begin{Bmatrix} \dfrac{\phi 49}{\phi 165} \\ \dfrac{\phi 112}{\phi 110} \\ \dfrac{\phi 131}{\phi 91} \end{Bmatrix} - \text{II} - \dfrac{\phi 61}{\phi 184} - \text{III} - \dfrac{\phi 68}{\phi 178} - \text{拨盘（工件转动）}$$

（2）外圆磨削砂轮的传动

磨削外圆时，砂轮的旋转运动是由电动机（转速 1440 r/min，功率 4 kW）经 V 带直接传动的，转速为 1670 r/min。其传动路线如下：

砂轮电动机（1440 r/min）—$\phi 127/\phi 113$—砂轮旋转

（3）内圆磨具的传动

磨削内孔时，砂轮主轴的旋转运动由电动机（转速 2840 r/min，功率 1.1 kW）经平带直接传动。更换带轮，可使砂轮主轴获得两种高速转速为 10 000 r/min 和 15 000 r/min。其传动路线如下：

内圆磨具电机（2840 r/min）—$\phi 170/\phi 50$ 或 $\phi 170/\phi 32$—磨具旋转（2 种转速）

（4）工作台的手动驱动

转动手轮 A，通过齿轮、齿条传动，驱动工作台纵向移动。其传动路线如下：

手轮 A—Ⅴ—15/72—Ⅵ—18/72—Ⅶ—Z18/齿条—工作台纵向移动

手轮 A 转 1 转，工作台的纵向移动量为：$1 \times 15/72 \times 18/72 \times 18 \times 2\pi \approx 6$ mm

为保证运动的平稳性，并便于实现无级调速和往复运动循环的自动化，工作台的纵向进给运动一般采用液压传动。工作台手动驱动与液压驱动之间有互锁装置，当轴Ⅵ上的小液压缸与液压系统相通，驱动工作台纵向往复运动时，压力油推动轴Ⅵ上的双联齿轮移动，使齿轮 18 与 72 脱开。因此，液压驱动工作台纵向运动时，手轮 A 不起驱动作用。

（5）砂轮架的横向进给运动

砂轮架的横向进给运动可手摇手轮 B 实现，或者由自动进给油缸驱动进给。手摇手轮 B 实现的传动路线如下：

手轮 B—Ⅷ—50/50（粗进给）或 20/80（细进给）—Ⅸ—44/88—横向进给丝杠（$t = 4$ mm）—砂轮架的横向移动

粗进给时，手轮 B 转 1 转，砂轮横移量为 $1 \times 50/50 \times 44/88 \times 4 = 2$ mm；C 有 21 格，D 有 200 格，C 转过一个孔距，D 转过 1 格，则转 1 格进给 0.01 mm；细进给时转 1 格进给 0.0025 mm。

5. M1432A 型万能外圆磨床的典型结构

（1）头架

M1432A 型万能外圆磨床的头架结构如图 2-45 所示，头架由头架主轴 10 及其轴承、工件传动装置、底座 14 与壳体 15 等组成。头架主轴 10 支承在 4 个 D 级精度的角接触球轴承上，靠修磨垫圈 4、5 和 9 的厚度对轴承进行预紧，以保证主轴部件的刚度和旋转精度。轴承用锂基脂润滑，头架主轴 10 的前后端用橡胶油封密封。双速电动机经塔轮变速机构和两组带轮带动工件旋转。头架主轴 10 按需要可以转动或不转动。带的张紧分别靠转动偏心套 11 和移动电动机座实现。头架主轴 10 上的带轮 7 采用卸荷结构，以减少头架主轴 10 的弯曲变形。

头架壳体 15 可绕底座 14 上柱销 13 转动以调整头架主轴 10 在水平面内的角度位置，其转动范围为逆时针方向 0°～90°。

头架主轴 10 根据不同加工需要，有 3 种工作形式。

① 顶尖磨削　如图 2-45（a）所示，工件支承在前后顶尖上磨削时，需拧动螺杆 1 顶紧摩擦环 2，使头架主轴 10 和顶尖固定不能转动。工件则由与带轮 7 相连接的拨盘 8 上的拨杆通过夹头带动旋转，实现圆周进给运动。

② 卡盘磨削　如图 2-45（b）所示，用三爪卡盘或四爪卡盘夹持工件磨削时，应拧松螺杆 1，使主轴可自由转动。卡盘装在法兰盘 12 上，而法兰盘 12 以其锥柄安装在主轴

锥孔内，并用通过主轴孔的拉杆拉紧。旋转运动由拨盘 8 上的螺钉传给法兰盘 12，同时主轴也随着一起转动。

③ 自磨主轴顶尖 如图 2-45（c）所示，自磨主轴顶尖时，应将主轴放松，同时用连接板 6 将拨盘 8 与主轴相连，使拨盘 8 直接带动主轴和顶尖旋转，依靠机床自身修磨顶尖，以提高工件的定位精度。

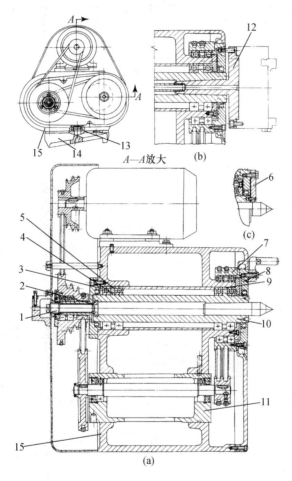

图 2-45 M1432A 型万能外圆磨床的头架结构

1—螺杆；2—摩擦环；3、4、5、9—修磨垫圈；6—连接板；7—带轮；8—拨盘；
10—头架主轴；11—偏心套；12—法兰盘；13—柱销；14—底座；15—壳体

(2) 内圆磨具

M1432A 型万能外圆磨床的内圆磨具支架如图 2-46 所示。内圆磨具装在支架的孔中，图示为工作位置，如果不工作时，内圆磨具应翻向上方。

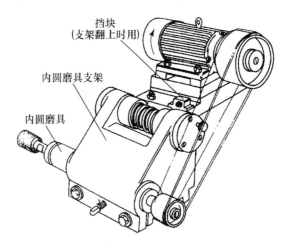

图2-46 M1432A型万能外圆磨床的内圆磨具支架

如图2-47所示为内磨主轴部件结构。磨削内圆时，砂轮轴具有很高的转速（10 000 r/min和15 000 r/min），内圆磨具要保证高转速下运转平稳，则要求主轴轴承具有足够的刚度和寿命。与之相适应的措施是采用平带来传动内圆磨具的主轴，主轴支承用4个5级公差（P5）的角接触球轴承，前后各两个，它们用弹簧3预紧。弹簧3共有8根，均匀分布在套筒2内，通过套筒2和套筒4顶紧轴承的外圈，产生预紧力，预紧力的大小可用主轴后端的螺母来调节。

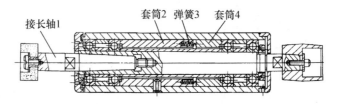

图2-47 M1432A型万能外圆磨床的内磨主轴部件结构图

这种结构可由弹簧自动补偿当砂轮主轴因热膨胀伸长或轴承磨损后，使轴承保持较稳定的预紧力，以保证轴承的刚度和寿命。当被磨削内孔长度改变时，接长轴1可以更换。

6. 外圆磨床磨削外圆的方法

外圆磨床磨削外圆的方法有以下几种。

（1）纵磨法

磨削时，砂轮高速旋转为主运动，工件在主轴带动下旋转并和磨床工作台一起作往复直线运动，分别为圆周进给运动和纵向进给运动，工件每转一转的纵向进给量为砂轮宽度的2/3左右，致使磨痕互相重叠。当工件一次往复行程结束时，砂轮做周期性的横向进给（背吃刀量），这样就能使工件上的磨削余量不断被切除，如图2-48（a）所示。磨削特点是：散热条件较好；加工精度和表面质量较高；具有较大的适应性，可以用一个砂轮加工不同长度的工件；生产率较低。广泛适用于单件、小批生产及精磨，特别适用于细长轴的磨削。

(2) 横磨法（切入法）

磨削时，工件只需与砂轮作同向转动（圆周进给），不作纵向移动，而砂轮除高速旋转外，还需根据工件加工余量作缓慢连续的横向切入，直至磨去全部磨削余量，如图2-48（b）所示。磨削特点是：磨削效率高，磨削长度较短，磨削较困难，散热条件差，工件容易产生热变形和烧伤现象，且因背向力 $F_p$ 大，工件易产生弯曲变形。无纵向进给运动，磨痕明显，工件表面粗糙度 $Ra$ 值较纵磨法大。一般用于大批大量生产中磨削刚性较好、长度较短的外圆以及两端都有台阶的轴颈。

(3) 混合磨法

纵磨法和横磨法的综合运用，如图 2-48（c）所示，先用横磨法将工件分段进行粗磨，各段留精磨余量，相邻两段间有 5～10 mm 的重叠，然后再用纵磨法进行精磨。混合磨法兼有横磨法效率高、纵磨法质量好的优点。

(4) 深磨法

磨削时，磨削用的砂轮前端修磨成锥形或阶梯形，如图 2-48（d）所示，砂轮的最大外圆面起精磨和修光作用，锥面或阶梯面起粗磨或半精磨作用。磨削时用较低的工件圆周进给速度和较小的纵向进给量，把全部余量在一次走刀中全部磨去。此方法生产率较高，但修整砂轮较复杂，只适用于大批量生产并允许砂轮越出加工面两端较大距离的工件。

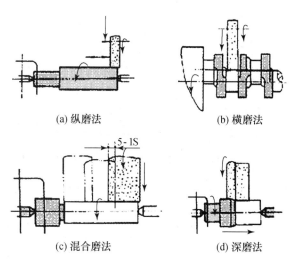

(a) 纵磨法　　　　　(b) 横磨法

(c) 混合磨法　　　　(d) 深磨法

图 2-48　外圆磨床上磨外圆

7. 外圆锥面的磨削方法

外圆锥面的磨削方法有 3 种。

(1) 斜置工作台法

如图 2-49（a）所示，采用纵磨法，适用于磨削锥度小而锥体长的工件。

(2) 斜置头架法

如图 2-49（b）所示，采用纵磨法，工件用卡盘装夹，适用于磨削锥度大而锥体短的工件。

(3) 斜置砂轮架法

如图 2-49 (c) 所示，适用于磨削长工件上锥度大而锥体短的表面。

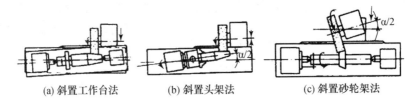

(a) 斜置工作台法　　(b) 斜置头架法　　(c) 斜置砂轮架法

图 2-49　外圆锥面的磨削方法

8. 工件的安装

外圆磨床上安装工件的方法常用的有顶尖安装、卡盘安装和心轴安装等。

(1) 顶尖安装

轴类工件常用顶尖安装，其方法与车削基本相同，但磨床所用顶尖都不随工件一起转动。如图 2-50 所示，装夹时，利用工件两端的顶尖孔将工件支承在磨床的头架及尾座顶尖间，这种装夹方法的特点是装夹迅速方便，加工精度高。

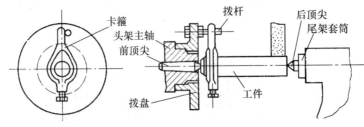

图 2-50　顶尖安装

(2) 卡盘安装

卡盘适用于装夹没有中心孔的工件，三爪卡盘适用于装夹圆形、三角形和六边形等规则表面的工件，而四爪卡盘特别适用于夹持表面不规则的工件，如图 2-51 (a) 和图 2-51 (b) 所示。

(3) 心轴安装

盘套类工件则用心轴和顶尖安装，如图 2-51 (c) 所示。

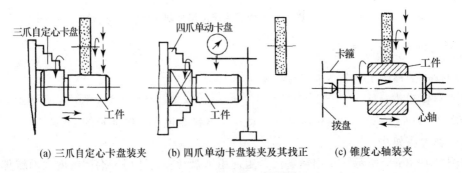

(a) 三爪自定心卡盘装夹　　(b) 四爪单动卡盘装夹及其找正　　(c) 锥度心轴装夹

图 2-51　卡盘和心轴安装

## 2.3.4 其他外圆磨床

**1. 无心外圆磨床**

无心外圆磨床外形图如图 2-52 所示。

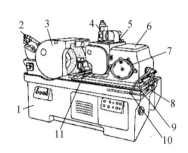

图 2-52 无心外圆磨床外形图

1—床身；2—砂轮修整器；3—砂轮架；4—导轮修整器；5—转动体；6—座架；
7—微量进给手柄；8—回转底座；9—滑板；10—快速进给手柄；11—支座

无心外圆磨床的工作原理如图 2-53 所示。磨削时，工件不需夹持，而是直接放在砂轮和导轮之间，由托板和导轮支承，工件被磨削外圆表面本身就是定位基准面。两个砂轮中，较小的一个是用橡胶结合剂做的，磨粒较粗，以 0.16 m/s～0.5 m/s 的速度旋转，此为导轮；另一个是用来磨削工件的砂轮，以 30 m/s～40 m/s 速度旋转，称为磨削轮。

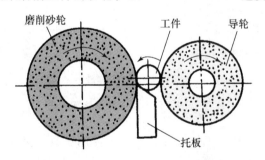

图 2-53 无心外圆磨床的工作原理图

无心磨削时，工件的中心必须高于导轮和砂轮的中心连线（高出的距离一般等于 $0.15d$～$0.25d$，$d$ 为工件直径或参考磨削手册），使工件与砂轮和导轮间的接触点不在工件的同一直径线上，从而使工件在多次转动中逐渐被磨圆。

无心磨床磨削外圆有纵磨法和横磨法两种磨削方法。

（1）纵磨法（贯穿磨削法）

如图 2-54（a）所示，将工件从机床前面放到托板上，推入磨削区；由于导轮轴线相对于工件轴线倾斜一个角度 $\alpha$，以使导轮与工件接触点的线速度 $v_导$ 分解为两个速度，一个是沿工件圆周切线方向的 $v_工$，使工件旋转作圆周进给；另一个是沿工件轴线方向的 $v_通$，使工件作轴向进给运动。工件从两个砂轮间通过，从机床后面出去，完成一次走刀。

磨削时，工件一个接一个地通过磨削区，加工是连续进行的。为使工件与导轮保持线接触，应当将导轮母线修整成双曲线形。这种磨削方法适用于不带台阶的圆柱形工件。

（2）横磨法（切入磨削法）

如图 2-54（b）所示，工件不通过磨削区，而是放在托板和导轮上，由工件（连同导轮）或砂轮作横向进给运动，直到磨去全部余量为止，然后导轮后退，取出工件。此时导轮的中心线仅倾斜微小的角度（约 30′），以便对工件产生一个不大的轴向推力，使之靠住定位杆，得到可靠的轴向定位。此法适用于具有阶梯或成形回转表面的工件。

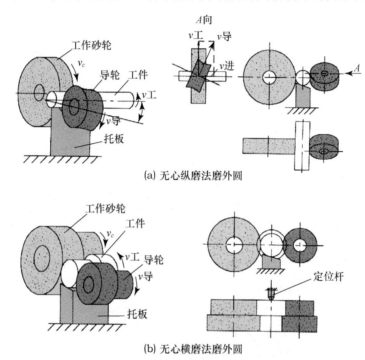

图 2-54 无心磨床磨削外圆方法

无心外圆磨削生产率高，工件尺寸稳定，不需用夹具，操作简单；但机床的调整费时，工件圆周面上不允许有键槽或小平面，对于套筒类零件不能保证内、外圆的同轴度要求。适于大批量磨削无中心孔的轴、套、销等零件。

2. 普通外圆磨床

普通外圆磨床和万能外圆磨床在结构上的差别主要是普通外圆磨床的头架和砂轮架都不能绕垂直轴线调整角度，头架主轴不能转动，且没有内圆磨具。因此，普通外圆磨床工艺范围较窄，只能磨削外圆柱面和锥度较小的外圆锥面。但由于主要部件的结构层次少、刚性好，且可采用较大的磨削用量，因此生产率较高，同时也易于保证磨削质量。

3. 半自动宽砂轮外圆磨床

半自动宽砂轮外圆磨床的结构与普通外圆磨床类似，但其具有更好的结构和刚度。它采用大功率电动机驱动宽度很大的砂轮，按切入法工作。这种机床加工时，工作台不

# 第 2 章 外圆加工及设备

作纵向往复运动（可以纵向调整位置），砂轮架作连续的横向切入进给。为了使砂轮磨损均匀和获得小的表面粗糙度，某些宽砂轮外圆磨床的工作台或砂轮主轴可作小幅值的往复抖动运动。这种磨床常配备有自动测量仪以控制磨削尺寸，按半自动循环进行工作，进一步提高了自动化程度和生产率。但由于磨削力和磨削热量大，工件容易变形，所以加工精度和表面粗糙度比普通外圆磨床差些，主要适用于成批和大量生产中磨削刚度较好的工件，如汽车和拖拉机的驱动轴、花键轴、电动机转子轴和机床主轴等，如图 2-55 所示。

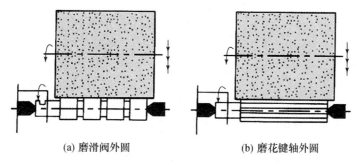

(a) 磨滑阀外圆　　　　　(b) 磨花键轴外圆

图 2-55　宽砂轮外圆磨削示意图

### 4. 端面外圆磨床

端面外圆磨床的主要特点是砂轮主轴轴线相对于头、尾座顶尖中心连线倾斜一定角度。其磨削方法如图 2-56 所示，砂轮装在主轴右端，以避免砂轮架沿斜向进给时与尾座和工件相碰。这种磨床以切入法同时磨削工件的外圆和台阶端面，通常按半自动循环进行工作，由定程装置或自动测量仪控制工件尺寸，生产率较高，且台阶端面由砂轮锥面进行磨削（如图 2-56（b）所示），砂轮和工件的接触面积较小能保证较高的加工质量。这种磨床主要用于大批量生产中磨削带有台阶的轴类和盘类零件。

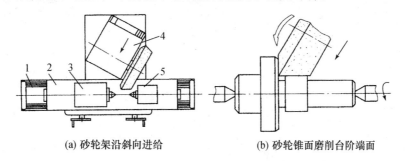

(a) 砂轮架沿斜向进给　　　　(b) 砂轮锥面磨削台阶端面

图 2-56　端面外圆磨床磨削示意图

1—床身；2—工作台；3—头架；4—砂轮架；5—尾座

## 2.3.5　砂轮

砂轮是磨削加工中最常用的工具。它是由结合剂将磨料颗粒黏结起来，经压坯、干燥、焙烧及修整而成的多孔体，如图 2-57 所示。因此，磨料、结合剂及气孔是组成砂轮的三要素。

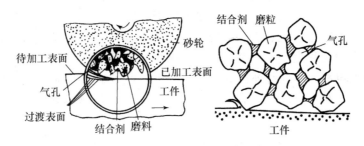

图 2-57 砂轮的组成

1. 砂轮的特性

砂轮的切削性能是由其特性决定的,因此必须研究砂轮的特性。砂轮的特性由磨料、粒度、结合剂、硬度、组织及强度等几个方面的因素决定。

(1) 磨料

磨料直接担负切削工作,是制造砂轮的主要原料,应具备高硬度、高耐热性、耐磨性和一定的韧性。

磨料分为天然磨料和人造磨料两大类。一般天然磨料含杂质多,质地不匀。天然金刚石虽好,但价格昂贵。所以目前主要采用人造磨料。常用磨料有:加工硬度较低的塑性材料,如中、低碳钢和低合金钢等的棕刚玉(褐色);加工硬度较高的塑性材料,如高碳钢、高速钢和淬硬钢等的白刚玉(白色);加工硬度较低的脆性材料,如铸铁、铸铜等的黑碳化硅(黑色);加工高硬度的脆性材料,如硬质合金、宝石、陶瓷和玻璃等的绿碳化硅(绿色)。砂轮组成要素、代号、性能和适用范围如表 2-6 所示。

表 2-6 砂轮组成要素、代号、性能和适用范围

| 系别 | 名称 | 代号 | 性能 | 适用磨削范围 |
| --- | --- | --- | --- | --- |
| 刚玉 | 棕刚玉 | A | 棕褐色,硬度较低,韧性较好 | 碳钢、合金钢、铸铁 |
| | 白刚玉 | WA | 白色,较 A 硬度高,磨粒锋利,韧性差 | 淬火钢、高速钢、合金钢 |
| | 铬刚玉 | PA | 玫瑰红色,韧性较 WA 好 | 高速钢、不锈钢、刀具刃磨 |
| 碳化物系 | 黑碳化硅 | C | 黑色带光泽,比刚玉类硬度高、导热性好,韧性差 | 铸铁、黄铜、非金属材料 |
| | 绿碳化硅 | GC | 绿色带光泽,较 C 硬度高,导热性好,韧性较差 | 硬质合金、宝石、光学玻璃 |
| 超硬磨料 | 人造金刚石 | MBD、RVD 等 | 白色、淡绿、黑色,硬度最高,耐热性较差 | 硬质合金、宝石、陶瓷、高速钢、不锈钢、耐热钢 |
| | 立方氮化硼 | CBN | 棕黑色,硬度仅次于 MBD,韧性较 MBD 等好 | 难加工材料 |

（2）粒度

粒度用来表示磨料颗粒的尺寸大小，用粒度号表示。粒度有两种表示方法。对于用筛选法来区分的较大的磨粒（最大尺寸大于 40 μm，制砂轮用），以每英寸筛网长度上筛孔的数目来表示，单位称为"目"。如 46# 粒度表示磨粒刚能通过每英寸 46 格的筛网。粒度号越大，磨料颗粒越细。对于用显微镜测量来区分的微细磨粒（又称微粉，尺寸小于 40 μm，供研磨用），以其最大尺寸（单位 μm）前加 W 来表示，如：W20 表示磨料颗粒最大尺寸为 20 μm。常用砂轮粒度号及其使用范围如表 2-7 所示。

表 2-7　砂轮粒度号及其使用范围

| 类别 | 粒度号 | 适用范围 |
| --- | --- | --- |
| 磨粒 | 12～36 | 荒磨、打毛刺 |
| | 46～80 | 粗磨、半精磨、精磨 |
| | 100～280 | 半精磨、精磨、珩磨 |
| 微粉 | W40～W28 | 珩磨、研磨 |
| | W20～W14 | 研磨、超精磨削 |
| | W10～W5 | 研磨、超精加工、镜面磨削 |

粒度对加工表面粗糙度和磨削生产率影响较大。粒度选择原则：① 粗磨时，宜选择粒度号小（颗粒尺寸大）的砂轮，可提高生产率；精磨时，宜选择粒度号大的砂轮，可以获得较小的已加工表面粗糙度；② 磨塑性金属时，宜选用粒度号小的砂轮，防止砂轮糊塞；磨脆性金属时，易选用粒度号大的砂轮，提高磨削生产率；③ 砂轮与工件接触弧大时，选择粒度号小的砂轮，以减少同时工作磨粒数，避免发热过多引起工件烧伤。

（3）结合剂

结合剂是将磨粒黏合在一起，使砂轮具有必要的形状和强度的材料。常用结合剂的名称、代号、性能和适用范围如表 2-8 所示。

表 2-8　常用结合剂的名称、代号、性能和适用范围

| 结合剂 | 代号 | 性能 | 适用范围 |
| --- | --- | --- | --- |
| 陶瓷 | V | 耐热、耐蚀，气孔率大，易保持廓形，性脆，韧性及弹性差 | 外圆、内圆、平面、无心磨削和成形磨削的砂轮等，是最常用的 |
| 树脂 | B | 强度较 V 高，弹性好，耐热性差，易糊塞、磨损快 | 切断和开槽的薄片砂轮及高速磨削砂轮 |
| 橡胶 | R | 强度较 B 高，更富有弹性，气孔率小，耐热性差 | 无心磨削导轮、抛光砂轮 |
| 金属 | M | 强度最高，导电性好，磨耗少，自锐性差 | 金刚石砂轮等 |

（4）硬度

硬度是指磨粒在磨削力的作用下，从砂轮表面脱落的难易程度。磨具的硬度反映结合剂固结磨粒的牢固程度，磨粒难脱落叫硬度高，反之叫硬度低。国标中对磨具硬度规定了 16 个级别，砂轮的硬度等级及代号如表 2-9 所示。

表 2-9 砂轮的硬度等级及代号

| 名称 | 超软1 | 超软2 | 超软3 | 软1 | 软2 | 软3 | 中软1 | 中软2 | 中1 | 中2 | 中硬1 | 中硬2 | 中硬3 | 硬1 | 硬2 | 超硬 |
|---|---|---|---|---|---|---|---|---|---|---|---|---|---|---|---|---|
| 代号 | D | E | F | G | H | J | K | L | M | N | P | Q | R | S | T | Y |

砂轮硬度的选用原则是：当工件材料硬时，应选用较软的砂轮，这是因为硬材料使磨粒磨损，需用较软的砂轮以使磨钝的磨粒及时脱落；当工件材料较软时，应选用较硬的砂轮，以使磨粒脱落慢些，发挥其磨削作用；在磨削有色金属、橡胶、树脂等软材料时，要用较软的砂轮，以便使堵塞处的磨粒较易脱落，露出锋锐的新磨粒。半精磨和粗磨时，需用较软的砂轮；精磨和成形磨削时，为了较长时间保持砂轮轮廓，需用较硬的砂轮。

（5）组织

组织是指砂轮中磨料、结合剂和气孔三者间的体积比例关系，以磨粒率（磨粒占磨具体积的百分率）表示磨具的组织号。国标中规定了15个组织号：0，1，2，…，13，14。0号组织最紧密，磨粒率最高；14号组织最疏松，磨粒率最低。普通磨削常用4～7号组织的砂轮。组织号越大，磨粒所占体积越小，表明砂轮越疏松。这样，气孔就越多，砂轮不易被切屑堵塞，同时可把冷却液或空气带入磨削区，使散热条件改善。砂轮的组织及用途如表2-10所示。

表 2-10 砂轮的组织及用途

| 组织号 | 0 | 1 | 2 | 3 | 4 | 5 | 6 | 7 | 8 | 9 | 10 | 11 | 12 | 13 | 14 |
|---|---|---|---|---|---|---|---|---|---|---|---|---|---|---|---|
| 磨粒率/% | 62 | 60 | 58 | 56 | 54 | 52 | 50 | 48 | 46 | 44 | 42 | 40 | 38 | 36 | 34 |
| 用途 | 重负载、成形、精密磨削，加工脆硬材料 | | | | 外圆、内圆、无心磨及工具磨，淬硬工件及刀具刃磨等 | | | | 粗磨及磨削韧性大、硬度低的工件，适合磨削薄壁、细长工件，或砂轮与工件接触面大以及平面磨削等 | | | | | 有色金属及塑料、橡胶等非金属以及热敏合金 | |

（6）强度

磨削过程中，砂轮高速旋转时要承受很大的离心力，而离心力大小与砂轮圆周速度的平方成正比增加。如果砂轮的强度不够，工作时，砂轮就会爆裂而发生严重事故。因此，为保证砂轮安全，砂轮的强度通常都用安全圆周速度来表示。规定的安全圆周速度比砂轮破裂时的速度要低得多。安全使用的圆周速度一般标注在砂轮上或写在说明书中，供选择使用。

2. 砂轮的形状、代号及标志

（1）常用砂轮的形状、代号及用途

为了适应在不同类型的磨床上磨削各种形状和尺寸工件的需要，砂轮有许多种形状和尺寸。常用砂轮的形状、代号及用途如表2-11所示。

表 2-11　常用砂轮的形状、代号及用途

| 砂轮名称 | 形　状 | 代　号 | 用　途 |
|---|---|---|---|
| 平行砂轮 | 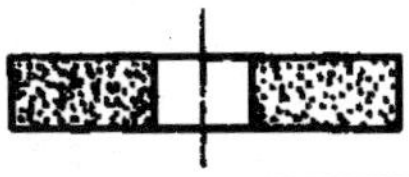 | P | 用于内外圆、平面及无心磨削 |
| 双斜边砂轮 | 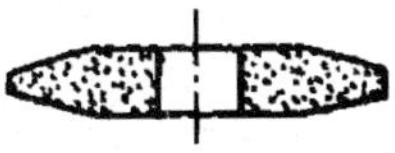 | PSX | 用于齿轮和螺旋线磨削 |
| 筒形砂轮 |  | N | 用于立轴端面平磨 |
| 杯形砂轮 |  | B | 用于平面、内孔及刀具磨削 |
| 碗形砂轮 | 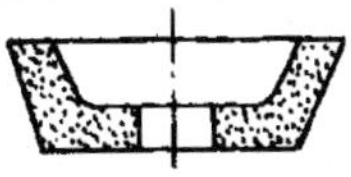 | BW | 用于刀具和导轨磨削 |
| 蝶形砂轮 | 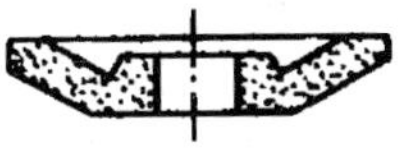 | D | 用于铣刀、铰刀、拉刀和齿轮的磨削 |
| 薄片砂轮 |  | PB | 用于切断和切槽 |

（2）砂轮的标志

砂轮的标志印在砂轮端面上。其顺序是：形状、尺寸、磨料、粒度号、硬度、组织号、结合剂、线速度。例如：

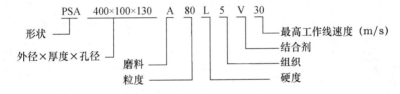

3. 砂轮的安装

由于砂轮在高速下工作，而质地又较脆，因此安装前必须经过外观检查，不应有裂纹和损伤。以免砂轮碎裂飞出，造成严重的设备事故和人身伤害。

安装砂轮时，应根据砂轮形状、尺寸的不同而采用不同的安装方法，常用的安装方法如图 2-58 所示。

安装砂轮时，要求将砂轮不松不紧地套在轴上，在砂轮和法兰盘之间垫上 1～2mm 厚的弹性垫板。同时必须注意压紧螺母的螺旋方向，在磨床上，为了防止砂轮工作时压紧螺母在磨削力的作用下自动松开，对砂轮轴端的螺旋方向作如下规定：逆着砂轮旋转方向拧螺母是旋紧，顺着砂轮旋转方向转动螺母为松开。

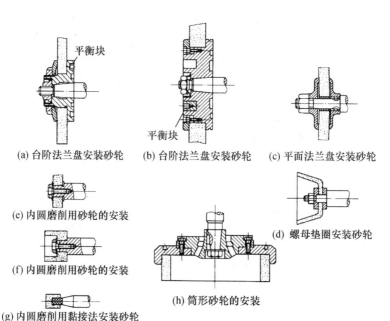

图 2-58 砂轮的安装方法

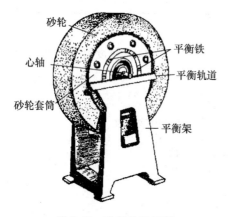

图 2-59 砂轮的静平衡

在高速旋转时,砂轮的不平衡(砂轮的重心与旋转中心不重合)会使主轴振动,从而影响加工质量,严重时甚至使砂轮碎裂,造成事故。所以为了使砂轮平稳地工作,砂轮须经静平衡调整。平衡砂轮是通过调整砂轮法兰盘上环形槽内平衡块的位置来实现的,如图 2-59 所示,将砂轮装在心轴上,放在平衡架轨道的刀口上。如果不平衡,较重的部分总是转到下面,这时可移动法兰盘端面环槽内的平衡铁进行平衡,然后再进行平衡。这样反复进行,直到砂轮可以在刀口上任意位置都能静止,这就说明砂轮各部分重量均匀。一般直径大于 125 mm 的砂轮都应进行静平衡。

**4. 砂轮的磨损与修整**

砂轮使用一段时间后会出现磨损,使磨削温度升高,磨削力增大,甚至引起振动,产生噪音,加工质量恶化等。为此,对砂轮应及时进行修整。

砂轮修整目的主要是去除砂轮工作表面上的钝化磨粒层和被切屑堵塞层,恢复砂轮的切削能力和外形精度。

砂轮修整常用工具为金刚笔。修整砂轮时,金刚笔相对砂轮的位置如图 2-60 所示倾斜一个角度,以避免笔尖扎入砂轮,同时也可保持笔尖的锋利。修整时,应根据具体的磨削条件,选择不同的修整用量,以满足相应的磨削要求。

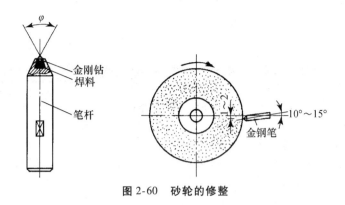

图 2-60 砂轮的修整

5. 砂带磨削

砂带磨削是指用高速运动的砂带作为磨削工具来磨削各种表面的方法，如图 2-61 所示。

砂带又称软砂轮，其结构如图 2-62 所示，由基体、结合剂和磨粒组成。常用的基体是牛皮纸、布（斜纹布、尼龙纤维、涤纶纤维）和纸-布组合体。砂带所用磨料为针状磨粒，采用静电植砂工艺使之直立于砂带基体且锋刃向上，定向整齐均匀排列，磨粒的等高性好，容屑空间大，与工件接触面积小，可使全部磨粒参加切削。

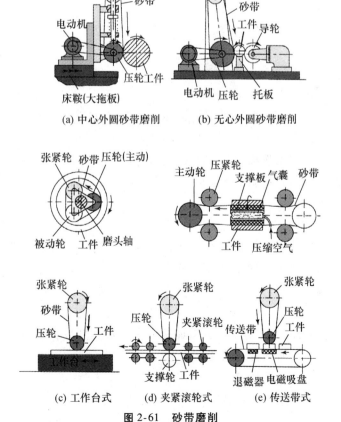

图 2-61 砂带磨削

图 2-62 砂带的结构

砂带磨削适用于加工大、中型尺寸的外圆、内圆和平面,具有以下特点。

(1) 生产率高。砂带上的磨粒颗颗锋利,切削量大;砂带宽,同时磨削面积大,所以生产率比铣削高 10 倍,比用砂轮磨削高 5~20 倍数。

(2) 加工质量好。首先因为磨粒锋利,磨削发热少,砂带散热条件好,磨削温度低,工件表面变质层与残余应力很小;其次,砂带磨削属于弹性磨削,磨粒可退让,工件不至于变形与烧伤;再者,砂带能与工件表面"跑合",抛光作用也好,磨出的表面粗糙度较小。

(3) 加工范围广。砂带柔软,能贴住成形表面进行磨削,因此适合于磨削各种复杂的型面,如涡轮机叶片、火箭、导弹的外壳等;砂带磨削适合于大面积表面的加工,不但可磨削金属板,而且可以磨削木材、皮革、橡胶、大理石和陶瓷等各种非金属。

(4) 砂带磨床结构简单,操作安全,切除同样体积的材料所消耗的动力要比砂轮磨床少得多。

(5) 砂带消耗较快。

(6) 砂带磨削不能加工小直径深孔以及盲孔、柱坑孔,也不能加工阶梯外圆和齿轮等。

(7) 砂带磨削占用空间大,噪声高。

## 2.4 外圆表面的光整加工

对于超精密零件的加工表面往往需要采用特殊的加工方法,在特定的环境下加工才能达到要求,外圆表面的光整加工就是提高零件加工质量的特殊加工方法。

### 2.4.1 研磨

研磨是将研磨工具(以下简称研具)和工件表面之间嵌入磨料或敷涂磨料并添加润滑剂,在一定的压力作用下,使工件和研具作复杂的相对运动,通过磨料的作用,从工件表面切去一层极薄的切屑,使工件具有精确的尺寸、准确的几何形状和很高的表面粗糙度的过程。其实质是用游离的磨粒通过研具对工件表面进行包括机械、物理和化学综合作用的微量切削,如图 2-63 所示。研磨能提高尺寸形状精度,但不提高位置精度,设备简单,生产率低,手工研磨劳动强度大。

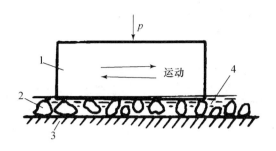

图 2-63 研磨示意图
1—工件；2—磨料；3—研具；4—加工液；$p$—研磨压力

1. 研磨的种类

（1）湿研磨

将液状研磨剂涂敷或连续加注于研具表面，使磨料（W14～W5）在工件与研具间不断地滑动与滚动，从而实现对工件的切削，加工表面呈无光泽的麻点状，一般用于粗研磨。

（2）干研磨

将磨料（W3.5～W0.5）均匀地压嵌在研具的表层上，研磨时需在研具表面涂以少量的润滑剂。干研磨可获得很高的加工精度和低表面粗糙度，但研磨效率较低，一般用于精研磨。

（3）半干研磨

所用研磨剂为糊状的研磨膏，其研磨性能介于湿研磨与干研磨之间，粗、精研磨均可采用。

2. 研具材料和研磨剂

研具是采用比工件材料软的材料制成的，研具材料组织应均匀，且应有一定的耐磨性。当研磨淬硬和不淬硬的钢件及铸铁件时，一般采用铸铁制作研具；当研磨各种软金属时，一般采用黄铜制作研具。

研磨剂是很细的磨料（粒度为W14～W15）、研磨液和辅助材料的混合剂。常用的有液态研磨剂、研磨膏和固体研磨剂（研磨皂）3种，主要起研磨、吸附、冷却和润滑等作用。其中，磨料主要起切削作用，应具有较高的硬度，常用的磨料有刚玉、碳化硅、金刚石、软磨料（氧化铁、氧化铬）；研磨液则起调和磨料及润滑作用，常用的有煤油、汽油、机油、植物油、酒精等；辅助材料附着在工件表面，使其生成一层相当薄的易于切除的软化膜，常用的表面活性物质有油酸、硬脂酸等。

3. 外圆表面的研磨方法

研磨外圆一般在精磨或精车基础上进行，研磨方法有手工研磨和机械研磨两种。

（1）手工研磨

如图 2-64 所示，手工研磨外圆可在车床上进行，在工件和研具之间涂上研磨剂，调整好研磨间隙，工件由车床主轴带动作低速旋转运动，研具用手扶持作轴向往复移动，整个研磨面得到均匀的研磨。

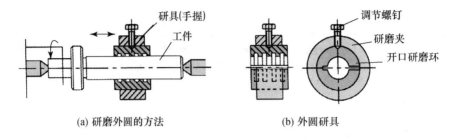

(a) 研磨外圆的方法　　　　(b) 外圆研具

图 2-64　手工研磨外圆及研具

（2）机械研磨

机械研磨外圆是在研磨机上进行，如图 2-65 所示为研磨机上研磨外圆的装置原理图，在上、下两个研磨盘之间有一隔离板，工件放在隔离板的空格中，研磨时上研磨盘不动，下研磨盘转动，隔离板在偏心轴带动下与下研磨盘同向转动。工作时，工件一面滚动、一面在隔离板的空格中轴向滑动，磨粒在工件表面磨出复杂的痕迹。上研磨盘的位置可通过加压杆轴向调整，使工件获得所要求的研磨压力。工件轴线与隔离板半径方向偏斜一角度γ（8°～15°），使工件产生轴向运动。机械研磨一般用于研磨滚珠类零件的外圆。

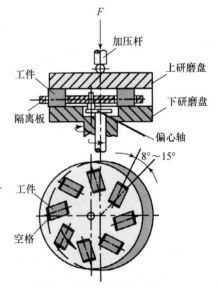

图 2-65　研磨机上研磨滚柱示意图

### 2.4.2　抛光

抛光是把抛光剂涂在抛光轮上，利用机械、化学或电化学的作用，使工件获得光亮和平整表面的加工方法。抛光是安排在工件精加工之后进行的，可在抛光机或砂带磨床上进行。

**1. 抛光轮和抛光剂**

常用抛光轮有 3 种，其中固定磨料抛光轮常用材料有棉布、帆布、毛毡、皮革、软木、纸或麻等；黏附磨粒抛光轮常用材料是对抛光剂有良好浸润性的材料，如帆布、棉布等；液中抛光轮常用材料有脱脂木材和细毛毡等。

抛光剂由粉粒状的软磨料、油脂及其他适当成分介质均匀混合而成，在常温下可分为固体和液体两种。

**2. 抛光加工方法**

常用的抛光加工方法有以下几种。

（1）机械抛光

传统的抛光方法，即钳工用锉刀、砂纸、油石、帆布、毛毡或皮带等工具手工操作所进行的修磨抛光，或用电动工具及在专用的抛光机上等借助机械动力（钢丝轮或弹性抛光盘等）所进行的，靠极细的抛光粉和磨面间产生的相对磨削和滚压作用来消除磨痕的，分为粗抛光和细抛光。

（2）化学抛光

该种抛光方法是靠使用化学试剂（硝酸或磷酸等氧化剂溶液），在一定的条件下，使工件表面氧化，此氧化层又逐渐溶入溶液，导致表面微凸起处氧化较快而多，微凹处则氧化慢而少，从而达到消除工件磨痕、浸蚀整平的一种方法。

（3）液体抛光

液体抛光又叫液体喷砂，是经喷嘴将含磨料的磨削液高速喷向加工表面，磨料颗粒将原来已加工过的工件表面上的凸峰击平，从而得到极光滑的表面的过程。

（4）电解抛光

电解抛光是以被抛工件为阳极，不溶性金属为阴极，两极同时浸入到电解槽中，通以直流电而产生有选择性的溶解阳极表面微小凸出部分，从而达到工件表面光亮度增大的效果。

### 2.4.3 超精加工

超精加工是使用细粒度磨条（油石）以较低的压力和切削速度对工件表面进行精密加工的方法。如图 2-66（a）所示，超精加工中有 3 种运动，即工件的回转运动、磨头的轴向进给运动和磨条高速往复振动。这 3 种运动使磨粒在工件表面形成的轨迹纵横交错而不重复。

超精加工的切削过程与磨削、研磨不同，超精加工只能切去工件表面的凸峰，如图 2-66（b）所示，在油石与工件之间注入润滑油（一般是煤油加锭子油），油石与工件的接触面积逐步加大，单位面积承受的压力随之减小，当工件表面磨平后，单位面积的压力小于油膜表面张力时，油石与工件被油膜分离，切削作用自动停止。整个切削过程分为 4 个阶段，即强力切削阶段、正常切削阶段、微弱切削阶段和自动停止阶段。

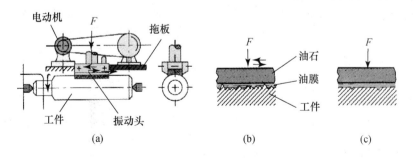

图 2-66 超精加工外圆方法

超精加工实际上是摩擦抛光过程，是降低表面粗糙度的一种有效的光整加工方法。

它具有设备简单、操作方便、效果显著、生产率高和经济性好等优点，但超精加工不能纠正形状和位置误差，常用于加工曲轴、轧辊、轴承环和某些精密零件的外圆、内圆、平面、沟道表面和球面等。

## 复习思考题

1. 常用外圆表面的加工方法有哪些？
2. 卧式车床主要用来加工哪些表面？
3. CA6140 型卧式车床的主运动，车螺纹运动，纵、横向进给运动和快速运动等传动链中，哪几条是内联系传动链？
4. 如何解决 CA6140 型卧式车床横向进给丝杠的轴向窜动现象？
5. 常用车刀的种类及用途有哪些？
6. 车刀安装的注意事项有哪些？
7. 在车床上车削时的主要装夹方法有哪些？
8. 外圆磨削主要有哪几种方式？
9. 砂轮特性由哪几个因素组成？
10. 简述各种常用砂轮的名称及用途。
11. 如何调整砂轮的静平衡？
12. 常用外圆表面的光整加工方法有哪些？

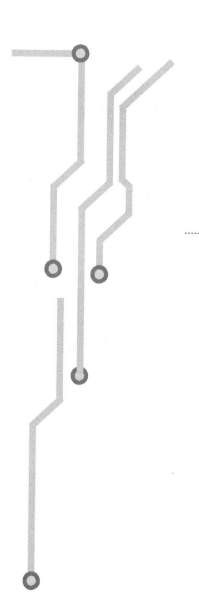

# 第 3 章
# 内孔加工及设备

## 3.1 内孔加工方法

内孔（圆）表面是箱体、支架、套筒、环、盘类零件上的重要表面，也是机械加工中经常遇到的表面，如图 3-1 所示。

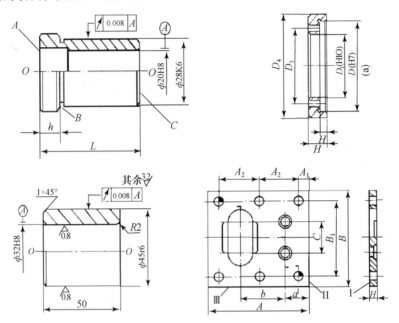

图 3-1 内孔零件图

与外圆表面相比，内孔（圆）有两个显著特点。

（1）孔的类型多

① 紧固孔和其他非配合的油孔，如螺钉孔。

② 回转体零件上的配合孔，如套筒、法兰盘及齿轮上的孔。

③ 箱体类零件上的孔，如床头箱箱体上的主轴轴孔。

④ 深孔，如机床主轴上的轴向通孔。

⑤ 圆锥孔，如定位销孔。

（2）孔的加工难度大

在加工精度和表面粗糙度要求相同的情况下，加工孔比加工外圆面困难，生产率低，成本高。

① 刀具的尺寸受到被加工孔本身尺寸的限制，刀具的刚性差，容易产生弯曲变形和振动，故不能采用大的切削用量。

② 刀具处于被加工孔的包围中，散热、冷却、润滑条件差，切屑排出困难，易划伤加工表面。

③ 大部分孔加工刀具为定尺寸刀具，刀具直径的制造误差和磨损，将直接影响孔的加工精度。

# 第3章 内孔加工及设备

内孔加工的技术要求主要有以下几点。

① 尺寸精度：孔径和长度的尺寸精度。

② 形状精度：孔的圆度、圆柱度及轴线的直线度。

③ 位置精度：孔与孔或孔与外圆面的同轴度，孔与孔或孔与其他表面之间的尺寸精度、平行度、垂直度及角度等。

④ 表面质量：表面粗糙度、表层加工硬化和表层物理力学性能要求等。

内孔的切削加工方法有很多，如图3-2所示有：钻孔、扩孔、铰孔、车孔、镗孔、拉孔、磨孔、珩磨和研磨等。

1. 内孔的钻削加工

钻孔是指用钻头在工件的实体部位加工孔的工艺过程。它是最基本的孔加工方法。钻孔的精度较低，一般为IT10级以下，表面粗糙度大，$Ra$ 值为 $50 \sim 12.5\ \mu m$，所以只能用作粗加工。

扩孔是用扩孔钻对工件上已有孔进行扩大加工，并提高加工质量。扩孔后，精度可达 IT10～IT9 级，表面粗糙度 $Ra$ 值可达 $6.3 \sim 3.2\ \mu m$。

铰孔是用铰刀对已有孔进行精加工的过程。用于中、小尺寸孔的半精加工和精加工，铰孔的精度可达 IT8～IT6 级，表面粗糙度 $Ra$ 值可达 $1.6 \sim 0.4\ \mu m$。

以上加工方法统称为钻削加工。钻削加工主要在钻床上进行，也可在车床、铣床或镗床上进行。

2. 内孔的镗削加工

镗孔是利用镗刀对已有的孔进行加工。对于直径较大的孔（$D > \phi 80 \sim \phi 100\ mm$）、内成形面或孔内环槽等，镗削是唯一合适的加工方法。一般镗孔的精度可达 IT8～IT7 级，表面粗糙度 $Ra$ 值为 $1.6 \sim 0.8\ \mu m$；精细镗时，精度可达 IT7～IT6，表面粗糙度 $Ra$ 值为 $0.8 \sim 0.2\ \mu m$。镗孔加工根据工件不同，可以在镗床、车床、铣床、组合机床和数控机床上进行。

3. 内孔的拉削加工

拉孔是用拉刀在拉床上加工孔的过程。加工精度高，一般可达 IT8～IT7 级，表面粗糙度 $Ra$ 值为 $0.8 \sim 0.4\ \mu m$。

4. 内孔的磨削加工

磨孔是孔的精加工方法之一，精度可达 IT8～IT6 级，表面粗糙度 $Ra$ 值可达 $1.6 \sim 0.4\ \mu m$，采用高精磨，表面粗糙度 $Ra$ 值可达 $0.1\ \mu m$。磨孔可以在内圆磨床或万能外圆磨床上进行。

5. 内孔的光整加工

珩磨孔是对孔进行的较高效率的光整加工方法，需在磨削或精镗的基础上进行。珩磨后，孔的精度等级可达 IT6～IT5，表面粗糙度 $Ra$ 值可达 $0.2～0.025\ \mu m$，孔的形状精度也相应提高。

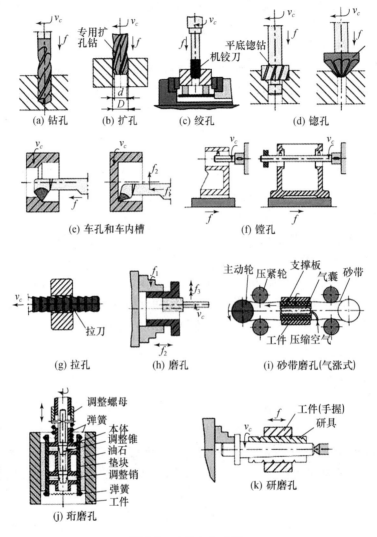

图 3-2　内孔加工方法

研磨孔是孔的光整加工方法，需要在精镗、精铰或精磨后进行。研磨后，孔的精度可提高到 IT6～IT4 级，表面粗糙度 $Ra$ 值可达 $0.1～0.008\ \mu m$，圆度和圆柱度也相应提高。

拟定内孔加工方案的原则与加工外圆表面相同，即首先要满足加工表面的技术要求，同时还要考虑经济性和生产率。但拟定孔的加工方案要比外圆面复杂得多，原因有以下几点。

① 孔的类型很多，功用各不相同。
② 孔的加工方法较多，且各有特点。
③ 带孔零件结构尺寸多样，加工机床多样。

内孔的各种加工方案及其所能达到的经济加工精度和表面粗糙度如表 3-1 所示。

# 第3章 内孔加工及设备

表3-1 内孔加工方案

| 序号 | 加工方案 | 经济精度 | 表面粗糙度 $Ra$ 值/μm | 适用范围 |
|---|---|---|---|---|
| 1 | 钻 | IT12～IT11 | 50～12.5 | 低精度的螺栓孔等,或为扩孔、镗孔作准备 |
| 2 | 钻→扩 | IT10～IT9 | 6.3～3.2 | 精度要求不高的未淬火孔 |
| 3 | 钻→扩→铰 | IT9～IT8 | 3.2～1.6 | 主要用于直径小于 $\phi 80$ mm 的中小孔加工 |
| 4 | 钻→铰 | IT9 | 3.2～1.6 | 孔径一般小于 $\phi 15\sim 20$ mm |
| 5 | 钻→铰→精铰 | IT8～IT7 | 1.6～0.8 | |
| 6 | 钻→扩→粗铰→精铰 | IT7 | 1.6～0.8 | 孔径较小,如直径小于 $\phi 20$ mm 的未淬火孔 |
| 7 | 钻→扩→机铰→手铰 | IT7～IT6 | 0.8～0.4 | |
| 8 | 钻→扩→拉 | IT8～IT7 | 0.8～0.4 | 孔径大于 $\phi 8$ mm 未淬火孔,适用于成批大量生产(精度由拉刀槽度决定) |
| 9 | 粗镗(或扩孔) | IT12～IT11 | 12.5～6.3 | |
| 10 | 粗镗(粗扩)→半精镗(精扩) | IT9～IT8 | 3.2～1.6 | |
| 11 | 粗镗(扩)→半精镗(精扩)→精镗(铰) | IT8～IT7 | 1.6～0.8 | 除淬火钢外各种材料,毛坯有铸出孔或锻出孔 |
| 12 | 精镗(扩)→半精镗(精扩)→精镗→浮动镗刀精镗 | IT7～IT6 | 0.8～0.4 | |
| 13 | 粗镗(扩)→半精镗→磨孔 | IT8～IT7 | 0.8～0.2 | 主要用于淬火钢,也可用于未淬火钢,但不宜用于有色金属 |
| 14 | 粗镗→半精镗→粗磨→精磨 | IT7～IT6 | 0.2～0.1 | |
| 15 | 粗镗→半精镗→精镗→金刚镗 | IT7～IT6 | 0.4～0.05 | 主要用于精度要求高的有色金属加工 |
| 16 | 钻→(扩)→精铰→粗铰→珩磨;<br>钻→(扩)→拉→珩磨;<br>粗镗→半精镗→精镗→珩磨 | IT6～IT5 | 0.2～0.025 | 高精度孔的加工 |
| 17 | 钻→(扩)→精铰→粗铰→研磨;<br>钻→(扩)→拉→研磨;<br>粗镗→半精镗→精镗→研磨 | IT6～IT4 | 0.1～0.008 | |

## 3.2 内孔加工机床的选择

机床的选择受被加工零件的尺寸、加工要求、生产纲领、机床的类型、生产率、投资费用等因素的影响。对于不同内孔的加工,如图3-3所示,可参照以下条件选择机床。

① 对于轴、盘、套轴线位置的孔,一般选用车床和磨床加工;在大批量生产中,盘、套轴线位置上的通直配合孔,多选用拉床加工。

② 对于小型支架上的轴承孔，一般选用车床利用花盘—弯板装夹加工，或选用卧铣加工。

③ 对于箱体和大、中型支架上的轴承孔，多选用铣镗床加工。

④ 对于各种零件上的销钉孔、穿螺钉孔和润滑油孔，一般在钻床上加工。

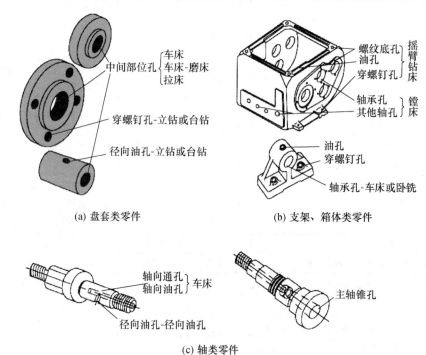

图 3-3　内孔加工机床的选择

内孔加工机床的选择也可根据孔的加工方法进行选择，如表 3-2 所示。

表 3-2　常用的孔加工机床及加工方法

| 加工方法 | 钻 | 扩 | 铰 | 镗 | 拉 | 磨 | 研磨 | 珩磨 |
|---|---|---|---|---|---|---|---|---|
| 车床 |  | ⊕ | ⊕ | ○ |  |  | ⊕ |  |
| 钻床 | ○ | ○ | ○ | ⊖ |  |  | ⊕ | ⊖ |
| 镗床 | ⊕ | ⊕ | ⊕ | ○ |  |  |  |  |
| 铣床 | ⊖ | ⊖ | ⊖ | ⊖ |  |  |  |  |
| 磨床 |  |  |  |  |  | ○ |  |  |
| 拉床 |  |  |  |  | ○ |  |  |  |
| 研磨 |  |  |  |  |  |  | ○ |  |
| 珩磨 |  |  |  |  |  |  |  | ○ |

注：○为最适用的机床；⊕为较适用的机床；⊖为可使用的机床。

## 3.3 内孔的钻削加工设备

内圆表面的钻削加工，主要在钻床上利用钻头、铰刀或锪刀对工件进行孔的加工，根据工件尺寸大小、精度要求不同，选用不同的钻床及刀具。

钻床是孔加工用机床，主要用来加工外形比较复杂、没有对称回转轴线的工件上的孔，如杠杆、盖板、箱体和机架等零件上的各种孔。在钻床上加工时，工件固定不动，刀具旋转作主运动，同时沿轴向移动作进给运动。钻床可完成钻孔、扩孔、铰孔、攻螺纹、锪埋头孔和锪端面等工作。钻床的加工范围及所需运动如图 3-4 所示。

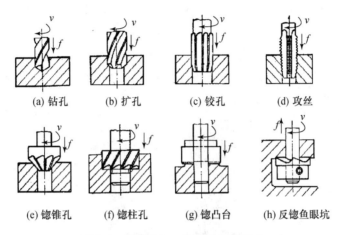

图 3-4　钻床的加工范围及所需运动

钻床的种类很多，常用的类型主要有：立式钻床、台式钻床、摇臂钻床和专门化钻床（如深孔钻床和中心孔钻床）等。

### 3.3.1　台式钻床

台式钻床简称台钻，它实质上是一种加工小孔的立式钻床，台式钻床的外形如图 3-5 所示。底座 1 用于支撑台钻的立柱 7，同时也是工作台。立柱 7 用于支撑主轴架 6 及变速

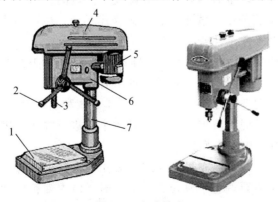

图 3-5　台式钻床

1—底座；2—进给手柄；3—主轴；4—带罩；5—电动机；6—主轴架；7—立柱

装置，同时也是主轴架上下移动和旋转的导柱。主轴的转速由主轴3和电动机5之间的V带通过塔式带轮调节。台钻的进给运动通过手转动进给手柄2实现。主轴下端有锥孔，用来安装刀具。台钻的钻孔直径一般在12 mm以下，因此，台钻主轴的转速很高，最高可达每分钟几万转。台钻结构简单，使用灵活方便，适于单件、小批生产中加工小型零件上的各种孔，但其自动化程度较低，通常用手动进给，钳工中用得最多。

### 3.3.2　立式钻床

立式钻床简称立钻，一般用来钻中、小型工件上的孔（直径小于50 mm），其规格用最大钻孔直径表示。常用的有25 mm、35 mm、40 mm、50 mm等几种。

立式钻床的外形如图3-6所示。主轴变速箱4固定在立柱6的顶部，内装变速机构和操纵机构。进给箱3内有主轴2、进给变速机构和进给操纵机构。主运动是由电动机5经主轴变速箱4传给主轴2，由主轴2带动钻头旋转实现的；电动机5的运动和动力同时也经过进给箱3传给主轴进给机构，使主轴2自动作轴向进给运动，进给运动也可通过进给手柄7手动实现。

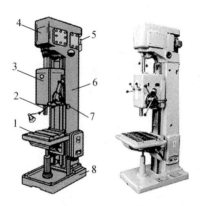

**图 3-6　立式钻床**

1—工作台；2—主轴；3—进给箱；4—主轴变速箱；5—电动机；
6—立柱；7—进给手柄；8—底座

由于立式钻床主轴轴线垂直布置，且其位置是固定的，加工时必须通过移动工件才能使刀具轴线与被加工孔的中心线重合，因而操作不便，生产率不高。常用于单件、小批生产中加工中、小型工件，且被加工孔数不宜过多。

立式钻床还有一些变形品种。常见的有排式和可调式多轴立式钻床，如图3-7所示。排式多轴立式钻床相当于几台单轴立式钻床的组合，它有多个主轴，用于顺次地加工同一工件的不同孔径或分别进行各种孔工序（钻、扩、铰和攻螺纹等）。它和单轴立式钻床相比，可节省更换刀具的时间，但加工时仍是逐个孔进行加工。因此，这种机床主要适用于中、小批生产中加工中、小型工件。

可调式多轴立式钻床的机床布局与立式钻床相似，其主要特点是主轴箱上装有若干个主轴，且可根据加工需要调整主轴位置。加工时，由主轴箱带动全部主轴转动，进给运动则由进给箱带动。这种机床是多孔同时加工，生产效率较高，适用于成批生产。

## 第3章 内孔加工及设备

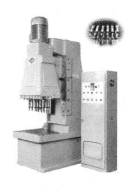

图 3-7 排式和可调式多轴立式钻床

### 3.3.3 摇臂钻床

当加工大而重的工件时，由于移动费力，找正困难，在立式钻床上加工很不方便，这时，希望工件不动，钻床主轴能任意调整其位置以适应工件上不同位置的孔的加工，摇臂钻床就能满足这些要求。

摇臂钻床的外形如图 3-8 所示，摇臂钻床有一个能绕立柱 1 旋转的摇臂 3。主轴箱 2 可在摇臂 3 上作横向移动，并可随摇臂沿立柱 1 上下作调整运动，因此，操作时，主轴能很方便地调整到需钻削的孔的中心，而工件不需移动。如果工件较大，还可移走工作台 5，将工件直接安装在底座 6 上。因此，摇臂钻床加工范围较广，可用来加工各种批量的大、中型工件和多孔工件。

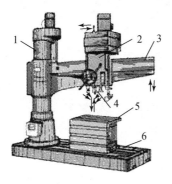

图 3-8 摇臂钻床
1—立柱；2—主轴箱；3—摇臂；4—主轴；5—工作台；6—底座

### 3.3.4 深孔钻床

深孔钻床是专门用于加工孔径比（$D/L$）为 1:6 以上的深孔的专门化钻床，例如加工枪管、炮管和机床主轴零件的深孔。这种机床加工的孔较深，为了减少孔中心线的偏斜，加工时通常是由工件转动来实现主运动，深孔钻头并不转动，而只作直线进给运动。此外，由于被加工孔较深，而且工件往往又较长，为了便于排屑及避免机床过于高大，深孔钻床通常为卧式布局，外形与卧式车床类似。深孔钻床的主参数是最大钻孔深度。

为了满足深孔加工工艺要求，深孔钻床应具备下列条件。

① 保证钻杆支架（其上有钻杆支承套）、刀具导向套与床头箱主轴和钻杆箱主轴同轴度。

② 无级调节进给运动速度。

③ 足够压力、流量和洁净切削液系统。

④ 具有安全控制指示装置，如主轴载荷（转矩）表、进给速度表、切削液压力表、切削液流量控制表、过滤控制器及切削液温度监测等。

⑤ 刀具导向系统。深孔钻头钻入工件前，靠刀具导向系统保证刀头的准确位置，导向套紧靠工件端面。

深孔钻床的钻头中心有孔，从中打入高压切削液，强制冷却及周期退刀排屑。深孔钻削加工示意图如图3-9所示。

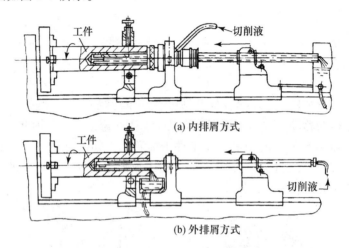

图3-9 深孔钻削加工示意图

## 3.3.5 钻削加工刀具

常用的钻削加工刀具有麻花钻、扩孔钻和铰刀等。

1. 麻花钻

（1）麻花钻的结构组成

麻花钻是钻孔的主要工具，它是由柄部、颈部和工作部分组成，如图3-10所示。

① 柄部：它是钻头的夹持部分，起传递动力的作用。柄部有直柄和锥柄两种，直柄传递扭矩较小，锥柄可传递较大扭矩，因此，直径小于12 mm时一般为直柄钻头，直径大于12 mm时为锥柄钻头。

② 颈部：位于工作部分与柄部之间，是磨削柄部时砂轮的退刀槽，也是打印商标和钻头规格的地方。为了制造上的方便，直柄钻头一般无颈部。

③ 工作部分：包括导向部分和切削部分。导向部分由两条螺旋槽和两条狭长的螺旋形棱边与螺旋槽表面相交成两条棱边。棱边的作用是引导钻头和修光孔壁；两条对称螺

旋槽的作用是排除切屑和输送切削液。切削部分由两条主切削刃、一条横刃、两个前面和两个后面组成。

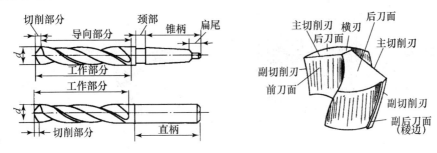

图 3-10  麻花钻

（2）麻花钻的刃磨

刀具刃磨的好坏，会直接影响到工件的加工质量和加工效率。麻花钻的手工刃磨，是每个车工和钳工等机加工人员都必须掌握的基本技能。

标准麻花钻的刃磨步骤如下。

① 刃磨前首先要进行砂轮的选择，一般采用粒度为 F46～F80、硬度为中软级的氧化铝砂轮为宜，砂轮旋转必须平稳，若砂轮跳动较大则必须进行修磨。

② 如图 3-11 所示，右手握住钻头导向部分前端，作为定位支点，左手握住钻头的柄部，使钻头中心线和砂轮面成 φ 角，被刃磨部分的主切削刃处于水平位置。

③ 如图 3-12 所示，开始刃磨时，钻头轴心线要与砂轮中心水平线一致，主切削刃保持水平，同时用力要轻；随着钻尾向下倾斜，钻头绕其轴线向上逐渐旋转 15°～30°，使后面磨成一个完整的曲面；旋转时加在砂轮上的力也要逐渐增加，返回时压力逐渐减小；刃磨两次后，转 180°，刃磨另一面。

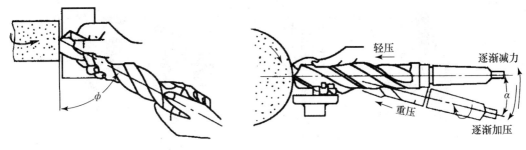

图 3-11  麻花钻的刃磨位置　　　　图 3-12  麻花钻的刃磨方法

④ 刃磨过程中，要适时将钻头浸入水中冷却，以防止因钻头过热退火而降低硬度。

⑤ 钻头刃磨后的检验有两种方法：样板法和目测法。如图 3-13 所示，样板法是用检验样板对钻头的几何角度和两主切削刃的对称性等要求进行的检验。用目测法检验时，把钻头竖立在眼前，双目平视，背景要清晰，由于两主切削刃转动后会产生视差，往往感到左刃高而右刃低，因此要旋转 180°后反复观察几次，如果结果一样，就说明是对称的。

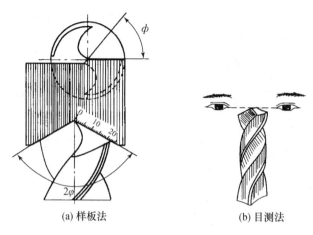

(a) 样板法　　　　　(b) 目测法

图 3-13　麻花钻的检验方法

（3）钻头的拆装

钻头的拆装方法，按其柄部的形状不同而异。

① 钻夹头　直柄钻头一般用钻夹头安装，如图 3-14（a）和图 3-14（b）所示。钻头装夹时，首先将钻夹头松开到适当的开度，然后把钻头柄部放在 3 只卡爪内，其夹持长度不能小于 15 mm，最后用紧固扳手（钻夹头钥匙）旋转外套，使螺母带动 3 只卡爪移动，直至夹紧。钻头拆卸时，用紧固扳手（钻夹头钥匙）旋转外套，使卡爪退回至与卡头下端平齐，钻头自然落下。

钻夹头的拆卸如图 3-14（c）所示，在工作台面上铺一衬垫，使其与钻夹头下端保持约 20 mm 的距离或用手握住钻夹头。将楔铁带插入主轴侧边的腰形孔内，用锤子轻轻敲击楔铁，即可取下钻夹头。

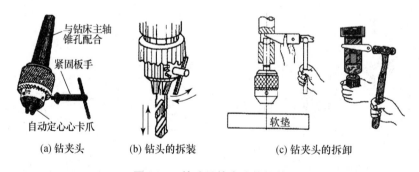

(a) 钻夹头　　　(b) 钻头的拆装　　　(c) 钻夹头的拆卸

图 3-14　钻头及钻夹头的拆装

② 过渡套筒安装　锥柄钻头可以直接装入钻床主轴孔内，较小的钻头可用过渡套筒安装。如图 3-15 所示，安装时，选好钻头，擦净过渡套，并装好，利用加速冲击力一次装好。拆卸时，将楔铁插入主轴上的腰形孔内，用锤子敲击楔铁，钻头与主轴就可分离。

# 第3章 内孔加工及设备

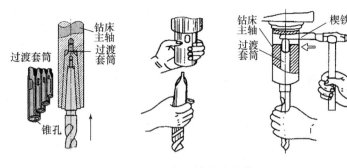

图 3-15 锥柄钻头的安装

③ 快换钻头套 如图 3-16 所示为快换钻头套结构示意图,当换刀时,一只手将滑套向上提起后,钢珠则贴于滑套端部的大孔表面,从而使可换套筒不再受钢珠的卡阻,此时另一只手可把装有刀具的可换套筒取出,然后再把另一个装有刀具的可换套筒装上去,放下滑套,钢珠重新卡入夹头体一起转动。这样可大大减少换刀的时间。

(4) 工件的装夹

钻孔中的安全事故,大都是由于工件的装夹方法不对造成的。因此,应注意工件的装夹方法。如图 3-17 所示,小件和薄壁零件钻孔时可用手虎钳夹持工件;对于中等零件,可用平口钳装夹;大型和其他不适合用虎钳夹紧的工件,可用压板装夹;在圆轴或套筒上钻孔时,须用 V 形铁装夹工件;底面不平或加工基准在侧面的工件,可用角铁装夹;圆柱形工件端面钻孔,可用三爪卡盘装夹;在成批和大量生产中,钻孔时广泛应用钻模夹具或组合机床。

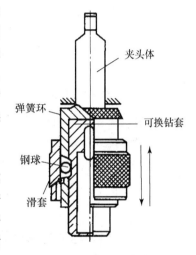

图 3-16 快换钻头套结构示意图

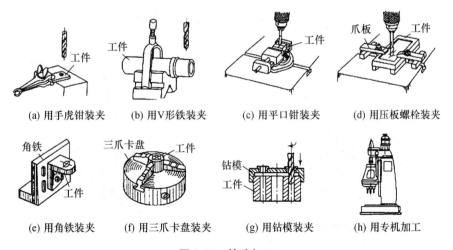

图 3-17 钻孔加工

(5) 钻孔的工艺特点

① 易引偏　引偏是孔径扩大或孔轴线偏移和不直的现象。钻头横刃定心不准，两个主切削刃不对称，钻头刚性和导向作用较差，都可导致切入时偏移、弯曲。如图 3-18 所示，在钻床上钻孔易引起孔的轴线偏移和不直；在车床上钻孔易引起孔径扩大。

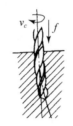 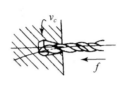

(a) 在钻床上钻孔　　(b) 在车床上钻孔

图 3-18　钻孔的引偏

② 排屑困难　钻头是在半封闭的状态下进行切削的，切削量大，排屑困难。同时，钻孔的切屑较宽，在孔内被迫卷成螺旋状，流出时与孔壁发生剧烈摩擦而刮伤已加工表面，甚至会卡死或折断钻头。

③ 切削温度高，刀具磨损快　切削时产生的切削热多，加之钻削为半封闭切削，切屑不易排出，散热困难，使切削区温度很高。转速高、切削温度高，致使钻头磨损严重。

(6) 提高钻孔加工精度的措施

① 提高钻头的刃磨质量　仔细刃磨钻头，使两个切削刃的长度相等和顶角对称；在钻头上修磨出分屑槽，将宽的切屑分成窄条，以利于排屑。

② 预钻锥形定心坑　用顶角 $2\phi = 90°\sim 100°$ 的短钻头，预钻一个锥形坑可以起到钻孔时的定心作用，如图 3-19 所示。

③ 采用钻模钻孔　用钻模为钻头导向，可减少钻孔开始时的引偏，特别是在斜面或曲面上钻孔时更有必要，如图 3-20 所示。

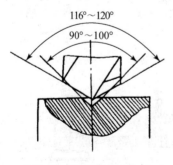 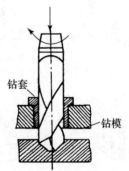

图 3-19　预钻锥形定心坑　　图 3-20　钻模钻孔

④ 选用合适钻头　为了防止孔径扩大，在选用钻头时，所选用的钻头直径一般应略小于所需孔径。

（7）麻花钻钻孔的方法

① 找正和引导方式　对于单件小批零件可按画线位置钻孔；而对于批量生产的零件可采用专用钻床或钻模利用钻套引导钻孔。

② 钻深孔　当孔的深度超过孔径3倍时，钻孔时要经常退出钻头以及时排屑和冷却。

③ 在硬材料上钻孔　钻孔速度不能过高，手动进给量要均匀，特别是当孔将要钻透时，应适当降低速度和进给量。

④ 钻削较大的孔　当钻孔直径较大（通常 >30 mm）时，应分2次或3次钻削。

⑤ 在高塑性材料上钻孔　在塑性好、韧性高的材料上钻孔时，断屑常成为影响加工的突出问题。这时，可通过降低切削速度、提高进给量及经常退出钻头排屑和冷却等措施加以改善。

⑥ 在斜面上钻孔　为防止钻头引偏，造成孔轴线歪斜，可先锪出平面后再进行钻孔或采用特殊钻套来引导钻头。

2. 扩孔钻

扩孔钻用于对已钻孔的进一步加工，常作为孔的半精加工或铰孔前的预加工。扩孔加工及扩孔钻的结构如图3-21所示。

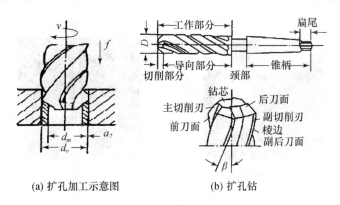

(a) 扩孔加工示意图　　(b) 扩孔钻

图 3-21　扩孔加工及扩孔钻的结构

扩孔钻按结构分为带柄和套式两类，如图3-22所示。直柄扩孔钻适用范围为 $d = \phi3 \sim 20$ mm；锥柄扩孔钻适用范围为 $d = \phi7.5 \sim 50$ mm；套式扩孔钻适用于大直径及较深孔的加工，尺寸范围 $d = \phi25 \sim 100$ mm。

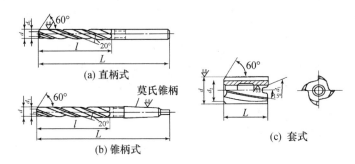

图 3-22 扩孔钻种类

扩孔钻与麻花钻比较有如下特点。
① 刀齿数多（3～4 个），故导向性好，切削平稳。
② 切屑窄，易于排出，且排屑槽可作得较小较浅，故刀体强度和刚性较好。
③ 没有横刃，改善了切削条件。
④ 生产率和加工质量比钻孔高。

在小批量生产的情况下，常用麻花钻经修磨钻尖的几何形状当扩孔钻用。在成批或大量生产时，为提高钻削孔、铸锻孔或冲压孔的精度和降低表面粗糙度值，也常使用扩孔钻扩孔。

3. 铰刀

铰刀用于对孔进行半精加工和精加工。铰孔的方式有机铰和手铰两种，如图 3-23 所示。

(a) 手铰

(b) 机铰

图 3-23 铰孔方式

铰刀按使用方法的不同分为手用铰刀和机用铰刀两类。手用铰刀常为整体式结构，直柄方头，结构简单，手工操作，使用方便，铰削直径范围为 1～50 mm。机用铰刀常用高速钢制造，有锥柄和直柄两种形式，可安装在钻床、车床、铣床和镗床上使用，铰削直径范围为 10～80 mm。铰刀的结构形状如图 3-24 所示。

# 第 3 章 内孔加工及设备

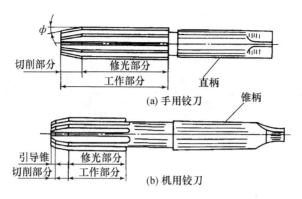

图 3-24 铰刀的结构

常用铰刀的种类如图 3-25 所示。

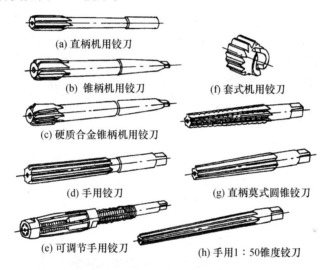

图 3-25 常用铰刀的种类

铰刀与扩孔钻比较，具有如下特点。

① 刀齿数多（6～12 个），制造精度高；具有修光部分，可以用来校准孔径、修光孔壁。

② 刀体强度和刚性较好（容屑槽浅，芯部直径大）；故导向性好，切削平稳。

③ 铰孔的余量小，切削力较小；铰孔时的切速度较低，产生的切削热较少，即减少了工件的发热和变形，因此，铰孔的加工质量更好。

另外，钻、扩、铰只能保证孔本身的精度，而不能保证孔距的尺寸精度及位置精度，为此，可以利用钻模进行加工，或者采用镗孔。

4. 锪钻

锪钻用于在已加工孔上锪各种沉头孔和孔端面的凸台平面，锪孔一般在钻床上进行。锪钻的类型如图 3-26 所示。

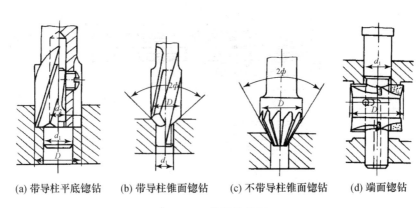

(a) 带导柱平底锪钻　(b) 带导柱锥面锪钻　(c) 不带导柱锥面锪钻　(d) 端面锪钻

图 3-26　锪钻的类型

**5. 孔加工复合刀具**

孔加工复合刀具是由两把以上的单个孔加工刀具复合后同时或按先后顺序完成不同工序（或工步）的刀具。这种刀具目前在组合机床及其自动线上获得了广泛的应用，常用孔加工复合刀具的种类及简图如表 3-3 所示。

表 3-3　常用孔加工复合刀具的种类及简图

| 名　称 | 简　图 |
| --- | --- |
| 复合钻 |  |
| 复合扩孔钻 |  |
| 复合铰 |  |
| 复合镗 |  |
| 钻-扩复合刀具 |  |
| 钻-铰复合刀具 |  |
| 扩-铰复合刀具 |  |
| 钻-扩-铰复合刀具 |  |

孔加工复合刀具生产率高，并可保证各加工表面之间获得较高的位置精度和提高加

工精度。由于工序集中,从而减少了机床台数或工位数,降低加工成本。

## 3.4 内孔的镗削加工设备

### 3.4.1 内孔的镗削加工

镗孔是在已有孔的基础上用镗刀使孔径扩大并达到要求的加工方法,如图 3-27 所示。刀具的旋转运动是主运动,工件或镗刀的移动是进给运动。镗孔是常用的孔加工方法之一,对于直径较大的孔(一般 $D > \phi 80 \sim \phi 100$ mm),内成形面或孔内环形槽等,镗削是最合适的加工方法。

图 3-27 镗孔

镗削加工具有以下特点。
① 镗削加工灵活性大,适应性强。
② 镗削能通过多次走刀来校正原孔的轴线偏斜,保证孔的位置精度。
③ 镗刀结构简单,刃磨方便,成本低。
④ 镗削加工操作技术要求高。
⑤ 镗孔生产率较低。

镗削加工的工艺范围较广,主要完成精度高、孔径大或孔系的加工,此外,还可铣平面、沟槽、钻孔、扩孔、铰孔和车端面、外圆、内外环形槽及车螺纹等,如图 3-28 所示。镗削加工主要用于批量生产、精加工机座、支架和箱体类零件上直径较大的孔或有位置精度要求的孔系。

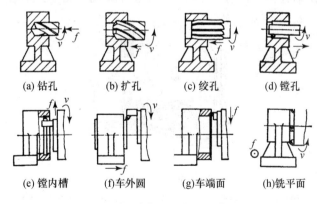

图 3-28 镗削加工的工艺范围

### 3.4.2 镗床

镗削加工一般是在镗床上进行的。根据结构、布局和用途的不同,常用的镗床有卧式铣镗床、坐标镗床以及精镗床等,此外,还有立式镗床、深孔镗床、落地镗床及数控镗铣床等。

### 1. 卧式镗床

卧式铣镗床是镗床类机床中应用最普通的一种类型，其工艺范围十分广泛，因而得到普遍应用。卧式铣镗床主要是加工孔，易于保证被加工孔的尺寸精度和位置精度。另外，还可车端面，铣平面，车外圆，车内、外螺纹，及钻、扩、铰孔等。零件可在一次安装中完成大量的加工工序。卧式铣镗床尤其适合加工大型、复杂的具有相互位置精度要求孔系的箱体、机架和床身等零件。由于机床的万能性较大，所以又称为万能镗床。卧式铣镗床的主要加工方法如图 3-29 所示。

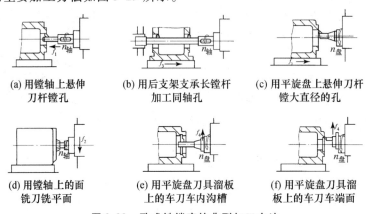

(a) 用镗轴上悬伸刀杆镗孔　　(b) 用后支架支承长镗杆加工同轴孔　　(c) 用平旋盘上悬伸刀杆镗大直径的孔

(d) 用镗轴上的面铣刀铣平面　　(e) 用平旋盘刀具溜板上的车刀车内沟槽　　(f) 用平旋盘刀具溜板上的车刀车端面

图 3-29　卧式铣镗床的典型加工方法

卧式镗床的布局及其组成如图 3-30 所示，主要组成部件有主轴箱 1、前立柱 2、工作台 5、后立柱 8 和床身导轨 10 等。前立柱固定在床身的右侧，在它上面装有主轴箱，主轴箱沿前立柱导轨作垂直移动，前立柱内装有平衡主轴箱重量的配重装置。

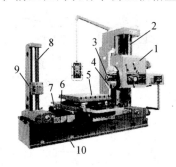

图 3-30　卧式镗床

1—主轴箱；2—前立柱；3—主轴；4—平旋盘；5—工作台；6—上滑座；
7—下滑座；8—后立柱；9—后支架；10—床身导轨

主轴箱 1 可沿前立柱 2 的导轨上下移动。在主轴箱 1 中装有主轴（镗杆）3、平旋盘 4，主运动和进给运动的变速传动机构和操纵机构。根据加工情况，刀具可以装在主轴（镗杆）3 或平旋盘 4 上。主轴（镗杆）3 旋转做主运动，并可沿轴向移动作进给运动；平旋盘 4 只能作旋转主运动。装在后立柱 8 上的后支架 9 用于支承悬伸长度较大的镗杆的悬伸端，以增加刚度（如图 3-29（b）所示）。后支架 9 可沿后立柱 8 上的导轨上下移动，以便于与主轴箱 1 同步升降，从而保持后支架支承孔与镗杆在同一轴线上。后立柱 8 可沿床身导轨 10 移动，以适应镗杆的不同程度悬伸。工件安装在工作台 5 上，可与工作台 5 一起随下滑座 7 或上滑座 6 作纵向或横向移动。工作台 5 还可绕上滑座 6 的圆导轨在水平面内转位，以便加工互相成一定角度的平面和孔。当刀具装在平旋盘 4 的径向刀架上时，径向刀架可带着刀具作径向进给，以车削端面（如图 3-29（f）所示）。

综上所述，卧式镗床具有下列运动。

① 镗杆的旋转主运动。
② 平旋盘的旋转主运动。
③ 镗杆的轴向进给运动。
④ 主轴箱的垂直进给运动。
⑤ 工作台的纵向进给运动。
⑥ 工作台的横向进给运动。
⑦ 平旋盘上的径向刀架进给运动。
⑧ 辅助运动。主轴、主轴箱及工作台在进给方向上的快速调位运动，后立柱的纵向调位运动，后支架的垂直调位移动，工作台的转位运动。这些辅助运动可以手动，也可由快速电动机传动。

2. 坐标镗床

坐标镗床是一种高精度机床，其主要特点是具有测量坐标位置的精密测量装置。依靠坐标测量装置，能精确地确定工作台、主轴箱等移动部件的位移量，实现工件和刀具的精确定位。另外，为了保证高精度，这种机床的主要零部件的制造和装配精度很高，并有良好的刚性和抗震性。它主要用来镗削精密孔（IT5 级或更高）和位置精度要求很高的孔系（定位精度可达 0.01～0.002 mm）。

坐标镗床的工艺范围很广，除镗孔、钻孔、扩孔、铰孔以及精铣平面和沟槽外，还可以进行精密刻线和画线以及进行孔距和直线尺寸的精密测量等工作。坐标镗床主要用于工具车间加工工具、模具和量具等，近年来逐渐被应用到生产车间成批地加工精密孔系，例如在飞机、汽车、拖拉机、内燃机和机床等行业中加工某些箱体零件的轴承孔。

坐标镗床按其布局形式可分为立式坐标镗床和卧式坐标镗床两种类型。立式坐标镗床适于加工轴线与安装基面（底面）垂直的孔系和铣削顶面；卧式坐标镗床适于加工与安装基面平行的孔系和铣削侧面。立式坐标镗床还有单柱和双柱之分。

（1）立式单柱坐标镗床

立式单柱坐标镗床外形如图 3-31 所示。工件固定在工作台 1 上，坐标位置由工作台 1 沿床鞍 5 导轨的纵向移动（X 向）和床鞍 5 沿床身 6 导轨的横向移动（Y 向）来实现。主轴箱 3 可以在立柱 4 的竖直导轨上调整上下位置，以适应不同高度的工件。主轴箱 3 内装有主轴组件、主电动机和变速、进给及其操纵机构。主轴 2 由精密轴承支撑在主轴套筒中。当进行镗孔、钻孔、扩孔和铰孔等工作时，由主轴套筒带动主轴 2，在竖直方向作机动或手动进给运动。当进行铣削加工时，则由工作台在纵、横方向完成进给运动。

立式单柱坐标镗床工作台的 3 个侧面都是敞开的，操作比较方便，结构较简单。但是，由于工作台必须实现2个坐标方向的移动，使工作台和床身之间多了一层（床鞍），从而削弱了机床刚度。当机床尺寸较大时，给保证加工精度增加了困难。因此，这种形式多为中、小型坐标镗床。

（2）立式双柱坐标镗床

立式双柱坐标镗床外形如图3-32所示。立式双柱坐标镗床两个坐标方向的移动分别由主轴箱5沿横梁2的导轨作横向移动（Y向）和工作台1沿床身8的导轨作纵向移动（X向）来实现。横梁2可沿立柱3和6的导轨上下移动，以适应不同高度的工件。立柱3是双柱框架式结构，刚性好。因此，这种形式适用于大、中型坐标镗床。

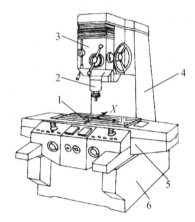

图3-31 立式单柱坐标镗床

1—工作台；2—主轴；3—主轴箱；
4—立柱；5—床鞍；6—床身

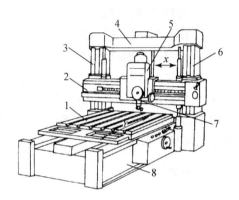

图3-32 立式双柱坐标镗床

1—工作台；2—横梁；3、6—立柱；4—顶梁；
5—主轴箱；7—主轴；8—床身

（3）卧式坐标镗床

卧式坐标镗床外形如图3-33所示。卧式坐标镗床的主轴3是水平的。机床两个坐标方向的移动是由下滑座7沿床身6的导轨横向移动（X向）和主轴箱5沿立柱4的导轨上下移动（Y向）来实现的。回转工作台2可以在水平面内回转至一定的角度位置，以进行精密分度。进给运动由上滑座1的纵向移动或主轴3的轴向移动（Z向）来实现。其特点是生产效率高，可省去镗模等复杂工艺装备，且装夹方便。

3. 精镗床

精镗床是一种高速镗床，因它以前采用金刚石镗刀，故又称其为金刚镗床。精镗床现已广泛使用硬质合金刀具。其特点是以很小的进给量和很高的切削速度进行加工，因此可以获得很高的加工精度和表面质量。精镗床广泛应用于成批、大量生产中，如用于加工发动机的气缸、连杆、活塞和液压泵壳体等零件上的精密孔。

精镗床种类很多，按其布局形式可分为单面、双面和多面；按其主轴位置可分为立式、卧式和倾斜式；按其主轴数量可分为单轴、双轴和多轴。

单面卧式精镗床外形如图3-34所示。机床主轴箱1固定在床身4上，在镗杆端部设有消振器。短而粗的主轴2采用精密的角接触轴承或静压轴承支承，并由电动机经带轮直接带动，以保证主轴组件准确平稳地运转。主轴2高速旋转带动镗刀做主运动，工件通过夹具安装在工作台3上，工作台3沿床身导轨作平稳的低速纵向移动以实现进给运动。工作台3一般为液压驱动，可实现半自动循环。

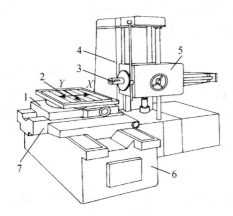

图 3-33　卧式坐标镗床

1—上滑座；2—回转工作台；3—主轴；4—立柱；
5—主轴箱；6—床身；7—下滑座

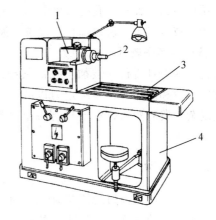

图 3-34　单面卧式精镗床

1—主轴箱；2—主轴；3—工作台；4—床身

### 3.4.3　镗刀

镗刀是由镗刀头、镗刀杆和相应的夹紧装置组成的。镗孔时，镗刀加固在镗刀杆上与机床主轴一起作回转运动。

镗刀种类很多，按切削刃数量分，镗刀有单刃镗刀和双刃镗刀，由于它们的结构和工作条件不同，它们的工艺特点和应用也有所不同。

**1. 单刃镗刀**

单刃镗刀的刀头用紧固螺钉将其装夹在镗杆上，通过刀头尾部的螺钉调整镗削直径的大小。如图 3-35（a）所示为通孔镗刀，刀头垂直于镗杆轴线安装；如图 3-35（b）所示为盲孔镗刀，刀头倾斜安装。

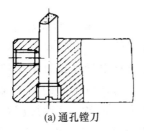　　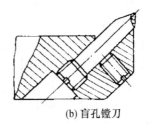

(a) 通孔镗刀　　　　　　　　　　　(b) 盲孔镗刀

图 3-35　单刃镗刀

单刃镗刀镗孔具有以下工艺特点。

（1）适应性强

单刃镗刀是结构最简单的刀具之一，使用和刃磨方便；一把刀具可以加工不同直径的孔，各种结构类型的孔均能镗削；镗削加工可在已有孔的基础上进行，既可以粗加工，又可以半精加工和精加工。

（2）校正原有孔轴线的偏斜或位置误差

用单刃镗刀镗孔，孔的尺寸精度、形位精度及表面粗糙度主要取决于机床的精度和操作者的技术水平，所以镗孔可以校正原有孔轴线的偏斜或位置误差。

（3）生产率较低

镗刀的刀杆直径受被加工孔的限制，一般刚度较差，为保证加工精度，常需用较小的背吃刀量和进给量，多次走刀以减少刀杆的弯曲变形和振动。镗刀头在刀杆上的径向调整复杂，费时费力，加上只有一个主切削刃参加工作，所以生产效率较低，多用于单件小批量生产。

2. 双刃镗刀

双刃镗刀就是镗刀的两端有一对对称的切削刃同时参与切削，切削时可以消除径向切削力对镗杆的影响，工件孔径的尺寸精度由镗刀径向尺寸来保证。双刃镗刀分为固定式和浮动式两种，如图3-36所示。

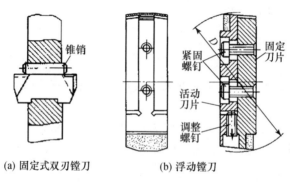

(a) 固定式双刃镗刀　　(b) 浮动镗刀

图3-36　双刃镗刀

如图3-36（a）所示为固定式双刃镗刀，工作时镗刀块可通过斜楔、锥销或螺钉装夹在镗杆上，镗刀块相对于轴线位置偏差会造成孔径误差。固定式双刃镗刀是定尺寸刀具，适合于粗镗或半精镗直径较大的孔。

如图3-36（b）所示为可调节浮动镗刀块，调节时，先松开紧固螺钉，通过调整螺钉改变活动刀片的径向位置至两切削刃之间的尺寸等于所加工孔径尺寸，最后拧紧紧固螺钉。工作时镗刀块在镗杆的径向槽中不紧固能在径向自由滑动，刀块在切削力的作用下保持平衡对中，可以减少镗刀块安装误差及镗杆径向跳动所引起的加工误差，而获得较高的加工精度。但它不能校正原有孔径轴线偏斜或位置误差，其使用应在单刃镗削之后进行。由于浮动镗刀片结构比单刃镗刀复杂，且刃磨要求高，两个主切削刃同时切削，并且操作简便，所以其成本较高，但可提高生产率。浮动镗削适用于精加工批量较大、孔径较大的孔。

## 3.5 内孔的拉削加工

拉孔是在拉床上用拉刀通过工件已有孔的粗精加工并为一个工步完成的加工方法。拉削可看成是多把刨刀排列成队的多刃刨削，拉削时工件不动，拉刀相对工件作直线运动，拉刀以切削速度 $V_c$ 做主运动，进给运动是由后一个刀齿高出前一个刀齿的齿升量 $f_z$ 来完成的，从而能在一次行程中一层一层地从工件上切去多余的金属层，获得所要求的表面，如图 3-37 所示。拉孔是大批量生产中常用的一种精加工方法。

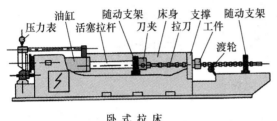
卧式拉床

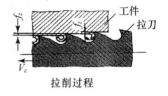
拉削过程

图 3-37 拉削加工

**1. 圆孔拉刀的结构**

拉刀根据工件加工面及截面形状不同有多种形式。常用的圆孔拉刀结构如图 3-38 所示，其组成部分如下。

① 头部——与机床连接，传递运动和拉力。

② 颈部——头部和过渡锥连接部分，可在此处做标记。

③ 过渡锥——起对准中心的作用，使拉刀容易进入工件孔中。

④ 前导部——起导向和定心作用，防止拉刀歪斜，并可检查拉削前孔径是否太小，以免拉刀第一刀齿负荷太大而损坏。

⑤ 切削部——切除全部的加工余量，由粗切齿、过渡齿和精切齿组成。

⑥ 校准部——起校准和修光作用，并作为精切齿的后备齿。

⑦ 后导部——保持拉刀最后几个刀齿的正确位置，防止拉刀即将离开工件时，工件下垂而损坏已加工表面或刀齿。

⑧ 尾部——防止长而重的拉刀因自重而下垂，影响加工质量和损坏刀齿，直径较小的拉刀可不设尾部。

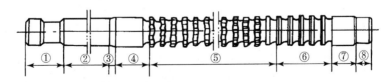

图 3-38 圆孔拉刀的结构
1—头部；2—颈部；3—过渡锥；4—前导部；5—切削部；6—校准部；7—后导部；8—尾部

## 2. 圆孔拉削的方法

拉孔时，工件的预制孔不必精加工，工件也不需夹紧，工件以端面靠紧在拉床的支承座上，因此工件的端面应与孔垂直，否则容易损坏拉刀。拉孔时，如果工件的端面与孔不垂直，则应采用能自动定心的球面垫圈来补偿。通过球面垫圈的略微转动，可以使工件上的孔自动地调整到与拉刀轴线一致的方向，如图 3-39 所示。

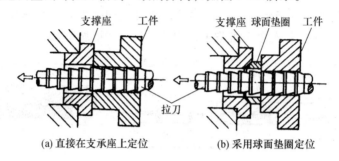

(a) 直接在支承座上定位　　(b) 采用球面垫圈定位

图 3-39　拉削圆孔的方法

## 3. 拉削的特点

拉孔与其他孔加工方法比较，具有以下特点。

① 生产率高。拉刀同时工作的刀齿多，而且一次行程能够完成粗、精加工。

② 加工范围广。拉削可以加工圆形及其他形状复杂的通孔、平面及其他没有障碍的外表面，但不能加工台阶孔、不通孔和薄壁孔，如图 3-40 所示。

③ 加工精度高，表面粗糙度低。拉削的尺寸公差等级一般可达 IT8～IT7，表面粗糙度 $Ra$ 值为 $0.8 \sim 0.4 \mu m$。

④ 拉床结构简单，操作方便。拉床只有一个主运动，是直线运动，没有进给运动。

⑤ 拉刀寿命长。拉削速度低，每齿切削厚度很小，切削力小，切削热也少。

⑥ 拉刀成本高，刃磨复杂，除标准化和规格化的零件外，在单件小批生产中很少应用。

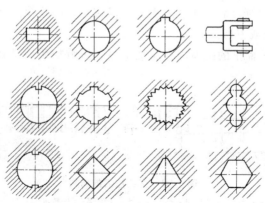

图 3-40　拉削加工工艺范围

## 3.6 内孔的磨削加工

### 3.6.1 内孔的磨削方法

磨孔是孔的精加工方法之一，内孔（圆）的磨削可以在普通内圆磨床、无心内圆磨床、行星内圆磨床上进行，也可以在万能外圆磨床上进行。内孔磨削方法如图3-41所示。

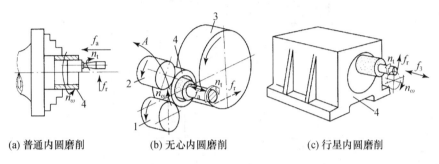

(a) 普通内圆磨削　　(b) 无心内圆磨削　　(c) 行星内圆磨削

图 3-41　磨孔的方法

1—滚轮；2—压紧轮；3—导轮；4—工件

**1. 普通内圆磨削**

如图3-41（a）所示，普通内圆磨削时，砂轮高速旋转，实现主运动（$n_t$），工件4用卡盘或其他夹具装夹在机床主轴上，由主轴带动其旋转作圆周进给运动（$n_\omega$），同时砂轮或工件4往复移动作纵向进给运动（$f_a$），在每次（或$n$次）往复行程后，砂轮或工件4作一次横向进给运动（$f_r$）。这种磨削方法适用于形状规则、便于旋转的工件。

一般机械制造厂中以普通内圆磨床应用最普遍，普通内圆磨床外形如图3-42所示，它主要由床身、工作台、头架和砂轮架等组成。砂轮架安装在床身上，由单独的电机驱动砂轮高速旋转，提供主运动；砂轮架还可以横向移动，使砂轮实现横向进给运动。头架安装在工作台上，带动工件旋转作圆周进给运动；头架可在水平面内扳转一定角度，以便磨削内锥面。工作台沿床身纵向导轨往复直线移动，带动工件作纵向进给运动。

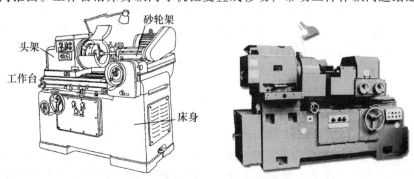

图 3-42　普通内圆磨床外形图

普通内圆磨床磨削时，根据工件形状和尺寸不同，可采用纵磨法或切入磨法，如图 3-43（a）和图 3-43（b）所示。有些普通内圆磨床上备有专门的端磨装置，可在工件一次装夹中磨削内孔和端面，如图 3-43（c）和图 3-43（d）所示，这样不仅易于保证内孔和端面的垂直度，而且生产率较高。

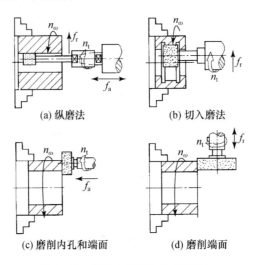

图 3-43　普通内圆磨床的磨削方法

### 2. 无心内圆磨削

如图 3-41（b）所示，无心内圆磨削时，砂轮除了完成主运动（$n_t$）外，还作纵向进给运动（$f_a$）和周期横向进给运动（$f_r$）。工件 4 支承在滚轮 1 和导轮 3 上，压紧轮 2 使工件 4 紧靠导轮 3，工件 4 即由导轮 3 带动旋转，实现圆周进给运动（$n_\omega$）。加工结束时，压紧轮沿箭头 A 方向摆开，以便装卸工件。这种磨削方式适用于大批量生产中，加工外圆表面已经精加工过的薄壁工件，如轴承套圈等。

### 3. 行星内圆磨削

如图 3-41（c）所示，行星内圆磨削时，工件固定不转，砂轮除了绕其自身轴线高速旋转实现主运动（$n_t$）外，同时还绕被磨内孔的轴线作公转运动，以完成圆周进给运动（$n_\omega$），纵向往复运动（$f_a$）由砂轮或工件实现。周期地改变砂轮与被磨内孔轴线间的偏心距，即增大砂轮公转运动的旋转半径，可实现横向进给运动（$f_r$）。这种磨削方式适用于磨削大型或形状不对称、不便于旋转的工件。

### 4. 万能外圆磨床磨削内孔

如图 3-44 所示，在万能外圆磨床上磨削内孔时，砂轮架安装在床身上，由单独电机驱动砂轮高速旋转，提供主运动；砂轮架还可以横向移动，使砂轮实现横向进给运动。头架安装在工作台上，带动工件旋转作圆周进给运动；头架可在水平面内扳转一定角度，以便磨削内锥面。工作台沿床身纵向导轨往复直线移动，带动工件作纵向进给运动。

图 3-44 万能外圆磨床磨削内孔

5. 磨孔与磨外圆相比较，具有以下工艺特点

① 砂轮直径受到被加工孔的限制，直径较小。
② 砂轮直径小，磨削速度低，比外圆磨效率低。
③ 砂轮轴的直径尺寸小，刚性差，影响加工精度和表面粗糙度。
④ 切削液不易进入磨削区，磨屑排除较外圆磨削困难。
⑤ 砂轮磨损快、易堵塞，需要经常修整和更换。

磨孔主要用于不宜或无法进行镗削、铰削或拉削的高精度及淬硬孔的精加工。

### 3.6.2 砂轮的选择与安装

1. 砂轮的选择

（1）砂轮直径的选择

砂轮直径大时，砂轮接长轴也可选择较粗的，刚性好，同时可提高砂轮圆周速度，因而有利于提高工件的加工精度和降低表面粗糙度；但砂轮与工件的接触面积也增大，导致磨削热量增加，冷却和排屑条件变差，砂轮易堵塞、变钝。因此，为了获得良好的磨削效果，应选择合适的砂轮直径，即砂轮直径与工件孔径的比值应在 0.5～0.9 之间，当内径较小时取较大比值；当内径较大时取较小比值。

（2）砂轮宽度的选择

在机床功率和砂轮接长轴刚性允许的范围内，砂轮宽度可以按工件长度选择，如表 3-4 所示。

表 3-4 内圆砂轮宽度选择　　　　　　　　　　　　　　　　　　单位：mm

| 磨削长度 | 14 | 30 | 45 | >50 |
|---|---|---|---|---|
| 砂轮宽度 | 10 | 25 | 32 | 40 |

（3）砂轮特性的选择

为了避免工件烧伤，提高磨粒的切削能力，应选择较粗的粒度。为使砂轮具有良好的自锐性，磨内孔的砂轮硬度通常要比磨外圆的砂轮软 1～2 级，但当磨削长度较长时，为避免工件产生锥度，砂轮的硬度不能太低，一般选择 J～L 级。为改善磨削区域的排屑和冷却条件，避免砂轮过早堵塞，砂轮组织要疏松一些。

### 2. 砂轮的安装

磨削内孔的砂轮一般是先安装在加长杆上，再将加长杆安装在磨床主轴上，如图3-45所示。

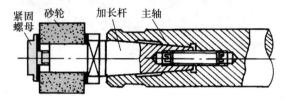

图 3-45　砂轮的安装

砂轮与加长杆的连接方法有螺纹紧固法和黏结剂紧固法两种。

（1）螺纹紧固法

如图 3-46（a）所示，螺纹紧固法是用螺钉将砂轮与加长杆连接在一起的方法。由于螺纹有较大的夹紧力，故可以使砂轮安装得比较牢固，并且可以保证砂轮有正确的定位，因此，这种方法是常用的机械紧固砂轮的方法。

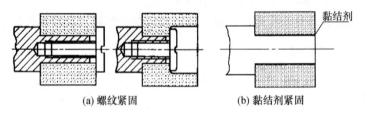

图 3-46　砂轮与加长杆的连接方法

（2）黏结剂紧固法

如图 3-46（b）所示，当磨削小孔（Φ15 mm 以下）时，由于砂轮直径较小，导致加长杆较细，这时，通常用黏结剂将砂轮紧固在加长杆上。

### 3. 砂轮加长杆

为了扩大内圆磨具的适用范围，经常在内圆磨床或万能外圆磨床上使用砂轮加长杆。如图 3-47 所示，可以按经常磨削孔的类型配制一套不同规格的加长杆，当要磨削不同孔径和长度的工件时，只是更换不同尺寸的加长杆即可，这样做既方便又经济。

图 3-47　砂轮接长轴

# 第3章 内孔加工及设备

## 3.7 内孔的光整加工

1. 珩磨孔

珩磨孔是对孔进行的较高效率的光整加工方法,需在磨削或精镗的基础上进行。如图 3-48（a）所示,利用装有磨条的珩磨头（如图 3-48（c）所示）来加工孔,加工时工件视其大小可安装在机床的工作台或夹具中,具有若干个砂条（油石）的珩磨头插入已加工过的孔中,由珩磨机床主轴带动旋转且作轴向往复运动,磨条以一定的压力与孔壁接触,即可从工件表面切去极薄的一层金属,为得到较小的表面粗糙度值,切削轨迹应为均匀而不重复的交叉网纹（如图 3-48（b）所示）。珩磨后孔的尺寸公差等级可达IT6～IT5级,表面粗糙度 $Ra$ 值为 $0.2\sim0.025\,\mu m$,孔的形状精度亦相应提高。

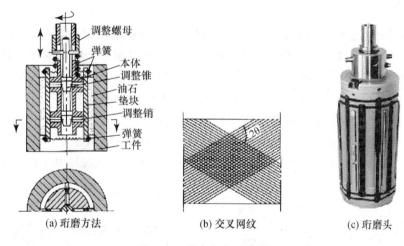

图 3-48 珩磨方法和珩磨头

珩磨头有机械加压式、气压或液压自动调压式数种。如图 3-48（c）所示的珩磨头为机械加压式,实际生产中多用液压调压式。

珩磨头与珩磨机主轴一般采用浮动连接,或采用刚性连接但配以浮动夹具,这样可以减少珩磨机主轴回转中心与被加工孔的同轴度误差对珩磨质量的影响。因此,珩磨加工只能提高内孔的尺寸精度和表面粗糙度,纠正不了内孔的位置精度。

珩磨头是由若干砂条（油石）组成的,砂条使用的材料可以根据被加工件的材料选择,当加工钢件时可用氧化铝材料；当加工铸铁、不锈钢和有色金属等工件时,可选用碳化硅材料。

珩磨孔多在专用珩磨的机床（如图 3-49 所示）上进行,在单件小批量生产中,也可在改装的立式钻床上进行。薄壁孔和刚性不足的工件,或较硬的工件表面,用珩磨进行光整加工不需复杂的设备与工装,操作方便。

珩磨孔具有如下工艺特点。

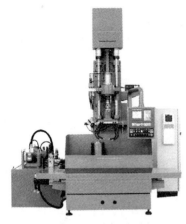

① 生产率较研磨高。

② 孔的加工精度高。可达到较高的尺寸精度、形状精度和较低的表面粗糙度，但不能提高孔与其他表面的位置精度。

③ 适应性广。珩磨可加工铸铁件、淬火和不淬火的钢件以及青铜件等，但不宜加工韧性大的有色金属件。加工的孔径为 Φ5～Φ500 mm，孔的深径比可达 10 以上。

珩磨孔广泛用于大批量生产中加工发动机的气缸、液压装置的油缸筒及各种炮筒等，也可用于单件小批生产中。

图 3-49 珩磨机外形图

2. 研磨孔

研磨孔是孔的光整加工方法，需要在精镗、精铰或精磨后进行，一般为手工研磨。如图 3-50 所示，在车床上研磨套类零件孔时，研具为开口锥套，套在锥度心轴上。研磨前，将工件套在研具上，将研具安装在车床上，研磨剂涂于工件与研具之间，调整研具直径使其对工件有适当的压力，即可进行研磨。研磨时，研磨棒旋转，手握工件往复移动，表面作复杂的相对运动，使磨粒在工件表面上滚动或滑动，起切削、刮擦和挤压作用，从加工表面上切下极薄的一层材料，得到尺寸精度和表面粗糙度极低的表面。研磨一定时间后，向锥度心轴大端方向调整锥套，使之直径胀大，以保持对工件孔壁的压力。

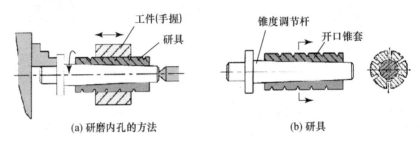

(a) 研磨内孔的方法　　　　　(b) 研具

图 3-50 研磨内孔及研具

所有研具采用比工件软的材料制成，这些材料为铸铁、铜、青铜、巴氏合金及硬木等，有时也可用钢做研具。

研磨孔具有以下工艺特点。

① 设备简单，精度要求不高。

② 加工质量可靠。可获得很高的精度和很低的表面粗糙度值，研磨后孔的尺寸公差等级可提高到 IT6～IT4 级，表面粗糙度 $Ra$ 值为 0.1～0.008 μm，圆度和圆柱度亦相应提高。但一般不能提高加工面与其他表面之间的位置精度。

③ 可加工各种钢、淬硬钢、铸铁、铜铝及其合金、硬质合金、陶瓷、玻璃及某些塑料制品等。

## 第3章 内孔加工及设备

研磨广泛用于单件小批生产中加工各种高精度型面，并可用于大批大量生产中。

## 复习思考题

1. 内孔表面常见加工方法有哪些？
2. 钻削加工范围有哪些？
3. 标准麻花钻由哪几部分组成？如何刃磨麻花钻？
4. 为防止钻孔时产生引偏，应采取哪些措施？
5. 钻削加工的常用刀具有哪些？
6. 提高钻孔加工精度的措施有哪些？
7. 镗削加工范围有哪些？
8. 镗床有哪些种类？镗刀有哪些种类？
9. 拉削加工有哪些特点？
10. 内孔磨削方法有哪些，各适合于何种加工？
11. 如何选择内孔磨削砂轮？
12. 常见的内孔光整加工方法有哪些？各有何特点？

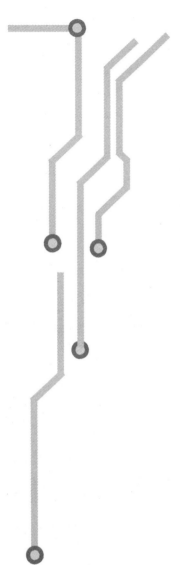

# 第 4 章
# 平面与沟槽加工及设备

# 第4章 平面与沟槽加工及设备

## 4.1 平面加工方法

平面是机械零件如箱体类、连杆类、盘类零件的主要表面之一,如图4-1所示。平面加工时,主要的技术要求有3方面。

① 平面几何形状精度,如平面度、直线度。
② 各表面间的位置精度,如平行度、垂直度等。
③ 加工表面质量,如表面粗糙度、表面加工硬化、残余应力及金相组织等。

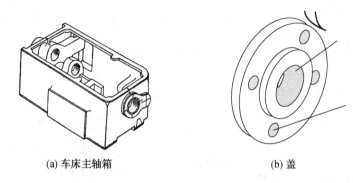

(a) 车床主轴箱　　　　　　(b) 盖

图4-1　平面类零件

平面加工的方法有很多,常用的有铣平面、刨平面、磨平面、车端面、拉平面等,如图4-2所示。一般情况下,刨削和铣削常用作平面的粗加工和半精加工,而磨削则用作平面的精加工。此外还有刮研、研磨、超精加工、抛光等光整加工方法。

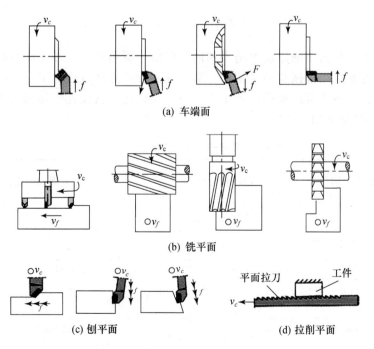

图4-2　平面加工方法

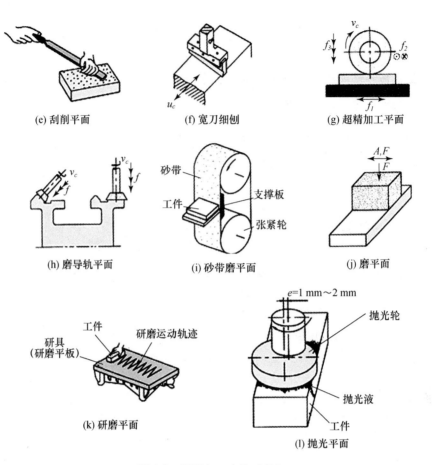

图 4-2 平面加工方法（续）

以上平面的加工方法在切削原理上基本相同，但由于所用机械、刀具及切削运动各有不同，其工艺特点及应用范围也不尽相同，那么选择什么方法进行加工，应根据工件的技术要求、材料、毛坯及生产规模进行工艺分析，合理选用以保证平面加工质量。表4-1 列出了几种常用的平面加工方案。

表 4-1 常见平面加工方案

| 序号 | 加工方案 | 经济精度级 | 表面粗糙度 $Ra$ 值（μm） | 适用范围 |
|---|---|---|---|---|
| 1 | 粗车→半精车 | IT9 | 6.3～3.2 | 回转体零件的端面 |
| 2 | 粗车→半精车→粗车 | IT8～IT7 | 1.6～0.8 | |
| 3 | 粗车→半精车→磨削 | IT8～IT6 | 0.8～0.2 | |
| 4 | 粗刨（或粗铣）→精刨（或精铣） | IT10～IT8 | 6.3～1.6 | 精度要求不太高的不淬硬平面 |
| 5 | 粗刨（粗铣）→粗刨（或精铣）→刮研 | IT7～IT6 | 0.8～0.1 | 精度要求较高的不淬硬平面 |
| 6 | 粗刨（或粗铣）→精刨（或粗铣）→磨削 | IT7 | 0.8～0.2 | 精度要求较高的淬硬或不淬硬平面 |

(续表)

| 序号 | 加工方案 | 经济精度级 | 表面粗糙度 $Ra$ 值($\mu m$) | 适用范围 |
|---|---|---|---|---|
| 7 | 粗刨（或粗铣）→粗刨（或粗铣）→粗磨→精磨 | IT7～IT6 | 0.4～0.02 | |
| 8 | 粗铣→拉 | IT9～IT7 | 0.8～0.2 | 大量生产，较小平面（精度与拉刀精度有关） |
| 9 | 粗铣→精铣→精磨→研磨 | IT5 以上 | 0.1～0.06 | 高精度平面 |

## 4.2 平面铣削加工及设备

### 4.2.1 铣削加工

铣削加工是以铣刀旋转为主运动，工件沿相互垂直的3个方向做切削进给运动，从而不断从工件表面切除多余的材料形成加工表面。铣削加工的主要特点是用多刃铣刀进行切削，可采用较大的切削用量，故生产效率较高。如图 4-3 所示，铣床主要铣削加工平面（水平面、垂直面）、沟槽（键槽、T 形槽、燕尾槽等）、分齿零件（齿轮、花键轴、链轮）、螺旋形表面（螺纹、螺旋槽）及各种曲面等比较复杂的型面，在机械制造和修理部门得到广泛应用。

一般情况下，铣削主要用于粗加工和半精加工。铣削加工的精度等级为 IT11～IT8，表面粗糙度 $Ra$ 为 6.3～1.6 $\mu m$。

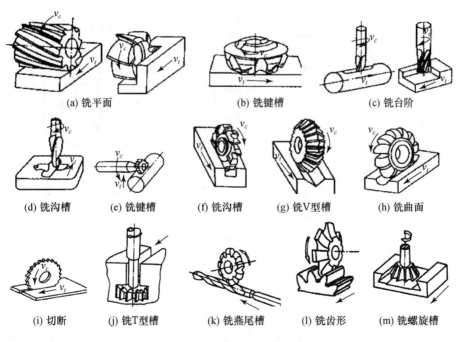

图 4-3 铣床加工主要内容

### 4.2.2 铣床

**1. 铣床种类**

铣床是用铣刀对工件进行铣削加工的机床。如图 4-4 所示，铣床的种类很多，一般常用的有以下几种。

① 升降台铣床：有万能式、卧式和立式等，主要用于加工中小型零件，应用最广。

② 龙门铣床和双柱铣床：用于加工大型零件。

③ 工作台不升降铣床：有矩形工作台式和圆工作台式两种，是介于升降台铣床和龙门铣床之间的一种中等规格的铣床。其垂直方向的运动由铣头在立柱上升降来完成。

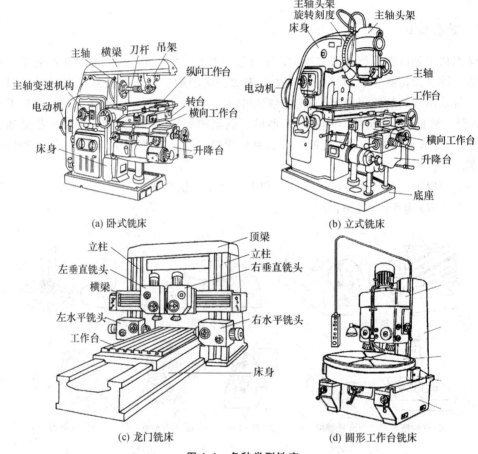

图 4-4 各种类型铣床

④ 摇臂铣床和悬臂式铣床：摇臂铣床立铣头可沿悬臂导轨水平移动，悬臂也可沿立柱导轨调整高度和旋转。悬臂式铣床铣头装在悬臂上的铣床，床身水平布置，悬臂通常可沿床身一侧立柱导轨作垂直移动，铣头沿悬臂导轨移动。用于加工大型零件。

铣床的类型虽然很多，但各种类型的基本部件大致相同，下面介绍两种最常用的升降式铣床。

## 2. X6132型卧式升降台铣床

结构特点：主轴与工作台面平行

型号含义：X 61 32
        └── 主参数，工作台宽度的1/10（工作台宽度为320 mm）
       └── 组系代号，卧式升降台铣床
      └── 分类代号，铣床类机床

铣床的型号按照JB 1838—85《金属切削机床型号编制方法》的规定表示。

（1）主要部件及其功用

如图4-5所示为X6132型卧式升降台铣床的外观图，主要由床身、主轴、横梁、纵向工作台、转台、横向工作台、升降台等部分组成。其各部分具有不同的功用。

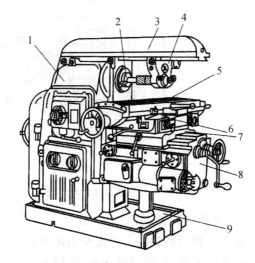

图4-5 X6132型卧式升降台铣床
1—床身；2—主轴；3—横梁；4—挂架；5—工作台；6—转台；
7—横向溜板；8—升降台；9—底座

床身1用于支承和固定铣床各部件。床身顶面有供横梁移动的水平导轨；前立面有燕尾形的垂直导轨，供升降台上下移动。床身内装有主轴、主轴变速箱、电器设备和润滑油泵等部件。

主轴2用以安装刀杆并使之旋转。主轴前端有锥度为7∶24的圆锥孔与刀杆的锥柄相配合。主轴的转动是由电动机经主轴变速箱传来，改变手柄位置，可使主轴获得各种不同的转速，实现主运动。

横梁3上装有支架，用以支承刀杆的一端。挂架4用以支承铣刀杆的另一端，增强铣刀杆的刚性。横梁可沿床身顶面燕尾形导轨移动，根据刀杆的长度调整在床身上的位置。

工作台5及转台6用于装夹铣床夹具和工件。工作台由丝杠带动作纵向进给运动。工作台的下面有转台，可以偏转一定角度，以便作斜向运动。工作台还可在升降台上作横向移动。

横向溜板 7 带动纵向工作台一起作横向进给。

升降台 8 用以带动工作台 5、转台 6、横溜板 7 沿床身垂直导轨作上下移动，以调整工作台面与铣刀的相对位置。升降台内部装置着供进给运动用的电动机及变速机构。

（2）传动系统

如图 4-6 所示为 X6132 型卧式万能铣床传动系统。

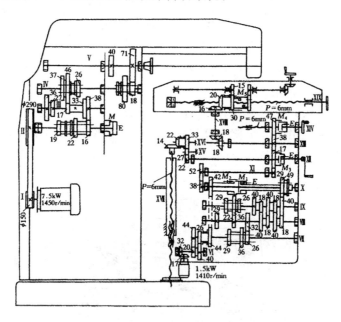

图 4-6　X6132 型万能铣床传动系统

其主运动和进给运动的传动路线分述如下。

① 主运动　即主轴（铣刀）的回转运动。主电动机的回转运动，经主轴变速机构传递到主轴，使主轴回转，主轴转速共 18 级（转速范围 30～1500 r/min）。主运动路线：主电动机 → 主轴变速机构 → 主轴 → 刀具旋转运动。

② 进给运动　即工件的纵向、横向和垂直方向的移动。进给电动机的回转运动，经进给变速机构，分别传递给 3 个进给方向的进给丝杠，获得工作台的纵向运动、横向溜板的横向运动和升降台的垂直方向运动。进给速度各 18 级，纵向进给量范围 12～960 mm/min，横向为 12～960 mm/min，垂直方向为 4～320 mm/min，并可以实现快速移动。进给运动路线如下：

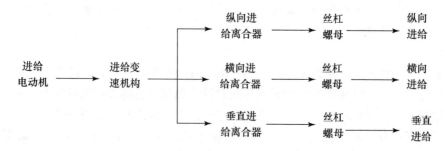

(3)主要技术规格

| | |
|---|---|
| 工作台工作面积（宽×长） | 320 mm×1 250 mm |
| 工作台最大行程 | |
| 纵向（手动/机动） | 700 mm/680 mm |
| 横向（手动/机动） | 260 mm240 mm |
| 升降（垂直）（手动/机动） | 320 mm/300 mm |
| 工作台最大回转角度 | ±45° |
| 主轴锥孔锥度 | 7∶24 |
| 主轴中心线到工作台的距离 | |
| 最大 | 350 mm |
| 最小 | 30 mm |
| 主轴中心线至横梁的距离 | 155 mm |
| 床身垂直导轨至工作台中心的距离 | |
| 最大 | 470 mm |
| 最小 | 215 mm |
| 主轴转速（18级） | 30～1 500 r/min |
| 工作台纵向、横向进给量（18级） | 23.5～1180 mm/min |
| 工作台升降进给量（18级） | 8～400 mm/min |
| 工作台纵向、横向快速移动速度 | 2 300 mm/min |
| 工作台升降快速移动速度 | 770 mm/min |
| 主电机功率×转速 | 7.5 kW×1 450 r/min |
| 进给电动机功率×转速 | 1.5 kW×1 450 r/min |
| 最大载重量 | 500 kg |
| 机床工作精度 | |
| 加工表面平面度 | 0.02/150 mm |
| 加工表面平行度 | 0.02/150 mm |
| 加工表面垂直度 | 0.02/150 mm |

3. X5032A型立式升降台铣床

图4-7所示为X5032A型立式升降台铣床。

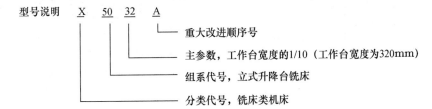

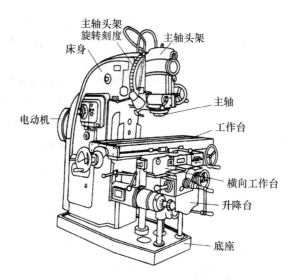

图 4-7  X5032A 型立式升降台铣床

立式铣床与卧式铣床在结构上的主要区别是主轴与工作台面相互垂直，即用立铣头代替卧式铣床的主轴、横梁、刀杆及其支承部分，其他部分与卧式升降台铣床相同。

立式与卧式铣床都是通用机床，通常用于单件及成批生产中。立式铣床在加工不通的沟槽和台阶面时比卧式铣床方便。立式升降台铣床主要用于使用端铣刀加工平面，铣床的头架还可以在垂直面内旋转一定的角度，以便铣削斜面。另外也可以加工键槽、T 形槽、燕尾槽等。

4. 铣床附件

铣床附件是在铣床上加工零件时，将工件或刀具装夹到机床上的工艺装备。铣床常用附件有平口钳、回转工作台、万能铣头、万能分度头 4 种。

（1）平口钳

如图 4-8 所示为常用的平口钳。

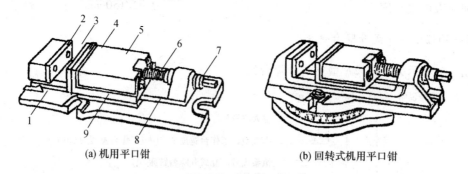

(a) 机用平口钳　　　　　　　　(b) 回转式机用平口钳

图 4-8  铣床附件平口钳

1—钳体；2—固定钳口；3、4—钳口护片；5—活动钳口；6—丝杠；7—方榫；8—导轨；9—压板

第4章 平面与沟槽加工及设备

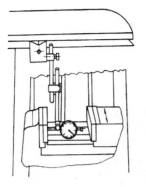
(a) 校正固定钳口与主轴轴心线垂直

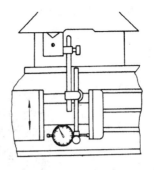
(b) 校正固定钳口与主轴轴心线平行

图 4-9 铣床附件平口钳

平口钳是一种通用夹具，使用时应先校正其在工作台上的位置，如图 4-9 所示，保证钳口与工作台台面的垂直度与平行度。平口钳主要用于表面规则零件的装夹，其中固定钳口用来确定工件相对于机床的准确位置，活动钳口将工件夹紧。回转式机用平口钳可以将工件回转任意角度，用来铣削斜面。

（2）回转工作台

如图 4-10 所示，回转工作台是铣床的常用附件，分为手动、自动进给两种，按转台直径分为 500 mm、400 mm、320 mm、200 mm 等规格。其主要功用是圆周分度，其周围有刻度用来观察和确定转台位置，手轮上的刻度盘也可读出转台的准确位置。周向进给可铣削圆弧、加工曲线形面工件。

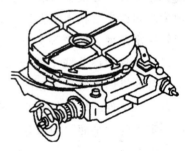

（3）万能铣头

如图 4-11 所示为万能铣头。

在卧式铣床上安装万能铣头，其底座用螺钉固定在铣床的垂直导轨上，铣头的壳体可绕主轴轴线偏转任意角度如图 4-11（a）所示，铣刀主轴的壳体 4 能在壳体 3 上偏转任意角度如图 4-11（b）所示，这样根据铣削的需要，铣头壳体可以把铣头主轴扳成任意角度。

图 4-10 铣床附件回转台

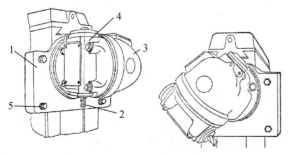
(a) 铣头壳体绕主轴轴线偏转

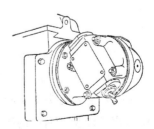
(b) 铣刀主轴壳体在壳体3上偏转

图 4-11 万能铣头外形

（4）万能分度头

如图4-12所示，分度头是铣床上的重要附件，利用分度头可对工件进行等分或不等分的分度；可将工件装夹成水平、垂直、倾斜；与铣床的纵向工作台配合使用，可铣削螺旋槽、齿条等。

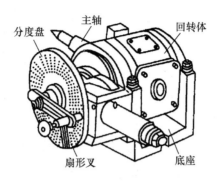

图4-12 万能分度头

① 分度头的功用　分度头是用卡盘或用顶尖和拨盘夹持工件并使之回转和分度定位的机床附件。分度头安装在铣床工作台上，被加工工件支承在分度头主轴顶尖与尾座顶尖之间或夹持在卡盘上，可以完成如图4-13所示的工作。使工件周期地绕自身轴线回转一定角度，完成等分或不等分的圆周分度工作，如加工方头、六角头、齿轮、花键以及刀具的等分或不等分刀齿等；通过配换挂轮，由分度头使工件连续转动，并与工作台的纵向进给运动相配合，以加工螺旋齿轮、螺旋槽和阿基米得螺旋线凸轮等；用卡盘夹持工件，使工件轴线相对于铣床工作台倾斜一定角度，以加工与工件轴线相交成一定角度的平面、沟槽等。

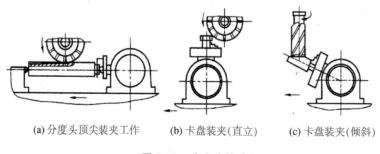

(a) 分度头顶尖装夹工作　　(b) 卡盘装夹(直立)　　(c) 卡盘装夹(倾斜)

图4-13 分度头的功用

② 分度头的分类及结构组成　分度头有直接分度头、万能分度头和光学分度头等类型，这里只讲解最为常用的万能分度头的结构和分度方法。

常见的万能分度头有FW125、FW200、FW250、FW300等几种，代号中F代表分度头，W代表万能型，后面的数字代表夹持工件的最大直径，单位为mm。

如图4-14所示，万能分度头由底座、回转体、主轴和分度盘等组成。分度头在铣床上安装时，使用分度头底部两个定位键定位。为使尾座顶尖与分度头主轴轴线对齐，并

第4章 平面与沟槽加工及设备

且与铣床工作台纵向进给方向平行，必须校正分度头与尾座。校正方法是：在前后顶尖处放一心轴，用百分表校正心轴的上母线与侧母线；也可用工件直接找正。如图4-15所示。

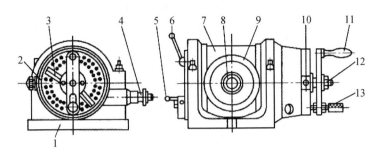

图4-14 FW125分度头的结构

1—底座；2—分度盘；3—分度叉；4—挂轮轴；5—蜗杆脱落手柄；
6—主轴锁紧手柄；7—回转体；8—主轴；9—刻度环；10—分度盘锁紧螺钉；
11—分度手柄；12—锁紧螺母；13—定位销

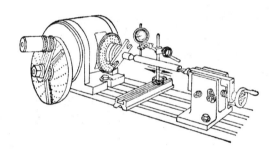

图4-15 校正分度头

在分度头主轴前锥孔内可以安装顶尖，用来支撑工件如图4-13（a）所示。主轴前端有一短定位锥体与卡盘的法兰盘锥孔相连接，以便使用卡盘安装工件如图4-13（b）和图4-13（c）所示。分度头主轴可以随回转体在垂直面内转动如图4-13（c）所示，分度头侧面有分度盘2和分度手柄11，分度时，从分度盘2定位孔中拔出定位销13，转动分度手柄11，通过传动比为1的直齿圆柱齿轮以及1∶40的蜗杆副传动，使主轴带动工件转动。传动示意图如图4-16所示。后锥孔可安装心轴，作为差动分度或作直线移距分度时安装交换挂轮使用。前端的刻度环9可在分度手柄11转动时随主轴一起旋转。环上有0°~360°的刻度值，用做直接分度。

③ 分度头的分度原理及分度方法　分度原理：由分度头传动系统可知，分度头蜗杆与蜗轮的传动比 $i=1/40$。即分度手柄回转一转，主轴带动工件转1/40转。若工件在整个圆周上等分数为Z，则每分度一个等分，主轴带动工件应转过1/Z，此时，分度手柄转数 $n$ 应满足比例式：

$$1:40 = 1/Z:n$$

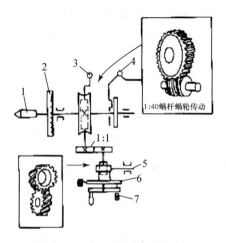

图 4-16 FW125 分度头的传动系统

1—主轴；2—刻度盘；3—蜗杆脱落手柄；4—主轴锁紧手柄；
5—挂轮轴；6—分度盘；7—定位销

式中：$n$——分度手柄应转过的转数；

$Z$——工件等分数；

40——分度头定数，蜗轮蜗杆的传动比。

分度方法：包括直接分度法、简单分度法、角度分度法、差动分度法等。

a. 直接分度法：转动分度手柄，利用主轴前端刻度环，进行能整除360°倍数的分度，如 2、3、4、5、6、8、9、10、12 等。例如铣削一六方体，每铣完一面后，转动分度头手柄，使刻度环转过 60°再铣另一面，直到铣完 6 个面为止。直接分度法分度方便，但分度精度较低。

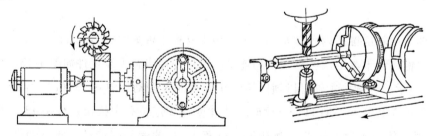

图 4-17 直接分度铣六方

b. 简单分度法

$$n = \frac{40}{Z}$$

计算公式：

简单分度法是一般常用的分度方法。

[例 4-1] 铣削齿数 $Z=35$ 的齿轮。求每一次分齿时，分度手柄应转多少圈？

解：分度手柄转数 $n = 40/35 = 1 + 1/7$（圈）。

即每分一齿，手柄需转过 1 圈，再多摇 1/7 圈，这 1/7 圈则需通过分度盘与分度叉来完成。如果分度盘上有一圈 7 个孔的孔圈，那么，每转过一个孔距，分度手柄就刚好转过 1/7 圈。或找出孔数为 7 的倍数的孔圈，如 42、49 等，在选择的孔圈上，分度手柄应转过的孔距为：1/7×圈数。若选择孔数 42 的分度盘，即每分一齿，分度手柄需转过 1 圈，再沿孔数 42 的孔圈转过 6 个孔距即可完成分度。

如图 4-18 所示，分度头通常备有两块分度盘，其正反两面的不同圆周上有均布的孔圈，各圈的孔数：第一块正面为 24、25、25、30、34、37，反面为 38、39、41、42、43；第二块正面为 46、47、49、51、53、54，反面为 57、58、59、62、66。使用时，根据分度数，选用合适孔圈数的分度盘。调换分度盘时，需卸下分度手柄，松开分度盘紧定螺钉即可更换。

**注意**：为了保证每次分度手柄转过的孔距数可靠，同时避免每次分度要数一次孔距的麻烦，可调整分度盘上分度叉之间的夹角，使其包含的孔距是 6 个，这样依次分度时就可以保证准确无误。

c. 角度分度法

由传动关系可知：分度手柄转 1 转，主轴（工件）转过 1/40 转。

即主轴转过的角度为：360°/40 = 9°。若要工件转 $\theta$ 度，则分度手柄应转过的转数 $n$ 为：

$$n = \frac{\theta°}{9°} \text{ 或 } n = \frac{\theta'}{540'}$$

[例 4-2]  如图 4-19 所示，在圆形工件上铣两条夹角为 118°槽，求第一条槽铣完后，分度手柄应转的转数 $n$ 为多少？

解：分度手柄转数为

$$n = 118/9 = 13 + 1/9 = 13 + 6/54$$

即分度手柄转过 13 转后，再在孔数为 54 的孔圈上转过 6 个孔距即可。

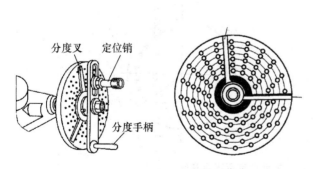

图 4-18 分度盘与分度叉的使用

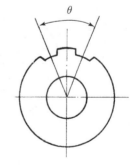

图 4-19 两槽工件

d. 差动分度法

差动分度法是利用挂轮将分度头主轴与侧轴（挂轮轴）连接起来，并松开分度盘紧固螺钉后进行分度的方法。当工件等分数不能进行简单分度，且分度精度要求又较高时，如 $Z \geq 61$ 的数，且 $n = \frac{40}{Z}$ 不能约简（如 61、77、83、97 等），分度盘上又没有相应的孔圈，不能进行简单分度，应采用差动分度法。差动分度仅适用于分度头主轴与铣床工作台平行状态下。

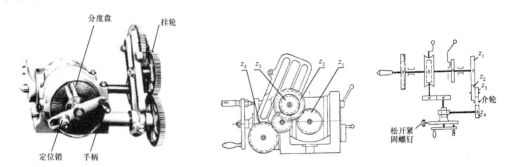

图 4-20　差动分度的挂轮安装与传动系统

差动分度法原理如图 4-20 所示，利用挂轮，使分度手柄相对于分度盘转动分度的同时，由分度头主轴反过来通过 $Z_1$、$Z_2$、$Z_3$、$Z_4$ 挂轮和一对 1∶1 螺旋齿轮带动分度盘相应转过一个附加分度值。则分度手柄的实际转数 $n$，等于分度手柄相对于分度盘转数 $n_0$ 与分度盘本身转数 $n_盘$ 的代数和，即 $n = n_0 + n_盘$。

差动分度法的方法步骤是先设定一个与 Z 值相近，且能实现简单分度的数 $Z_0$；再由公式 $n = \dfrac{40}{Z}$，根据 $Z_0$ 计算分度手柄相对于分度盘的转数 $n_0$，并选择分度盘孔圈数；最后计算配换齿轮传动比，确定配换齿轮齿数（若 $Z_0 > Z$，手柄相对于分度盘摇过的圈数 $40/Z_0$ 比实际应摇过的圈数 $40/Z$ 少一个差值；若 $Z_0 < Z$，手柄相对于分度盘摇过的圈数 $40/Z_0$ 比实际应摇过的圈数 $40/Z$ 多一个差值）。如图 4-21 所示。

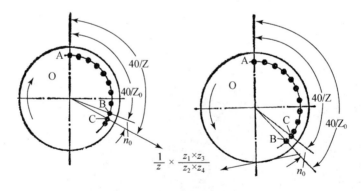

图 4-21　差动分度原理示意图

差值大小为：

$$\frac{40}{Z} - \frac{40}{Z_0} = \frac{40(Z_0 - Z)}{ZZ_0}$$

即分度盘应补偿转动 $\dfrac{40(Z_0 - Z)}{ZZ_0}$ 圈。

分度盘的补偿转动由主轴经挂轮带动，每分度一次主轴应转过 $1/Z$ 圈，由传动关系可得分度盘在每次分度中应补偿转过：

$$\frac{1}{Z} \times \frac{Z_1 \times Z_3}{Z_2 \times Z_4}$$

即：

$$\frac{1}{Z} \times \frac{Z_1 \times Z_3}{Z_2 \times Z_4} = 40\frac{(Z_0 - Z)}{ZZ_0}$$

化简后得配套挂轮计算公式：

$$\frac{Z_1 \times Z_3}{Z_2 \times Z_4} = 40\frac{(Z_0 - Z)}{Z_0}$$

式中：$Z_1$，$Z_3$——主动挂轮齿数；

$Z_2$，$Z_4$——从动挂轮齿数；

$Z_0$——假想等分数；

$Z$——工件等分数。

当 $Z_0 > Z$，挂轮传动比为正值，表示分度手柄转向与分度盘转向相同；$Z_0 < Z$，挂轮传动比为负值，表示分度手柄转向与分度盘转向相反，通过在配换齿轮中加介轮来实现。一般分度头的侧面轴上通常配有一套挂轮，共 12 只，齿数均为 5 的倍数，分别为：25（2 只）及 30，35，40，50，55，60，70，80，90，100 各 1 只。

[例 4-3] 铣削齿数 Z = 77 的直齿轮，试选分度盘孔数，计算各挂轮齿数。

解：（1）选择假想齿数 $Z_0 = 66$，分度手柄应转圈数 $n_0 = 40/66$，即选择孔数为 66 的分度盘，每分度一次，手柄转过 40 个孔距。

（2）计算确定配换挂轮齿数，根据公式

$$\frac{Z_1 \times Z_3}{Z_2 \times Z_4} = \frac{40(Z_0 - Z)}{Z_0}$$

$(Z_1/Z_2) \cdot (Z_3/Z_4) = 40(66 - 77)/66 = -(100 \times 80)/(40 \times 30) = -(100/40)(80/30)$

即：$Z_1 = 100$，$Z_2 = 40$，$Z_3 = 80$，$Z_4 = 30$

传动比计算结果为负值，说明分度手柄带动主轴的转动方向与此时挂轮带动主轴传动的方向相反，挂轮 $Z_3$、$Z_4$ 之间应加介轮。

### 4.2.3 铣刀及其安装

铣刀是用于铣削加工的，具有一个或多个刀齿的旋转刀具。工作时各刀齿依次间歇地切去工件的加工余量。

**1. 铣刀的类型与用途**

铣刀的种类很多，一般由专业工具厂生产。由于铣刀的形状比较复杂，尺寸较小的往往用高速钢做成整体式结构；尺寸较大的铣刀，一般做成镶齿结构，刀齿材料为高速钢或硬质合金，刀体则为中碳钢或者合金结构钢，从而节约刀具材料。

铣刀按用途划分为加工平面用铣刀、加工沟槽用铣刀、加工成型面用铣刀3大类。

（1）加工平面用铣刀

如图4-22所示为各类型平面用铣刀。

① 圆柱铣刀　圆柱铣刀一般都是用高速钢整体制作，刀齿分布在铣刀的圆周上，按齿形分为直齿和螺旋齿两种。按齿数分粗齿和细齿两种。螺旋齿粗齿铣刀齿数少，刀齿强度高，容屑空间大，适用于粗加工；细齿铣刀适用于精加工。主要用于卧式铣床铣削宽度小于铣刀长度的狭长平面的粗铣及半精铣。

(a) 整体式直齿圆柱铣刀　　(b) 整体式螺旋齿圆柱铣刀　　(c) 镶齿螺旋齿铣刀　　(d) 镶齿端面铣刀

图4-22　平面用铣刀的种类

② 端铣刀　该类铣刀用于立式铣床、端面铣床或龙门铣床上加工平面，端面和圆周上均有刀齿，主切削刃分布在圆周上，端面切削刃为副切削刃，也有粗齿和细齿之分。按材料可分为高速钢和硬质合金两大类，其结构有整体式、镶齿式和可转位式3种。多制成镶齿结构。镶齿端铣刀直径一般在 $\phi 75 \text{ mm} \sim \phi 300 \text{ mm}$，最大可达 $\phi 600 \text{ mm}$，特别适合于大平面的铣削加工。

（2）加工沟槽用铣刀

如图4-23所示为各类型沟槽用铣刀。

① 立铣刀　主要用于铣削凹槽、台阶面和小平面。立铣刀一般有3～4个刀齿组成，刀齿在圆周和端面上，圆柱面上的切削刃是主切削刃，端面上分布着副切削刃，因为立铣刀的端面切削刃没有贯通到刀具中心，工作时不能沿轴向进给。

② 三面刃铣刀　分为直齿三面刃和错齿三面刃，其两侧面和圆周上均有刀齿，圆周为主切削刃，两侧为副切削刃，切削效率较高，且能减小表面粗糙度值，主要用于在卧式铣床上铣削台阶面和凹槽。

③ 键槽铣刀　它的外形与立铣刀相似，不同的是它在圆周上只有两个螺旋刀齿，且端面刀齿延伸至中心，因此，在铣削两端不通键槽时可作适当的轴向进给。

④ 角度铣刀　用于铣削成一定角度的沟槽，有单角和双角铣刀两种。

⑤ 锯片铣刀　用于加工深槽和切断工件，其圆周上有较多的刀齿。为了减少铣切时的摩擦，刀齿两侧有 $15' \sim 1°$ 的副偏角。

# 第4章 平面与沟槽加工及设备

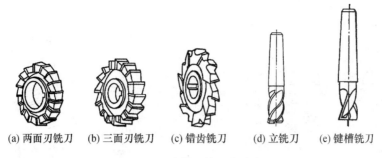

图4-23 沟槽用铣刀的种类

(3) 加工成型面用铣刀

该类型铣刀指燕尾槽铣刀、T形槽铣刀、模具铣刀等各种成形铣刀。如图4-24所示。

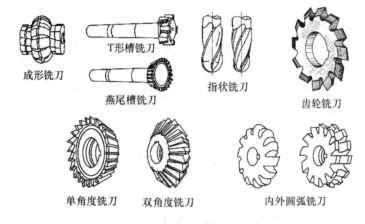

图4-24 成型面用铣刀的种类

2. 铣刀安装

(1) 带柄铣刀的安装

① 如图4-25 (b) 所示锥柄立铣刀或键槽铣刀，通过锥柄莫氏锥度定位安装到过渡套中，过渡套通过锥度7:24锥柄定位安装到铣床主轴锥孔中，通过拉杆把铣刀及过渡套一起拉紧在主轴上。如图4-26 (a) 所示。

② 如图4-25 (a) 所示直柄立铣刀或键槽铣刀，直径小于 $\phi 20$ 的小铣刀多为直柄，通过弹簧夹头进行安装，用螺母压紧弹簧套的端面，使弹簧套外锥面受压，孔径缩小将铣刀夹紧，夹头体通过锥度7:24锥柄定位安装到铣床主轴锥孔中，并通过拉杆紧固在主轴上。如图4-26 (b) 所示。

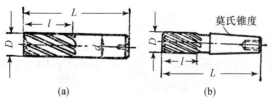

图4-25 带柄铣刀

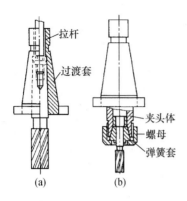

图 4-26 带柄铣刀的安装

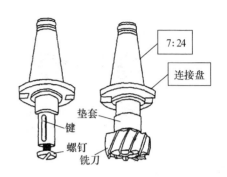

图 4-27 端面铣刀的安装

（2）带孔铣刀的装夹

① 在立式铣床上，安装带孔的端面铣刀，铣刀通过内孔定位在过渡套上，用螺钉压紧，过渡套通过锥度 7∶24 锥柄定位安装到铣床主轴锥孔中，并通过拉杆紧固在主轴上。主轴通过连接盘平键带动铣刀旋转，实现切削主运动。如图 4-27 所示。

② 在卧式铣床上，安装圆柱铣刀、三面刃铣刀、特种铣刀等带孔的铣刀，首先用带锥柄的刀杆安装在铣床的主轴上，如图 4-28 所示。刀杆的直径与铣刀的孔径应相同，尺寸已标准化，常用的直径有 5 种，分别为 22 mm、27 mm、32 mm、40 mm 和 50 mm。如图 4-29 所示为这种刀杆的结构和应用的情况。刀杆的锥柄锥度 7∶24 与卧式主轴锥孔相符，锥柄端部有螺纹孔可以通过拉杆将刀杆紧固在主轴锥孔中，另一端具有外螺纹，铣刀和套筒装入刀杆后用螺母夹紧。

注意：铣刀杆是直径较小的杆件，容易弯曲，铣刀杆弯曲将会使铣刀产生不均匀铣削，因此铣刀杆平时应垂直吊置。套筒两端面的平行度不超过 0.005 mm，否则当螺母将刀杆上的固定环压紧时会使刀杆弯曲，影响铣刀的安装精度。如图 4-30 所示。

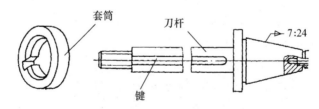

图 4-28 铣刀杆及套筒

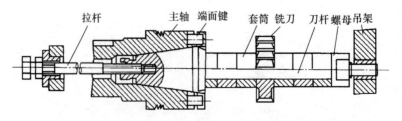

图 4-29 铣刀杆的结构和应用

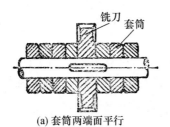

(a) 套筒两端面平行　　　　　(b) 铣刀的安装精度降低

图 4-30　套筒平行度对铣刀夹紧的影响

（3）圆柱铣刀的安装步骤

① 选择铣刀杆和拉紧螺杆　选择与铣刀的内孔直径相同的铣刀杆。同时检查铣刀杆是否弯曲，刀轴和螺杆的螺纹是否完好。

② 安装铣刀杆　擦净刀杆 7∶24 锥面、圆柱面等配合表面，先将刀杆后端凸缘上的两缺口对准主轴端面的键，将刀杆装入主轴锥孔中，并用拉紧螺杆紧固。注意，保证紧固可靠，接紧螺杆旋入刀杆柄部内螺纹的圈数不少于 5～6 圈。

③ 安装铣刀　如图 4-31（a）所示，通过垫圈调整铣刀在铣刀杆上的轴向位置，通过紧固螺母和套筒夹紧。铣刀应尽可能靠紧主轴或轴承，若太远，切削时容易把刀杆顶弯，铣刀发生跳动，各齿吃刀深度不匀，影响零件尺寸精度和表面质量。

④ 调整悬梁　松开悬梁调整紧固螺钉，使之伸出长度与铣刀杆相适应。

⑤ 安装托架　把托架定位在悬梁燕尾导轨上，调整托架在悬梁上位置，使其轴承内孔与铣刀杆轴颈配合。调整好后，把悬梁固定在床身上。如图 4-31（b）所示。

⑥ 铣刀夹紧　装上托架以后，用扳手扳紧固紧螺母，通过垫圈将铣刀固紧在铣刀杆上。

**注意**：千万不能在装上托架之前旋紧此螺母，以防把铣刀杆扳弯。如图 4-31（c）所示。

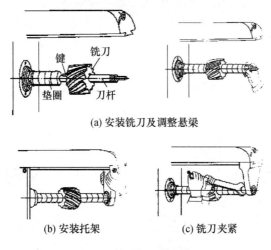

(a) 安装铣刀及调整悬梁

(b) 安装托架　　　　　(c) 铣刀夹紧

图 4-31　铣刀的安装

### 4.2.4 平面的铣削方式

铣削方式是指铣削时铣刀相对于工件的运动和位置关系。加工同一平面，既可以用端铣法，也可以用周铣法；同一种铣削方法，也有顺铣和逆铣不同的铣削方式。

**1. 周铣和端铣**

（1）如图 4-32 所示，周铣是利用分布在铣刀圆柱面上的刀刃来铣削成形的一种铣削方式。铣刀的圆柱度将直接影响加工表面平面度，精铣平面时，必须要保证铣刀的圆柱度。加工时，适当增大铣刀的转速，减小工件进给速度，可获得较小的表面粗糙度值。

（2）如图 4-33 所示，端铣是利用分布在铣刀端面上的刀刃来铣削并成形的一种铣削方式。铣床主轴轴线与进给方向的垂直度将直接影响加工表面平面度。

图 4-32 周铣

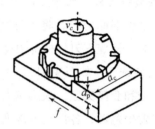
图 4-33 端铣

端铣与周铣相比有以下优点。

① 端铣时同时参加工作的刀齿多，切削力变化小，因此，端铣的切削过程比周铣时平稳。

② 端铣时可以高速铣削，大大地提高了生产率，且表面质量好。

③ 端铣刀一般直接安装在铣床的主轴端部，悬伸长度较小，刀具系统的刚性好，而周铣刀安装在细长的刀轴上，刀具系统的刚性远不如端铣刀。

④ 端铣刀可以方便地镶装硬质合金刀片，而圆柱铣刀多采用高速钢制造。

**2. 逆铣和顺铣**

（1）逆铣是指铣刀在进行切削加工时，进给方向与铣削力 $F$ 的水平分力 $F_f$ 方向相反。如图 4-34 所示，逆铣具有以下铣削特点。

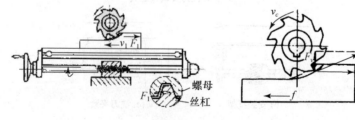
图 4-34 逆铣

① 逆铣时刀齿的切削厚度由薄到厚，开始切削时，不能立刻切入工件，若工件表面有硬皮时，对刀齿没有直接影响；但刀齿在已加工表面滑行，加速了刀具的磨损，增加了已加工表面的硬化速度，影响表面质量。

② 逆铣时，刀齿作用于工件上的垂直进给力 $F_V$ 朝上，有挑起工件的趋势，必须对工件施加较大的夹紧力，不利于薄壁零件的加工。

③ 逆铣时，工件所受 $F_z$ 将机床丝杠与螺母的传动工作面紧靠，铣削过程较平稳。

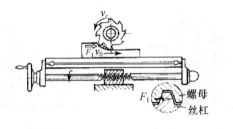
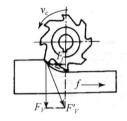

图 4-35 顺铣

（2）顺铣是指铣刀作用在工件上的铣削力 $F$ 的水平分力 $F_f$ 方向与进给方向相同。如图 4-35 所示，顺铣具有以下铣削特点。

① 顺铣时，切削厚度从厚到薄，容易切下切削层，刀齿磨损较少，顺铣法可提高刀具耐用度 2～3 倍。

② 同时切削力的方向使工件紧压在工作台上，装紧牢固平稳。但刀齿切入时，冲击力较大，不适合加工表面有硬皮的工件（如锻件）。

③ 同时因水平分力 $F_f$ 方向与进给方向相同，会使工作台在丝杠与螺母的间隙范围内来回窜动，产生切削振动，既造成进给量不均匀，影响加工精度，又容易损坏刀具。

（3）进给丝杠与螺母间隙的调整措施：若加工工件时，工作台运动如图 4-36a 所示，间隙 Δ 出现在丝杠螺牙右侧，另一侧始终与螺母牙侧贴紧。

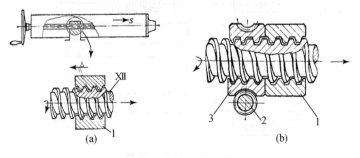

图 4-36 丝杠螺母间隙的调整

如图 4-36（b）所示为调整间隙的原理图，在螺母 1 的左边增加螺母 3，两端面紧贴。螺母 3 的外圆上有蜗轮，转动蜗杆 2，螺母 3 便绕丝杠微微旋转，使其牙侧与丝杠牙侧的右侧贴住为止。这样丝杠螺牙的两侧分别与两个螺母牙侧贴住，所以，丝杠无论进退便不会有明显的空转了。

## 4.2.5 典型平面铣削加工

常用的铣削加工有铣平面、铣斜面、铣沟槽、铣螺旋槽等。

**1. 平面铣削**

铣平面是铣床加工中最基本的工作。如图 4-37 所示是各种铣平面的方法。

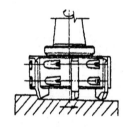 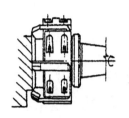 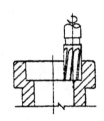

(a) 立式铣床上端铣刀铣水平面　　(b) 卧式铣床上铣垂直面　　(c) 立铣刀铣内凹平面

  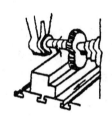

(d) 卧式铣床圆柱铣刀铣水平面　(e) 立式铣床上立铣刀铣台阶面　(f) 卧式铣床三面刃铣刀铣台阶面

图 4-37　各种平面铣削方法

[**例 4-4**]　铣削如图 4-38 所示工件。

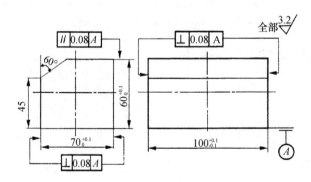

图 4-38　加工工件图

工作步骤如下。

(1) 选择铣床

根据零件有 60°斜面加工要求，选用 X5032 立式铣床。

(2) 选择铣刀和安装

采用镶齿硬质合金端铣刀，为保证一次进给铣完一个表面，铣刀直径为工件最大加工宽度的 1.2～1.5 倍，即 $d = 100$ mm。

# 第4章 平面与沟槽加工及设备

（3）安装夹具和工件

采用通用平口钳作夹具，首先将夹具安装在铣床工作台上，打表找正固定钳口与纵向进给方向平行然后紧固。再将工件装夹到钳口上。

（4）试切铣削

铣平面时，首先试铣一刀，测量铣削平面与定位基准面的平行度、垂直度是否满足图纸要求。若铣削平面与基准面不平行，如图4-39（a）所示，工件 $A$ 处厚度尺寸大于 $B$ 处厚度，可在 $A$ 处下面垫入适当厚度的垫片，再试切测量，直到调整满足图纸平行度要求。若铣削面与侧面不垂直，可在工件侧面与固定钳口之间加纸片或铜片，在活动钳口与工件间加金属圆棒，以保证夹紧时工件侧面与固定钳口之间定位可靠。如图4-39（b）所示。

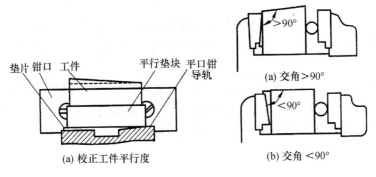

图 4-39 试切找正

（5）铣削加工

按如图4-40所示的步骤进行加工。

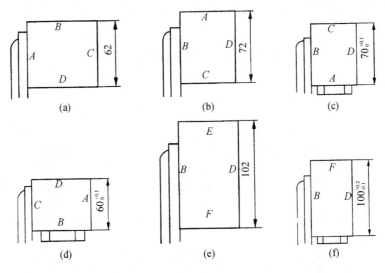

图 4-40 铣削工件顺序图

① 由于毛坯是气割下料板件，$A$、$C$ 表面较平直、光滑。以毛坯 $A$ 表面作粗基准与固定钳口贴合，在 $D$ 面下垫垫铁做辅助支承，加工面 $B$ 露出钳口10 mm左右以便铣削，用

木榔头落实工件夹紧。如图 4-41（a）所示。

② 以加工面 B 为精基准与固定钳口贴合，在活动钳口与工件 D 面间加金属圆棒，以便夹紧时工件 B 面与固定钳口贴合紧密，保证 A、B 两面垂直度要求。如图 4-41（b）所示。

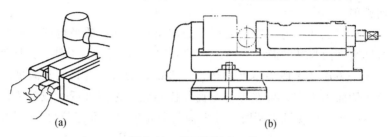

图 4-41　平口钳装夹工件

③ 以相互垂直 A、B 两面作为精基准，除使 B 面与固定钳口贴紧外，还应使下表面 A 与虎钳导轨或平行垫铁贴合，以保证铣出的 C 面与 A、B 面平行及垂直度要求。同样方法铣削 D 面。

④ 铣表面 E 时，表面 F 尚未加工，为使表面 E 与其余的 4 个已加工过的表面相互垂直，在工件被夹紧前应用 90°角尺校正表面 A 或表面 C 与工作台台面垂直。如图 4-42（a）所示。

⑤ 铣斜面。把铣床主轴扳成 30°，一定注意加工面与钳口面的距离，以避免端铣刀铣削到钳口表面。如图 4-42（b）所示。

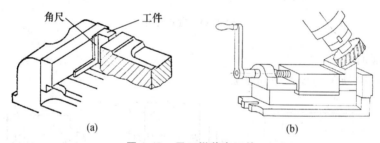

图 4-42　平口钳装夹工件

2. 沟槽铣削

机械零件上常见的槽类有直角槽、T 型槽、V 型槽和燕尾槽等。如图 4-43 所示。

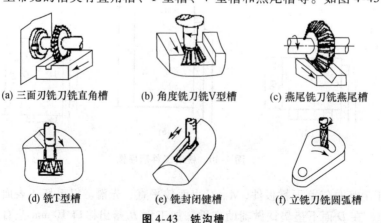

图 4-43　铣沟槽

(1) 铣键槽

常见键槽有封闭式、敞开式两种。

对于封闭式键槽，单件生产一般在立式铣床上用平口钳装夹工件，采用键槽铣刀来铣削。批量生产时，工件采用轴用虎钳安装，如图 4-44（b）所示，该夹具自动对中性好，一批工件只需找正一次即可对中铣削，提高加工效率。

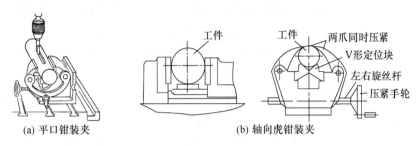

(a) 平口钳装夹　　　　(b) 轴向虎钳装夹

图 4-44　铣封闭键槽

说明：用立铣刀铣削键槽的方法与用键槽铣刀相同，只是立铣刀不能轴向进给，往往先在键槽两端的 R 处钻出一个下刀孔。

对于敞开式键槽，一般在卧式铣床上用平口钳、V 型铁或分度头装夹工件，采用三面刃铣刀铣削。铣刀的宽度应比加工尺寸稍小些，以免铣刀摆差将加工尺寸扩大，影响加工精度。三面刃铣刀铣削具有刀齿多，刚性好，散热条件好，刀具使用寿命较高，加工出的槽侧面有较好的表面质量等优点。如图 4-45 所示。

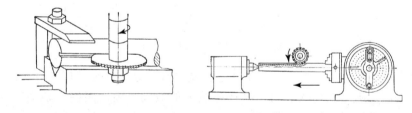

图 4-45　铣敞开键槽

(2) 铣 T 型槽

在立式铣床上，首先用立铣刀铣削直槽，然后用 T 型铣刀铣削 T 型槽，最后用锥度铣刀倒角。如图 4-46 所示。

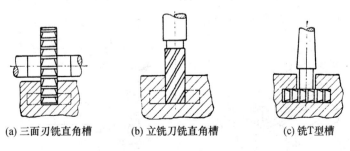

(a) 三面刃铣直角槽　　　(b) 立铣刀铣直角槽　　　(c) 铣 T 型槽

图 4-46　铣封闭键槽

## 4.3 平面及沟槽的刨削加工及设备

### 4.3.1 刨削加工

刨削加工是在刨床上利用刨刀或工件的直线往复运动进行切削加工的方法。刨刀一般是单刃切削，结构简单，刃磨方便，主要用来加工平面（水平面、垂直面、斜面）、沟槽（T型槽、V型槽、键槽）以及成型面，刨床加工范围如图4-47所示。

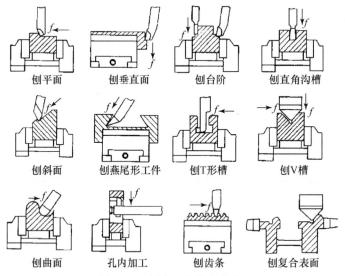

图4-47 刨床工作基本内容

刨削具有以下特点：刨削主运动是变速往复直线运动。在变速时存在惯性，限制了切削速度的提高，刨刀在切入、切出时产生较大的振动，因而限制了切削用量的提高，且刨刀在回程时不切削，所以刨削加工生产效率低，工件和机床振动较大，一般加工精度可达IT9～IT8，表面粗糙度值可达 $Ra1.6\sim6.3~\mu m$。主要用于单件小批量生产，特别是加工狭长平面时被广泛应用。

若工件表面质量要求很高，普遍采用宽刃刀精刨代替刮研，可以得到较高的生产率，同时加工薄板零件也比较方便，使用精度和刚度比较好的龙门刨床可以对导轨或工作台表面进行以刨代刮加工，若选择合适的切削用量，刨后表面粗糙度 $Ra0.8\sim0.2~\mu m$，直线度达 $0.02\sim0.1~\mu m$。如图4-48所示。

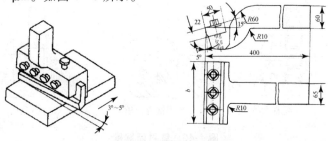

图4-48 宽刃精刨刀

## 4.3.2 刨床种类及用途

刨床是用刨刀对工件的平面、沟槽或成形表面进行刨削的机床。一般情况下，根据刨床的构造特点分为两大类：

普通刨床——有牛头刨床、龙门刨床和单臂刨床等，有时把插床看作是立式牛头刨床；

专用刨床——如曲面刨床等。

下面分别介绍 3 种常用普通刨床的结构特点及适用场合。

### 1. B6065 型牛头刨床

牛头刨床主要用于加工中小型的工件，工件长度一般不超过 1 000 mm。

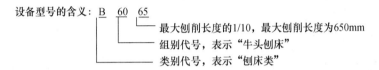

（1）主要部件及功用

如图 4-49 所示为 B6065 型牛头刨床的外形图。

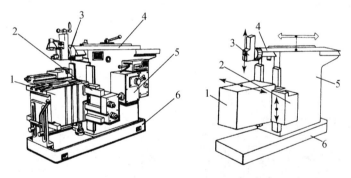

图 4-49　B6065 型牛头刨床运动示意图
1—工作台；2—横梁；3—滑枕；4—床身；5—变速箱；6—底座

牛头刨床主要由床身、横梁、工作台、滑枕、刀架等组成，各部分具有不同的功用。

工作台 1 用于安装工件，它可随横梁作上下调整，并可沿横梁作水平方向移动，实现间歇进给运动。

横梁 2 主要支承工作台，内部丝杠带动工作台沿横梁导轨横向进给运动，下部垂直丝杠带动工作台沿床身垂直导轨上下运动，以调节工件与刀具的高度。

滑枕 3 主要用来带动刨刀作直线往复运动（即主运动），其前端装有刀架。滑枕往复运动的快慢、行程的长短和位置均可根据加工位置进行调整。

床身 4 用于支承和连接刨床的各部件。其顶面导轨供滑枕往复运动用，侧面导轨供工作台升降用。床身的内部装有传动机构。

变速箱 5 改变滑枕（刨刀主运动）的运行速度，改变工作台横向、纵向走刀方向以及工作台走刀量的大小。

底座 6 支承和平衡床身，并通过地脚螺栓与地基相连。

刀架如图 4-50 所示，用于夹持刨刀。摇动刀架手柄时，滑板便可沿转盘上的导轨带动刨刀上下移动。松开转盘上的螺母，将转盘扳转一定角度后，可使刀架斜向进给，如图 4-51 所示。滑板上还装有可偏转的刀座（又称刀盒、刀箱）。刀座上装有抬刀板，刨刀随刀夹安装在抬刀板上，在刨刀的返回行程时，刨刀随抬刀板绕 A 轴向上抬起，以减少刨刀与工件的摩擦。

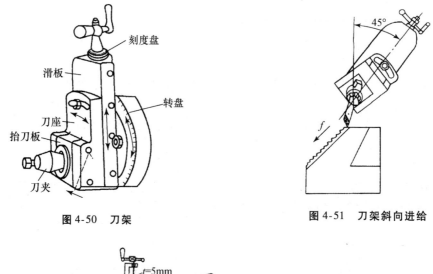

图 4-50　刀架　　　　　　图 4-51　刀架斜向进给

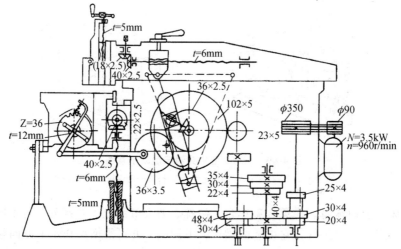

图 4-52　B6065 型牛头刨床传动系统图

（2）刨削运动及调整方法

① 主运动　如图 4-52 所示为牛头刨床传动系统图，装有刀架的滑枕由床身内部的摆杆带动，沿床身顶部的导轨作直线往复运动，由刀具实现切削过程的主运动。

② 进给运动　夹具或工件则安装在工作台上，加工时，变速箱带动工作台（或工件）沿横梁上的导轨作间歇横向进给运动。横梁可沿床身的垂直导轨上下移动，以调整工件和刨刀的相对位置。刀架还可以沿刀架座上的导轨上下移动（一般为手动），以调整

刨削深度，以及加工垂直平面和斜面时作进给运动时，调整刀架上转盘，可以使刀架左右回旋，以便加工斜面和斜槽。

③ 调整方法  对于加工表面长度、宽度及深度各不相同的工件，刀具与工件之间的相对位置需要以下调整。

a. 滑枕行程长度调整

如图4-53所示。不同工件的加工表面长度不同，滑枕（或刀具）的行程应随之调整，应大于工件所要加工的长度。滑枕行程长度可通过移动径向可调的偏心销实现。若将偏心销向外移动，增大偏心销的回转半径，摇杆的摆动量增大，滑枕行程加大，反之，行程减小。

b. 滑枕行程位置调整

被刨削工件装夹好后，应调整滑枕（刀具）相对与工件的位置，使其与工件被加工的位置相适应，且在工件前后端需留适当的空行程 Δ 和 y。前端空行程 Δ 是为了刀具顺利切出，不致崩刃，后端空行程是为了保证刨刀在切削前有足够的时间落下，同时刀具进刀也在这一空行程完成，一般后端空行程距离 y 应大于前端空行程距离 Δ，调整方法如图4-54所示，调整方头通过一对锥齿轮带动丝杠相对于固定丝母转动，从而调整滑枕向前或向后运动，调整好后用手柄锁紧。

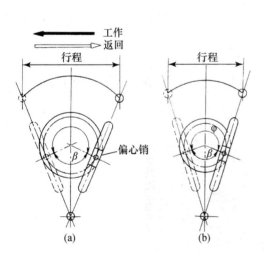

图 4-53  滑枕（刀具）行程长度的调整

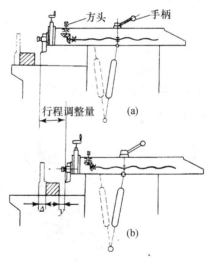

图 4-54  滑枕（刀具）行程位置的调整

c. 工作台横向进给量调整

一般工件需刨削宽度尺寸不同，调整工作台横向进给量与之相适应，其通过棘轮棘爪机构来实现，如图4-55所示，圆形棘轮罩在圆周上有缺口，调整缺口位置可以盖住在棘轮架摆动角 φ 内棘轮的一定齿数，盖住的齿数越少，进给量越大，反之，进给量越小，当全部盖住时，工作台横向进给自动停止。

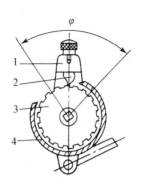

图 4-55 棘轮棘爪机构

1—棘轮爪；2—棘爪；3—棘轮；4—棘轮罩

d. 工作台垂直方向调整

根据加工工件高度不同，可在垂直方向调整工作台的高度。用扳手转动工作台垂直升降方头，通过一对圆锥齿轮和衡量升降丝杠，把工作台的高度调整到合适的、便于刀具切削的位置。

2. B2012A 型龙门刨床

龙门刨床是具有门式框架和卧式长床身的刨床。龙门刨床的主运动是工作台（或工件）的往复直线运动，刀架沿横梁作切削进给运动，如图 4-56（b）所示。与牛头刨刨床相比较，龙门刨床体形大，结构复杂，动力大，刚性好传动平稳，工作行程长，操作方便，适应性强和加工精度高等特点，主要用于刨削大型工件，也可在工作台上装夹多个零件同时加工。

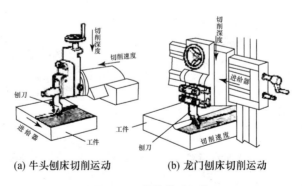

(a) 牛头刨床切削运动　　(b) 龙门刨床切削运动

图 4-56 棘轮棘爪机构

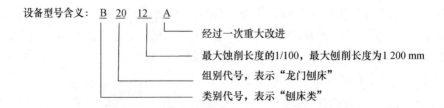

# 第4章 平面与沟槽加工及设备

如图4-57所示为B2012A龙门刨床外形图。龙门刨床主要有床身1、工作台2、横梁3、垂直刀架5、立柱6、垂直及侧刀架进给箱7、变速箱8和侧刀架9组成。龙门刨床的工作台带着工件通过门式框架作直线往复主运动，空行程速度大于工作行程速度，节约辅助时间，提高加工效率。工作台回程时能机动抬刀，以免划伤工件表面。横梁上一般装有两个垂直刀架，刀架滑座可在垂直面内回转一个角度，并可沿横梁作横向进给运动，刨刀可在刀架上作垂直或斜向进给运动；横梁可在两立柱上作上下运动，以便调整刀具与工件之间的位置。一般在两个立柱上还安装可沿立柱上下移动的侧刀架，以扩大加工范围。但当工件宽度较大，超过龙门的宽度，而又不需要在工件整个表面宽度上刨削加工时，一般采用只有一个立柱的单臂刨床，但单臂刨床的刚性远不如龙门刨床，机床、刀具容易振动，影响工件加工质量。

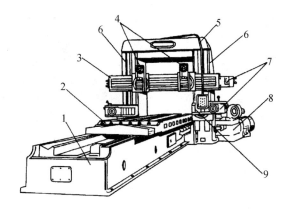

图4-57 B2012型龙门刨床
1—床身；2—工作台；3—横梁；4—垂直刀架；5—操作盘；6—立柱；
7—垂直及侧刀架进给箱；8—变速箱；9—侧刀架

## 3. B5020型插床

插床的结构原理与牛头刨床相同，可以看做立式刨床。不同的是插床的主运动是滑枕在垂直而不是水平方向做往复运动。

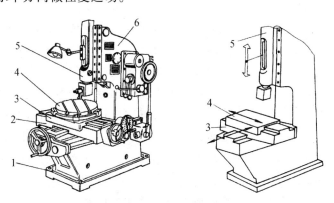

图4-58 B5020型插床
1—床身；2—下滑座；3—上滑座；4—圆工作台；5—滑枕；
6—立柱；7—变速箱；8—分度机构

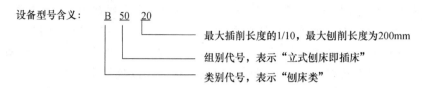

如图 4-58 所示为 B5020 型插床外观图，根据插床的结构特点，主要用来加工工件的内表面，如键槽、花键槽等；尤其是当直径较大的盘套类工件加工内键槽，不便于在牛头刨床上装夹时，可将工件放在工作台上，保证装夹安全可靠。也可用于加工内多边形孔，如四方孔、六方孔等。特别适于加工盲孔或有障碍台阶的内表面。如图 4-59 所示。

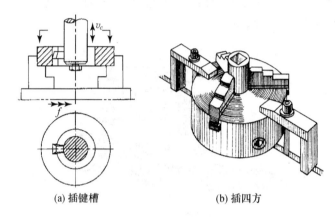

(a) 插键槽　　　　　　　　(b) 插四方

图 4-59　插四方

### 4.3.3　刨刀

**1. 刨刀结构特点**

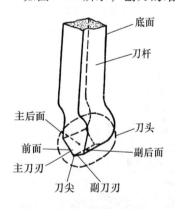

图 4-60　常用刨刀结构

如图 4-60 所示，刨刀的结构与车床基本相同，但因刨削过程中有冲击，所以刨刀的前角比车刀小约 5°~6°；为了使刨刀切入工件时产生的冲击力作用在离刀尖稍远的切削刃上，刨刀的刃倾角取较大值；为增加刀杆刚性，防止折断，刨刀的刀杆截面一般是车刀的 1.25~1.5 倍。刨刀刀杆有直杆和弯杆之分。直杆刨刀刨削时，如遇到加工余量不均或工件上的硬点时，切削力的突然增大将增加刨刀的弯曲变形，造成切削刃扎入已加工表面，降低了已加工表面的精度和表面质量，也容易损坏切削刃，如图 4-61（b）所示。若采用弯杆刨刀，当切削力突然增大时，刀杆产生的弯曲变形会使刀尖离开工件，避免扎入工件，如图 4-61（a）所示。刨刀材料一般取硬质合金或高速工具钢等。

# 第 4 章 平面与沟槽加工及设备

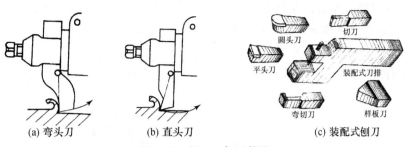

图 4-61 刨刀刀杆形状图

2. 刨刀种类

常用刨刀如图 4-62 所示，若按加工方法和用途不同分类。

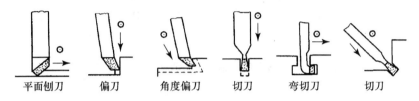

图 4-62 各种刨刀图

平面刨刀用来加工水平表面。
偏刀用来加工垂直面或斜面。
切刀用来加工直角槽或切断工件。
角度刀用来加工互成角度的内斜面。
弯切刀主要用来加工 T 形槽和侧面沉割槽。
样板刀用来加工特殊形状的表面。
若按其形状和结构不同分类，可以分为左刨刀和右刨刀，直头刨刀和弯头刨刀，整体式刨刀和装配式刨刀等。

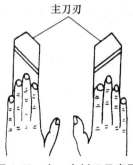

图 4-63 左、右刨刀示意图

3. 刨刀安装

安装刨刀时要做到以下几点。
① 通常要使刀架和刀箱或刀杆处于中间垂直的位置。如图 4-64（a）所示。

② 刨刀在刀架上伸出长度应尽量短，直头刀大不于刀杆厚度的1.5倍，弯头刀的伸出长度可稍大于其弯曲部分，以防产生振动和断刀。如图4-64（b）所示。

③ 装刀和卸刀时，须一手扶住刨刀，另一手使用扳手。

④ 安装有修光刃的宽刃精刨刀时，要用透光法找正宽切削刃的水平位置，然后夹紧。

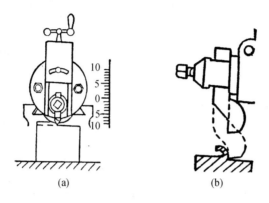

图4-64 刨刀安装示意图

### 4.3.4 典型表面的刨削加工

1. 刨台阶面

台阶是由两个互成直角的面连接而成，加工要求台阶连接面互相垂直，两台阶面高度相同且与底面平行。如图4-65所示。

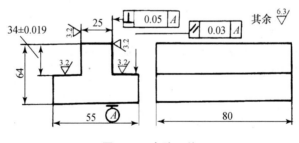

图4-65 台阶工件

（1）选择刨床及装夹方式

根据加工零件的尺寸及结构特点，结合不同型号刨床的加工范围来选择机床和装夹方式，对于较小的工件，通常在牛头刨床上加工，用平口钳装夹工件。对于中型工件，一般直接将工件装夹在牛头刨床的工作台上，如图4-66所示。对于大型工件，则选用龙门刨床加工。本工件外形尺寸为55×64×80，属于小型工件，选择B6065牛头刨床作为加工设备，采用平口钳装夹工件。

# 第 4 章 平面与沟槽加工及设备

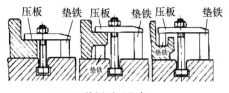
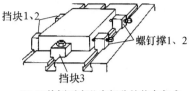

(a) 工件侧面无凸台　　　　　　　　(b) 工件侧面有凸出部分的装夹方式

图 4-66　台阶工件

（2）刨刀选择

根据工件材料性质，加工要求及提高工效等条件选择刨刀。粗刨时，要选择足够强度刨刀；精刨时，要选择锋利和表面光洁的刨刀。

（3）工件装夹及加工步骤

① 校正钳口　为保证零件加工精度，装夹工件以前，首先打表校正固定钳口相对于行程方向的平行或垂直度，如图 4-67 所示。将平口钳放在工作台上，移动工作台，若表针不摆动说明固定钳口与行程方向垂直，旋转钳口 90°，用同样方法校正其平行度。

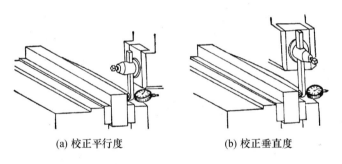

(a) 校正平行度　　　　　　　　(b) 校正垂直度

图 4-67　校正钳口

② 装夹工件　工件加工面要高于钳口平面；选择工件平整表面与固定钳口贴合，以保证定位装夹牢靠；若工件已按钳工工序划好找正线，应用划针盘找正工件，使找正线与工作台面平行，如图 4-68 所示。或用内卡钳校正工件下表面与工作台平面的平行度。

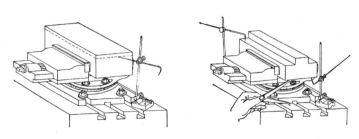

图 4-68　找正工件

③ 刨削步骤　刨削台阶是刨水平面与垂直面的组合。加工步骤如下。

a. 刨出除台阶面以外的 5 个关联面 A、B、C、D、E，如图 4-69 所示。
b. 在 E 面或 D 面上画出加工台阶线。

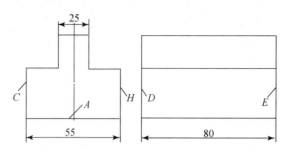

图 4-69　刨削工件台阶关联面

c. 以 A 面为精基准，将工件装夹在平口钳上，刨削顶面，保证尺寸 64。
d. 用右偏刀刨削左边台阶，左偏刀刨削右边台阶。
e. 用两把精刨偏刀刨削两台阶面，或用一切断刀精刨两边台阶面，保证图纸尺寸要求。如图 4-70 所示。

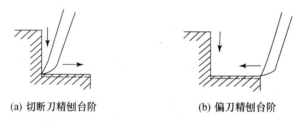

(a) 切断刀精刨台阶　　　　(b) 偏刀精刨台阶

图 4-70　精刨台阶面

2. 刨 T 形槽

（1）T 形槽的作用及类型

T 形槽常用于机床工作台或夹具的支承面上，在槽中放入 T 形槽螺栓可装夹工件或夹具。常见 T 形槽的尺寸如表 4-2 所示。

表 4-2　常见 T 形槽的尺寸

| a | b | c | h | 螺栓直径 |
| --- | --- | --- | --- | --- |
| 10 | 16 | 7 | 8 | 8 |
| 12 | 20 | 9 | 10 | 10 |
| 14 | 24 | 11 | 14 | 12 |
| 18 | 30 | 14 | 18 | 16 |
| 22 | 36 | 16 | 22 | 20 |
| 24 | 42 | 18 | 24 | 22 |
| 28 | 48 | 20 | 28 | 24 |
| 36 | 60 | 25 | 36 | 30 |
| 42 | 70 | 29 | 42 | 36 |

## 第 4 章　平面与沟槽加工及设备

（2）T 形槽的刨削

如图 4-71 所示为 T 形槽零件。

① 刀具选择　刨削 T 形槽常用切槽刀、左右弯切刀和倒角刀，加工 T 形槽的内表面时，刀具的工作条件比加工外表面恶劣，因此，对弯切刀的要求较高。如图 4-72 所示。

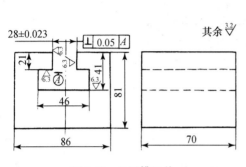

图 4-71　T 形槽工件

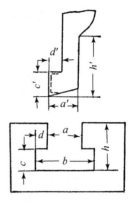

图 4-72　弯头刨刀尺寸

a. 刀头部分的长度 $d'$ 应比 T 形槽横向深度 $d$ 大 1～2mm，且刀头根部不能有太大倒角，以免加工时与工件相碰。

b. 主切削刃的宽度 $c'$ 要小于工件的凹槽高度 $c$，刀头总宽度 $a'$ 应小于 T 形槽的槽口宽度 $a$，以免碰撞。

c. 刀头长度 $h'$ 应大于 T 形槽的深度 $h$，避免刀杆与工件碰撞。

d. 主切削刃要平直，并与刀杆侧面平行，以免切槽时刀杆与槽壁发生摩擦。

② T 形槽的刨削顺序　首先，刨 T 形槽以前应先刨出外形各关联表面作为精基准，并在工件上平面和端面上划出 T 形槽加工线，如图 4-73 所示。将工件装夹在平口钳上，找正工件，用切槽刀刨出直槽用左右弯切刀加工 T 形槽，用倒角刀进行倒角。如图 4-74 所示。

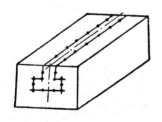

图 4-73　钳工划 T 形槽线

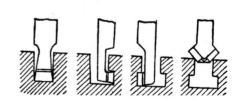

图 4-74　刨削 T 形槽

3. 刨或插削键槽

（1）机床及夹具的选择

若工件为径向尺寸大而轴向尺寸小的盘套类零件，如齿轮、皮带轮等，选用插床作为加工机床，视工件尺寸大小装夹在三爪卡盘或直接装夹在工作台上；若工件是轴向尺寸较大而径向尺寸小的轴套类零件，一般选用牛头刨床，较扁平的工件装夹在平口钳上如图4-75（a）所示；零件形状较大、加工数量较多，则采用专用角铁夹具装夹，如图4-75（b）所示。

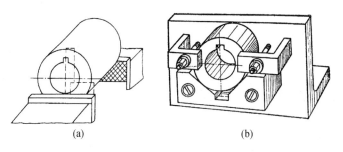

图 4-75 工件装夹方法

（2）刨削顺序

① 钳工划线 在刨削内键槽前，应预先划出键槽加工线，如图4-76所示，将工件放在V形铁上，用高度游标卡尺找准孔的最低点，将游标尺上移一个孔的半径划出孔的中性线，以中心线为基准，游标尺上移或降低键槽宽度的一半，划出槽宽尺寸线，再将工件旋转90°，用直角尺校准中心线垂直后，划出键槽深度加工线。

② 工件装夹 将工件装夹在平口钳上，用直角尺校准中心线垂直后，将工件夹紧。如图4-77所示。

③ 调整机床和刀具位置 调整滑枕（刀具）行程长度、滑枕行程位置，确保刨削时刀具、工件、夹具、机床之间无碰撞。如图4-78所示，安装刀杆时，应将刀杆上的刀头方向与工件孔内键槽位置一致，并保证刀头的主切削刃处于水平位置，一般刀头向上安装比向下安装好，刀头向下安装时，由于切削阻力 $P$ 的作用，会使刀杆向上抬起，影响加工稳定性。

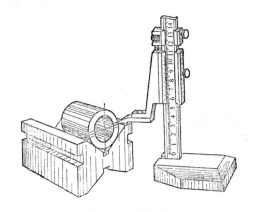

图 4-76 划键槽线

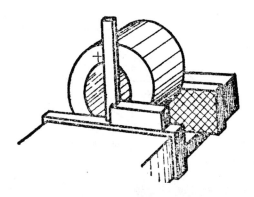

图 4-77 找正并装夹工件

# 第4章 平面与沟槽加工及设备

④ 对刀切削 将刀头对准键槽画线,使刀头两尖角均匀接触工件,采用手动垂直进给 0.5 mm,停车检查键槽的宽度及键槽两侧面相对于中心线的对称度是否合格,检查和调整准确后,继续加工至图纸尺寸要求。

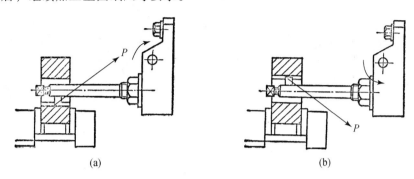

图 4-78 内孔刨刀的安装

## 4.4 平面的磨削加工及设备

### 4.4.1 磨削加工

磨削加工是磨具以较高的线速度对工件表面进行加工的方法。通常,砂轮回转做主运动,工件移动或旋转作进给运动形成工件表面。磨削加工能实现微量进给,使工件加工平面获得较高的加工精度和表面质量,因此平面磨削常作为刨削或铣削后的精加工,特别是用于磨削淬硬工件,以及具有平行表面的零件(如滚动轴承环、活塞环等)。磨削两平面间的尺寸公差等级可达 IT6~IT5 级,表面粗糙度 $Ra$ 值为 $0.8 \sim 0.2\ \mu m$。磨削加工分为外圆磨削加工、内孔磨削加工及平面磨削加工 3 类,如图 4-79 所示,在此只介绍平面磨削。

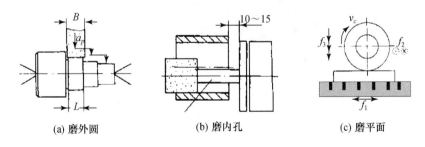

(a) 磨外圆　　(b) 磨内孔　　(c) 磨平面

图 4-79 磨削方法

### 4.4.2 平面磨床

平面磨床主要用于磨削各种工件上的平面。尺寸公差可达 IT5~IT6 级,两平面平行度误差小于 0.01 mm,表面粗糙度一般可达 $0.4 \sim 0.2\ \mu m$,精密磨削可达 $0.01 \sim 0.1\ \mu m$。

常用的平面磨床按其砂轮轴线的位置和工作台的结构特点，可分为卧轴矩台平面磨床、卧轴圆台平面磨床、立轴矩台平面磨床、立轴圆台平面磨床等几种类型。如图 4-80 所示。

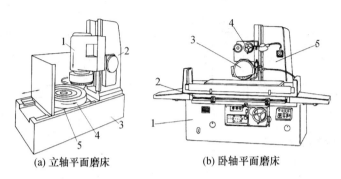

(a) 立轴平面磨床　　　　　(b) 卧轴平面磨床

图 4-80　平面磨床

1. M7130A 平面磨床

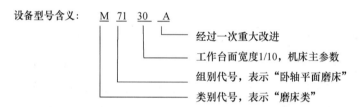

（1）M7130A 平面磨床主要部件及其功用

如图 4-81 所示为 M7130A 平面磨床外形图。

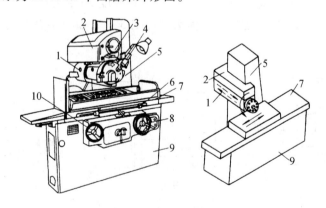

图 4-81　平面磨床

1—磨头；2—床鞍；3—横向进给手柄；4—砂轮修正器；5—立柱；
6—挡块；7—工作台；8—手柄；9—床身；10—手轮

平面磨床由磨头 1、床鞍 2、立柱 5、工作台 7、床身 9 等部分组成。
床身用于支承磨床其他部件，有供工作台纵向往复移动的导轨。

# 第4章 平面与沟槽加工及设备

立柱支承床鞍,其上有供床鞍垂直移动的导轨。

床鞍可在立柱上垂直移动,其上有供磨头横向移动的导轨。

工作台置于床身导轨上,可沿床身导轨纵向往复移动,工作台上安装磁力吸盘,用来吸紧工件。

磨头用于安装磨削用的砂轮,可在床鞍上横向移动。

(2) 磨削运动

如图 4-82 所示,砂轮旋转做主运动 $v_s$,工件用电磁吸盘或夹具装夹在工作台上,工作台安装在床身纵向导轨上,由液压传动作纵向往复直线运动 $f_1$(纵向进给运动),保证工件磨削长度。砂轮架可沿床鞍的燕尾导轨作横向间歇进给 $f_2$(手动或液动),保证工件磨削宽度,床鞍和砂轮架一起沿立柱的导轨作垂直间歇进给运动 $f_3$(手动),保证工件的磨削深度。

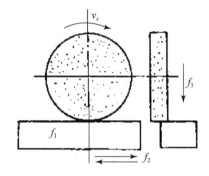

图 4-82 平面磨削运动

(3) 平面磨削方式

根据机床结构形式及运动方式不同,通常将磨削分为周边磨削和端面磨削两种方式。如图 4-83(a)和图 4-83(c)所示为卧轴磨床用砂轮的周边磨削,如图 4-83(b)和图 4-83(d)所示为立轴磨床用砂轮的端面磨削。

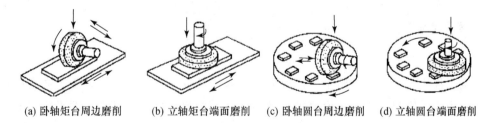

(a) 卧轴矩台周边磨削　　(b) 立轴矩台端面磨削　　(c) 卧轴圆台周边磨削　　(d) 立轴圆台端面磨削

图 4-83 平面磨床的几种类型

周边磨削时,砂轮与工件的接触面积小,磨削力小,排屑及冷却条件好,工件受热变形小,且砂轮磨损均匀,所以加工精度较高。但砂轮主轴承刚性较差,只能采用较小的磨削用量,生产率较低,故常用于精密和磨削较薄的工件,在单件小批量生产中应用较广。

端面磨削时,砂轮与工件的接触面积大,同时参加磨削的磨粒多,另外磨床工作时主轴受压力，刚性较好，允许采用较大的磨削用量，故生产率高。但是，在磨削过程中，磨削力大，发热量大，冷却条件差，排屑不畅，造成工件的热变形较大，且砂轮端面沿径向各点的线速度不等；使砂轮磨损不均匀，所以这种磨削方法的加工精度不高，故多用于粗磨。

（4）平面的磨削方法

① 横向磨削法　如图 4-84（a）所示。磨削工件时，工作台带动工件作纵向进给运动，行程终了时，砂轮主轴作一次横向进给，砂轮磨削厚度等于实际磨削深度，磨削宽度等于横向进给量。工件上第一层金属磨削完后，砂轮架垂直进给，再按上述过程磨削第二层金属，直至工件厚度达到图纸尺寸要求。

② 深度磨削法　如图 4-84（b）所示。磨削工件时，一般砂轮只作两次垂直进给，砂轮第一次垂直进给量等于粗磨余量，当工作台纵向行程终了时，将砂轮沿砂轮主轴轴线横向移动 0.75～0.8 的砂轮宽度，直到工件整个表面全部粗磨完毕。砂轮第二次垂直进给量等于精磨余量，重复横向磨削过程至图纸要尺寸要求。

③ 阶梯磨削法　如图 4-84（c）所示。根据工件加工形状及尺寸要求，将砂轮修整成阶梯形状，使其在一次垂直进给中磨去全部加工余量。

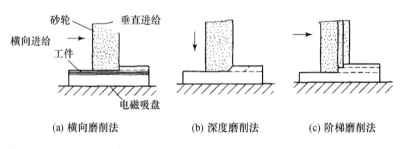

(a) 横向磨削法　　　　(b) 深度磨削法　　　　(c) 阶梯磨削法

图 4-84　磨削方法示意图

2. 典型平面磨削

（1）磨削平行平面

磨削工件上相互平行的两个平面或平行于某一基准面的一个平面，是平面磨床最主要的工作内容。磨削的主要技术要求是被磨削平面的粗糙度和平面度，两平面之间的平行度和尺寸精度。

① 安装　一般钢或铸铁等导磁性材料所制成的形状简单的中小型工件，可直接装夹在电磁吸盘上，这种方法能同时安装许多工件，装卸工件方便迅速，为了避免工件在磨削力的作用下弹出，一般在工件四周或左右两端用较大的挡板围住，如图 4-85（a）所示。小工件安装时，应使工件遮住较多的绝磁层，如图 4-85（b）所示，以便提高磁盘对工件的吸力，使吸力均匀，保证工件的平行度。若如图 4-85（c）所示安装工件，将不能保证有效吸紧工件，从而影响工件的磨削。对于铜、铝、不锈钢等非磁性材料制成的工

件，不能直接安装在电磁吸盘上，应采用平口钳等夹具装夹，如图 4-85（d）所示。

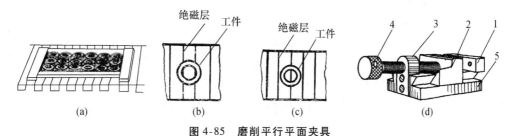

图 4-85　磨削平行平面夹具

② 磨削平行平面应注意以下工艺问题。

a. 正确选择粗磨定位基准

磨削工件上两个平行平面时，首先要决定先磨那个面，一般是选择两个平面中面积较大或较平、粗糙度值较小的一个面作为第一次磨削的定位基准面。如果两个平面与其他平面或轴线有位置公差要求时，基准面应根据工件技术要求和前道工序的加工方法来确定。如图 4-86 所示的挡圈，工件在一次装夹中车出的端面 B 及外圆 A，保证垂直度要求，磨削时，应先以端面 B 作为定位基准面，将另一端面全部磨起，然后翻身磨端面 B，保证尺寸 12mm 及平行度要求，否则就不能保证两面与轴线的垂直度要求。

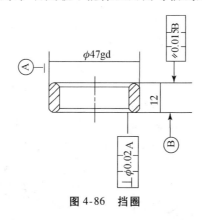

图 4-86　挡圈

b. 磨削薄片及狭长零件的装夹

磨削垫圈、摩擦片、样板、薄板等工件时，通常采用磁力吸盘在平面磨床上磨削加工，由于工件刚性差，工件易翘曲变形，磨削时，磁力吸紧使工件底面变平，磨削完成后，去掉磁性吸引力，薄片工件恢复原状，如图 4-87 所示，难以保证加工精度。一般采用如图 4-88 所示装夹方式，在工件与电磁吸盘之间放一层很薄的橡胶皮（约 0.5mm）或海绵，保证薄片工件在自由状态下进行定位与夹紧，将工件反复翻身磨削，达到平直度要求后，可去掉垫片，直接将工件安放在电磁吸盘上磨削加工，可取得良好效果，满足零件加工精度要求。

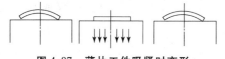

图 4-87　薄片工件吸紧时变形

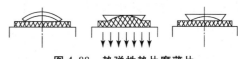

图 4-88　垫弹性垫片磨薄片

(2) 磨削垂直平面

垂直面是指那些与主要基面垂直的平面。在平面磨床上磨削垂直面必须采用合适的装夹方法，把待磨削平面装夹成水平位置，然后用磨水平平面的方法进行磨削，以达到平面之间的垂直度要求。

① 用精密角铁装夹工件　如图4-89所示。工件以精基准面贴紧在角铁的垂直面上，用压板和螺钉夹紧。对于长度较大而厚度较薄的工件，可用C形夹头夹紧。装夹过程中，用百分表校正工件，待加工面处于水平位置后进行加工。虽然该方法装夹较麻烦，但能获得较高的垂直精度。

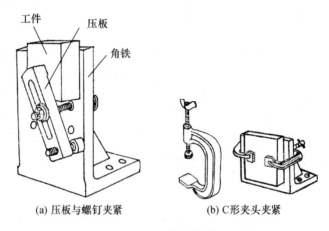

图 4-89　精密角铁

② 用导磁角铁装夹工件　如图4-90所示。加工时将工件的基准面吸贴在导磁角铁的侧面上，该装夹方法能得到较高的垂直度。

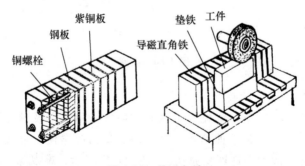

图 4-90　导磁角铁

(3) 磨削倾斜平面

① 用正弦精密平口钳装夹工件　如图4-91所示。该夹具主要由带精密平口钳的正弦规与底座组成，使用时，根据所磨工件斜面的角度，算出需要垫入的块规高度 $H = L\sin\alpha$（$L$：两个圆柱中心距；$\alpha$：工件需倾斜的角度），使待磨削的斜面放成水平位置进行磨削。

# 第4章 平面与沟槽加工及设备

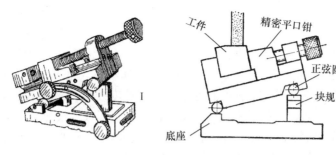

图 4-91 正弦精密平口钳

② 用正弦电磁吸盘装夹工件磨斜面 正弦电磁吸盘是用电磁吸盘代替了正弦精密平口钳中的平口钳装夹工件,它的最大回转角度是 45°。一般可用于磨削厚度较薄的工件,如图 4-92 所示。

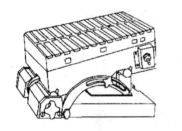 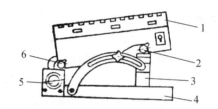

图 4-92 正弦电磁吸盘

③ 用导磁 V 形铁装夹工件磨斜面 如图 4-93 所示,导磁 V 形铁两个工作面夹角为 90°,其中一个工作面与底面夹角通常制成 15°、30°、45°等不同形式,以便适应不同斜度平面的磨削。但一种导磁 V 形铁只有一个角度,不能调整,只能磨削固定倾斜角的工件,因而适用于批量生产。

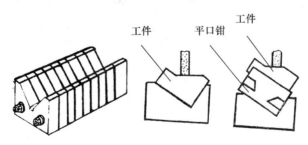

图 4-93 导磁 V 形铁装夹工件

## 4.5 平面的光整加工

对于尺寸精度和表面粗糙度要求很高的零件,一般都要进行光整加工。平面的光整加工方法很多,一般有研磨、刮研、超精加工、抛光等方法。下面介绍研磨和刮研。

1. 研磨

研磨加工是应用较广的一种光整加工,一般在磨削之后进行。加工后精度可达 IT5 级,表面粗糙度可达 $Ra0.1 \sim 0.006\ \mu m$。既可加工金属材料,也可以加工非金属材料。

研磨加工时,在研具和工件表面间存在分散的细粒度砂粒(磨料和研磨剂),在两者之间施加一定的压力,并使工件沿平板的全部表面以 8 字形或直线相结合的运动轨迹进行研磨,使磨料不断在新的方向起研磨作用。这样经过砂粒的磨削和研磨剂的化学、物理作用,在工件表面上去掉极薄的一层,获得很高的精度和较小的表面粗糙度。研磨小而硬的工件或粗研时,用较大的压力、低的速度;反之,则用较大的压力、较快的速度。

研磨平面的研具有两种,带槽的平板用于粗研,光滑的平板用于精研。

2. 刮研

刮研是对于未淬硬、要求高的固定连接平面、导轨面及大型精密平板和直尺等工件,在精刨和精铣后,利用刮刀刮除工件表面薄层金属的加工方法。一般刮削余量约为 $0.05\ mm \sim 0.4\ mm$。刮削可使两个平面之间达到紧密接触,能获得较高的形状和位置精度,加工精度可达 IT7 级以上,表面粗糙度值 $Ra0.8 \sim 0.1\ \mu m$。刮削后的表面形成比较均匀的微浅凹坑,可储存润滑油,使滑动配合面减小摩擦,提高工件的耐磨性,增强零件接合面间的接触刚度。刮研表面质量是用单位面积上接触点的数目来评定的,粗刮为每平方厘米 1~2 点,半精刮为每平方厘米 2~3 点,精刮为每平方厘米 3~4 点。

刮削方法简单,不需要复杂的设备和工具,生产准备时间短,刮研力小,发热小,变形小,加工精度和表面质量高。但是刮削是手工操作,劳动强度大,生产率低,此法常用于单件小批生产及维修工作中。

# 复习思考题

1. 常用的平面加工方法有哪些?
2. 简述卧式铣床加工工艺范围。
3. X6132 型铣床丝杠轴向间隙和传动间隙如何调整?
4. 简述万能分度头的作用。
5. 简述万能分度头有哪几种分度方法。
6. 铣一直槽 $Z=22$ 的工件,求铣完每一条直槽后,分度手柄应转过的转数?
7. 常用铣刀有哪些?各适用于什么场合?
8. 试分析比较圆周铣削时,顺铣和逆铣的优缺点。
9. 立铣刀铣直角槽时应注意哪些问题?
10. 刨床有哪些基本工作内容?
11. 刨刀的刀杆做成弯杆的目的是什么?
12. 平面磨床有哪几种类型?
13. 如何磨削垂直面?

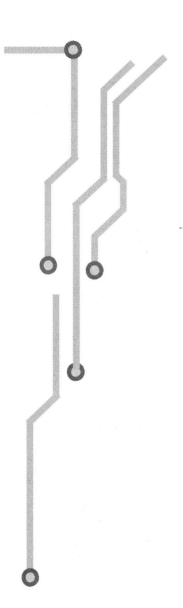

# 第 5 章
# 齿轮加工及设备

齿轮传动是目前机械传动中应用最广泛、最常见的一种传动形式，如图 5-1 所示为圆柱齿轮零件图。齿轮用它的轮齿来传递力矩和运动、变换运动的方向、指示读数及变换机构的位置等。

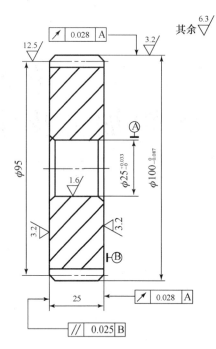

| 模数 | m | 2.5 |
|---|---|---|
| 齿数 | Z | 38 |
| 齿形角 | α | 20° |
| 公法线长度 | $w_k$ | $34.54_{-0.332}^{-0.126}$ |
| 跨齿数 | k | 5 |
| 精度等级 | | 10级 |

技术要求
1. 45钢
2. 调质235HBS

图 5-1 圆柱齿轮零件图

齿轮按轮齿齿廓曲线，可分为渐开线、摆线、圆弧线、双圆弧线齿轮等。按其外形，可分成圆柱齿轮、锥齿轮、蜗杆蜗轮、鼓形齿轮、非圆齿轮等。按其传动形式，又可分为平行轴传动、相交轴传动及交错轴传动，如图 5-2 所示。

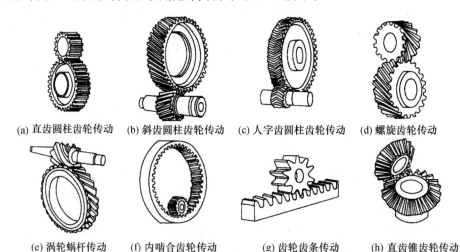

(a) 直齿圆柱齿轮传动　(b) 斜齿圆柱齿轮传动　(c) 人字齿圆柱齿轮传动　(d) 螺旋齿轮传动

(e) 涡轮蜗杆传动　(f) 内啮合齿轮传动　(g) 齿轮齿条传动　(h) 直齿锥齿轮传动

图 5-2 常用齿轮

# 第 5 章 齿轮加工及设备

## 5.1 齿形加工方法及设备

齿轮齿形的加工方法有无切屑加工和切削加工两大类。无切屑加工方法有：热轧、冷挤、模锻、精密铸造和粉末冶金等；切削加工方法可分为成形法和展成法两种。这里主要介绍切削加工方法。

### 5.1.1 齿形加工原理与方法

**1. 齿形加工原理**

齿轮的齿形中最常用的是渐开线。以下主要介绍渐开线齿轮的齿形加工方法。在齿轮的齿坯上加工出渐开线齿形的方法很多，从加工原理上可将其分为成形法和展成法（范成法）两种。

（1）成形法

使用切削刃形状与被切齿轮的齿槽形状相同的成形刀具切出齿轮的方法。一般在铣床上用齿轮盘形铣刀或指状齿轮铣刀来铣削齿轮，如图 5-3 所示。也可在刨床或插床上用成形刀具加工，如图 5-4 所示。

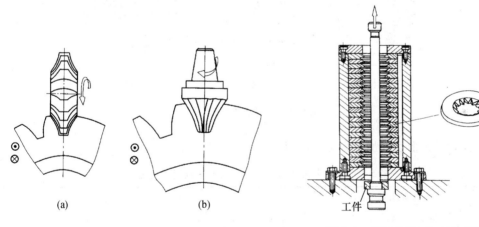

图 5-3 铣削齿轮　　　　　图 5-4 用齿轮推刀加工外齿轮

依据每次加工齿轮的一个齿槽还是加工齿轮的所有齿槽，成形法分为单齿廓和多齿廓两种方法。

用成形法加工齿轮，机床较简单，可以利用通用机床加工，但是加工齿轮的精度低。此外，这种方法生产率低，只适用于单件小批生产一些低速、低精度的齿轮。在大批大量生产中，通常采用多齿廓成形刀具来加工齿轮，如用齿轮拉刀、齿轮推刀或多齿刀盘等刀具同时加工出齿轮的各个齿槽。

（2）展成法

展成法加工齿轮是利用齿轮的啮合原理进行的，即把齿轮啮合副（齿条-齿轮，齿轮-齿轮）中的一个转化为刀具，另一个转化为工件，并强制刀具和工件作严格的啮合运动而展成切出齿廓。展成法需在专门的齿轮加工机床上加工。

用展成法加工齿轮，可以用一把刀具加工同一模数不同齿数的齿轮，且加工精度和生产率也较高，因此，各种齿轮加工机床广泛采用这种加工方法，如滚齿机、插齿机、剃齿机等。此外，多数磨齿机及锥齿轮加工机床也是按展成法原理进行加工的。

2. 齿形加工方法

按所使用设备与刀具分，齿轮的加工方法主要有铣齿、滚齿、插齿、剃齿、珩齿和磨齿，如图5-5所示。其他加工方法还有刨齿、梳齿、挤齿和研齿等。近年来，在加工技术，如硬齿面技术、计算机数控技术等方面的发展，已使各种加工方法出现了崭新面貌。

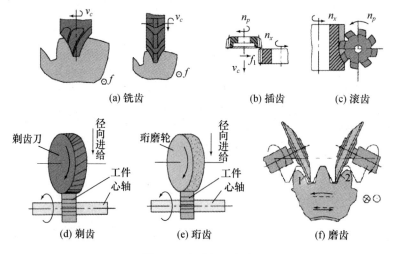

图5-5 齿形加工方法

常见齿轮的齿形切削加工方法及适用范围如表5-1所示。

表5-1 常见齿轮的齿形切削加工方法及适用范围

| 加工方法 | 加工原理 | 加工质量 | | 生产率 | 使用设备 | 刀具 | 应用范围 |
| --- | --- | --- | --- | --- | --- | --- | --- |
| | | 精度等级 | 齿面 $Ra$（$\mu m$） | | | | |
| 铣齿 | 成形法 | 9 | 6.3～3.2 | 较插齿、滚齿低 | 普通铣床 | 模数铣刀 | 单件修配生产中，加工低精度外圆柱齿轮、锥齿轮、蜗轮 |
| 拉齿 | 成形法 | 7 | 1.6～0.4 | 高 | 拉床 | 齿轮拉刀 | 大批量生产7级精度的内齿轮，因外轮拉刀制造甚为复杂，故少用 |
| 磨齿 | 成形法 | 6 | 0.8～0.4 | 高于展成法 | 磨齿机 | 砂轮 | 精加工已淬火的圆柱齿轮，应用少 |

# 第5章 齿轮加工及设备

(续表)

| 加工方法 | 加工原理 | 加工质量 | | 生产率 | 使用设备 | 刀具 | 应用范围 |
|---|---|---|---|---|---|---|---|
| | | 精度等级 | 齿面 $Ra$（μm） | | | | |
| 滚齿 | 展成法 | 8～7 | 3.2～1.6 | 较高 | 滚齿机 | 齿轮滚刀 | 单件和成批生产中，加工中等质量的外圆柱齿轮、蜗轮 |
| 插齿 | | 8～7 | 3.2～1.6 | 一般较滚齿低 | 插齿机 | 插齿刀 | 单件和成批生产中，加工中等质量的内外圆柱齿轮、多联齿轮 |
| 剃齿 | | 7～6 | 0.8～0.4 | 高 | 剃齿机 | 剃齿刀 | 精加工未淬火的圆柱齿轮 |
| 珩齿 | | 7～6 | 0.8～0.4 | 很高 | 珩齿机 | 珩磨轮 | 光整加工已淬火的圆柱齿轮。适用于成批和大量生产 |
| 磨齿 | | 6～3 | 0.8～0.2 | 低于成形法 | 磨齿机 | 砂轮 | 精加工已淬火的圆柱齿轮 |

### 5.1.2 齿轮加工设备

齿轮加工机床是用来加工各种齿轮轮齿的机床。由于齿轮传动的应用极为广泛，齿轮的需求也日益增加，同时对齿轮的精度要求也越来越高，为此，齿轮加工机床已成为机械制造业中一种重要的技术装备。

1. 圆柱齿轮加工机床

根据所用刀具和加工方法的不同，主要有滚齿机、插齿机、铣齿机等。精加工机床中包括剃齿机、珩齿机及各种圆柱齿轮磨齿机等。

① 滚齿机：主要用于加工直齿、斜齿圆柱齿轮和蜗轮。
② 插齿机：主要用于加工单联及多联的内、外直齿圆柱齿轮。
③ 剃齿机：主要用于淬火前的直齿和斜齿圆柱齿轮的齿廓精加工。
④ 珩齿机：主要用于对热处理后的直齿和斜齿圆柱齿轮的齿廓精加工。珩齿对齿形精度改善不大，主要是降低齿面的表面粗糙度。
⑤ 磨齿机：主要用于淬火后的圆柱齿轮的齿廓精加工。
此外，还有花键轴铣床、齿轮倒角机、齿轮噪声检查机等。

2. 锥齿轮加工机床

主要分为直齿和弧齿两种。
① 直齿锥齿轮加工机床：包括刨齿机、铣齿机、拉齿机和磨齿机等。
② 弧齿锥齿轮加工机床：包括弧齿锥齿轮铣齿机和磨齿机等。
此外，锥齿轮加工机床包括加工锥齿轮所需的倒角机、淬火机、滚动检查机等设备。

## 5.2 齿轮的铣削加工

铣齿属成形法加工齿轮，是用成形铣刀在万能卧式铣床上进行的，刀具的截形与被加工齿轮的齿槽形状相同,刀具沿齿轮的齿槽方向进给,一个齿槽铣完,被加工齿轮分度后,再铣第二个齿槽,直至加工出整个齿轮。

1. 铣直齿圆柱齿轮

在铣床上加工直齿圆柱齿轮通常是利用成形铣刀在卧式铣床上利用分度头进行加工的。如图5-6所示,铣刀装在刀杆上旋转做主运动,工件紧固在心轴上,心轴安装在分度头和尾座顶尖之间随工作台作直线进给运动。每铣完一个齿槽,铣刀沿齿槽方向退回,用分度头对工件进行分度,然后再铣下一个齿槽,直至加工出整个齿轮。

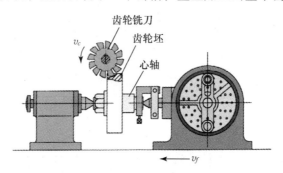

图5-6 铣削直齿圆柱齿轮

铣齿时应注意以下几点。

① 当 $m \leq 20$ 时,用盘状铣刀;当 $m > 20$ 时,用指状铣刀。如图5-7所示。

② 标准盘铣刀的模数,压力角和加工的齿数范围都标记在铣刀的端面上,如图5-8所示。同一模数的齿轮铣刀,一般制作8把或15把一套,如表5-2所示为8把一套的齿轮铣刀加工范围。选用齿轮铣刀时,应根据被加工齿轮的模数 $m$ 选择铣刀规格,根据齿数 $Z$ 选择铣刀刀号。

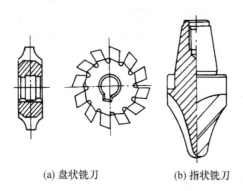

(a) 盘状铣刀　　(b) 指状铣刀

图5-7 齿轮铣刀

图5-8 标准盘铣刀

表5-2 盘状齿轮铣刀刀号及其加工范围

| 刀 号 | 1 | 2 | 3 | 4 | 5 | 6 | 7 | 8 |
|---|---|---|---|---|---|---|---|---|
| 加工的齿数范围 | 12~13 | 14~16 | 17~20 | 21~25 | 26~34 | 35~54 | 55~134 | 135以上 |

③ 各号铣刀的齿形按该号范围内最小齿数齿形的齿槽轮廓制作，因此各号铣刀加工范围内的齿轮除最小齿数外，其余齿数的齿轮只能获得近似的齿形。

**2. 铣斜齿圆柱齿轮**

斜齿圆柱齿轮的铣削加工与直齿圆柱齿轮的铣削加工相比有以下特殊点。

① 铣斜齿轮时齿轮铣刀的选择与铣直齿轮不同，要根据法向模数 $m_n$ 选择铣刀规格，根据当量齿数 $Z_v$ 选择铣刀刀号。$Z_v$ 可用如下公式计算：

$$Z_v = \frac{Z}{\cos^3\beta}$$

② 铣斜齿轮时，要在纵向丝杠末端与分度头挂轮轴之间加配配换齿轮 $a_1$、$b_1$、$c_1$、$d_1$，其计算公式如下：

$$\frac{a_1}{b_1} \cdot \frac{c_1}{d_1} = \frac{40P\sin\beta}{\pi m_n Z}$$

③ 使用盘状齿轮铣刀时，为使铣刀的旋转平面与螺旋齿槽切线方向一致，需将万能卧铣工作台由原来位置扳转 $\beta$ 角。铣右旋齿轮，工作台逆时针扳转；左旋，则顺时针扳转，如图 5-9 所示。

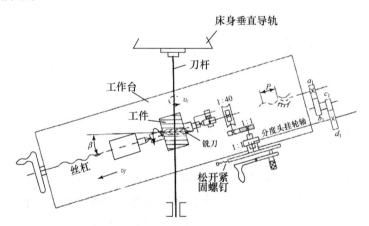

图 5-9　铣削螺旋齿轮示意图

铣斜齿圆柱齿轮时应注意下面几点。

① 在铣削斜齿圆柱齿轮时，应松开分度头主轴紧固手柄和孔盘紧固手柄，把分度头手柄定位销插入孔盘中，使工件随着纵向工作台的进给而连续转动。

② 为防止铣刀擦伤已加工表面，当铣完一个齿槽后，应停车将工作台下降一点后才能退刀；当铣下一个齿槽时，再将工作台升至原来位置。切记退刀时要用手动。

③ 当铣完一个齿槽后，应将分度头手柄定位销从分度盘孔中拔出，进行分度后将定位销重新插入分度盘孔中，然后再加工下一个齿槽。当分度头手柄定位销从分度盘孔中拔出后绝对禁止移动工作台。

### 3. 铣齿的工艺特点

（1）成本较低

齿轮铣刀结构简单，在普通的铣床上即可完成铣齿工作，铣齿的设备和刀具的费用较低。

（2）生产率低

铣齿过程不是连续的，每铣一个齿，都要重复消耗切入、切出、退刀和分度的时间。

（3）加工精度低

为了保证铣出的齿轮在啮合时不致卡住，各号铣刀的齿形是按该号范围内最小齿数齿轮的齿槽轮廓制作的。因此，各号铣刀加工范围内的齿轮除最小齿数的外，其他齿数的齿轮只能获得近似的齿形，产生齿形误差。另外铣床所用分度头是通用附件，分度精度不高。

### 4. 铣齿的应用

铣齿不但可以加工直齿、斜齿和人字齿圆柱齿轮，还可以加工齿条、锥齿轮及涡轮等。铣齿一般用于单件小批生产和维修工作中加工9级精度以下，齿面粗糙度 $Ra$ 值为 $6.3\sim3.2\,\mu m$ 的齿轮。

## 5.3 齿轮的滚齿加工设备

### 5.3.1 滚齿机的加工表面及所需运动

#### 1. 滚齿原理

滚齿加工过程相当于交错轴斜齿轮副啮合运动的过程，成形运动是滚刀旋转运动 $B_{11}$ 和工件旋转运动 $B_{12}$ 组成的复合运动，这个复合运动称为展成运动。再加上滚刀沿工件轴线垂直方向的进给运动 $A_2$，就可切出整个齿长，如图 5-10 所示。为了得到所需的渐开线齿廓和齿轮齿数，滚齿时滚刀和工件之间必须保持严格的传动比，即当滚刀转过 1 转时，工件相应地转过 $K/Z$ 转（$K$ 为滚刀头数，$Z$ 为工件齿数）。当齿轮滚刀按给定的切削速度旋转时，便在工件上逐渐切出渐开线的齿形。齿形的形成是由滚刀在连续旋转中依次对工件切削的若干条包络线包络而成的。

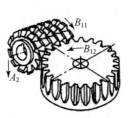

(a) 滚齿加工

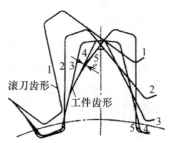

(b) 齿形曲线的形成

图 5-10 滚齿加工示意图

滚齿加工具有以下特点。

① 适应性好。
② 生产效率高。
③ 齿轮齿距误差小。
④ 齿轮齿廓表面粗糙度较差。
⑤ 滚齿加工主要用于直齿圆柱齿轮、斜齿圆柱齿轮和蜗轮。

2. 直齿圆柱齿轮齿面的加工及其传动原理

如图 5-11 所示，根据展成法滚齿原理可知，用滚刀加工齿轮时，除具有切削工作运动外，还必须严格保持滚刀与工件的运动关系，这是切制出正确齿廓形状的必要条件。因此，滚齿机在加工直齿圆柱齿轮时的工作运动有以下几种。

（1）主运动传动链

为使滚刀获得转动，将动力源（电动机）的转动传至滚刀主轴的传动链称为主运动传动链。这一传动联系为外联系传动，即图 5-11 中的电动机→1→2→$u_v$→3→4→滚刀，其中 $u_v$ 为主运动传动比，用来调整渐开线成形运动的快慢。

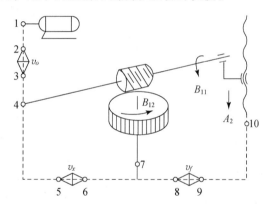

图 5-11 滚切直齿圆柱齿轮传动原理图

主运动即滚刀的旋转运动。根据合理的切削速度和滚刀直径，即可确定滚刀的转速 $n_刀$，其计算式为：

$$n_刀 = 1000v/\pi D_刀$$

式中：$v$——切削速度；

$D_刀$——滚刀直径。

（2）展成运动传动链

根据表面成形的运动分析，滚刀旋转运动 $B_{11}$ 和工件旋转运动 $B_{12}$ 是一个复合运动的两部分。所以，展成运动传动链是内联系传动，滚刀和齿坯之间的相对运动应保证严格的传动比关系，即当滚刀转过 1 转时，工件相应地转过 $K/Z$ 转（$K$ 为滚刀头数，$Z$ 为工件齿数）。如图 5-11 所示的传动原理图中，这个传动联系为滚刀→4→5→$u_x$→6→7→齿坯，其中 $u_x$ 为啮合运动传动比，根据滚刀头数和被加工齿轮的齿数确定。

### (3) 轴向进给运动传动链

刀架沿工件轴线的平行移动 $A_2$ 是一独立的简单成形运动，其移动速度是以工件转一转时，刀架沿轴向进给的移动量来计算的，称为轴向进给量。因此，传动链的两端件是齿坯和刀架，为外联系传动，在图 5-11 中为齿坯→7→8→$u_f$→9→10→刀架升降，其中 $u_f$ 为进给运动传动比，用来调整刀架轴向位移量的大小。

### 3. 斜齿圆柱齿轮齿面的加工及其传动原理

斜齿圆柱齿轮与直齿圆柱齿轮相比，两种齿轮齿面成形时，母线形状都是渐开线，而导线形状不同，直齿圆柱齿轮导线为直线，斜齿圆柱齿轮导线为螺旋线。如图 5-12（a）所示，$ac$ 是直齿轮轮齿的齿线；$ac'$ 是斜齿轮轮齿的齿线。若使用右旋滚刀滚切右旋齿轮，并将滚刀置于工件前面且向下进给时，点 $a$ 为切削的起始点。当滚刀下降 $f$ 距离后，到达 $b$ 点，则滚切出的轮齿为直齿。但是，滚切斜齿圆柱齿轮时，需要切削的是 $b'$ 点（即得到齿线 $ab'$），而不是 $b$ 点。因此，要求滚刀直线下降 $f$ 的过程中，工件转速应比滚切直齿齿轮时快一些，即附加一个运动，才能将切削点 $b'$ 转至图中滚刀对着的 $b$ 点位置。

加工斜齿圆柱齿轮时和加工直齿圆柱齿轮时同样需要主运动、展成运动和垂直进给运动。此外，为了形成螺旋形的轮齿，还必须给工件附加一个形成螺旋线的成形运动，即刀具沿工件轴线方向进给 1 个螺旋线导程时，工件应均匀地转 1 r。所以，在加工斜齿圆柱齿轮时，机床需要 4 条相应的传动链来实现上述 4 个运动，如图 5-12（b）所示。

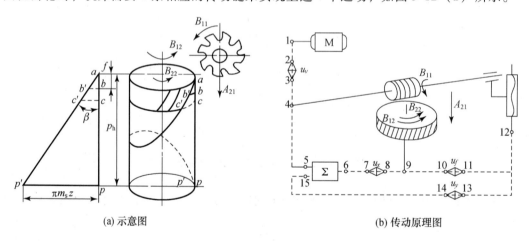

(a) 示意图　　　(b) 传动原理图

图 5-12　滚切斜齿圆柱齿轮时的传动原理图

需要特别指出的是，在加工斜齿圆柱齿轮时，展成运动和附加运动这两条传动链需要将两种不同要求的旋转运动同时传给工件。在一般情况下，两个运动同时传到一根轴上时，运动要发生干涉而将轴损坏。所以，在滚齿机上设有把两个任意方向和大小的转动进行合成的机构，即运动合成机构，如图 5-12（b）所示。

滚切斜齿圆柱齿轮的传动原理图如图 5-12（b）所示。加工中所需的主运动传动链为电动机→1→2→$u_v$→3→4→滚刀；展成运动传动链为滚刀→4→5→$u_x$→6→7→齿坯；轴向进给运动传动链为齿坯 $B_{12}$→7→8→$u_f$→9→10→刀架升降 $A_{21}$；附加运动传动链为 $A_{21}$→11→$u_y$→12→7→齿坯附加转动 $B_{22}$（产生螺旋线的内传动链）；其中 $u_y$ 按被切齿轮的螺旋角调整。

从以上分析可知，滚齿机是根据滚切斜齿轮的传动原理设计的。当滚切直齿轮时，将附加运动传动链断开，并把合成机构固定成一个整体。

### 5.3.2　Y3150E 滚齿机

**1. Y3150E 滚齿机的主要技术参数**

Y3150E 滚齿机的主要技术参数如表 5-3 所示。

表 5-3　Y3150E 滚齿机的主要技术参数

| 序号 | 技术参数 | 技术参数值 |
|---|---|---|
| 1 | 齿轮最大加工直径 | 500 mm |
| 2 | 齿轮最大加工宽度 | 250 mm |
| 3 | 齿轮最大加工模数 | 8 mm |
| 4 | 齿轮最少齿数 | $5K$（$K$ 为滚刀头数） |
| 5 | 主轴孔锥度 | 莫氏 5 号 |
| 6 | 允许安装的最大滚刀尺寸（直径×长度） | 160 mm × 160 mm |
| 7 | 滚刀最大轴向移动距离 | 55 mm |
| 8 | 滚刀可换心轴直径 | 22、27、32 mm |
| 9 | 滚刀主轴转速 | 40～250 r/min，共 9 级 |
| 10 | 刀架轴向进给量 | 0.4～4 mm/工作台每转，共 12 级 |
| 11 | 主电动机 | 4 kW，1 430 r/min |
| 12 | 快速电动机 | 1.1 kW，1 410 r/min |
| 13 | 机床轮廓尺寸（长×宽×高） | 2 439 × 1 272 × 1 770 mm |
| 14 | 机床重量 | 约 3450 kg |

**2. Y3150E 型滚齿机的用途及主要组成**

Y3150E 型滚齿机主要用于滚切直齿和斜齿圆柱齿轮。此外，使用蜗轮滚刀可以用手动径向进给法滚切蜗轮，该机床还可以加工花键轴。

如图 5-13 所示为 Y3150E 型滚齿机外形图，主要由床身、立柱、刀架溜板、刀杆、滚刀架、支架、后立柱、工件心轴、工作台等部件组成。其中刀架溜板可沿立柱上的导轨作垂直方向的进给和快速移动；刀架随刀架溜板移动，还可绕自己的水平轴线转动以调整滚刀的安装角；滚刀安装在刀杆上作旋转运动；后立柱和工作台装在同一溜板上，可沿床身水平导轨移动，以适应不同直径的工件及或作径向进给；工件安装在工作台的心轴上，随同工作台一起回转；后立柱上的支架可沿导轨上下移动，借助轴套或顶尖，支承心轴的上端，以增加心轴的刚度。

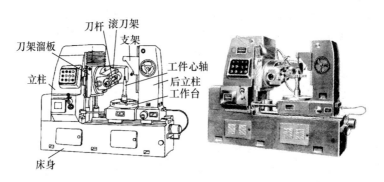

图 5-13　Y3150E 型滚齿机外形图

### 5.3.3　Y3150E 型滚齿机传动系统分析

在 Y3150E 型滚齿机传动系统中有主运动、展成运动、轴向进给运动和附加运动 4 条传动链。另外还有一条刀架快速移动（空行程）传动链。

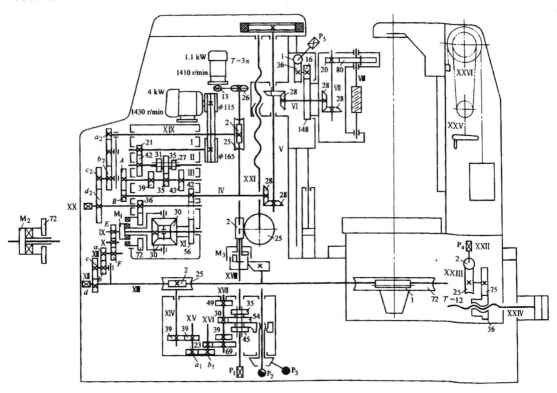

图 5-14　Y3150E 型滚齿机传动系统图

$P_1$—滚刀架垂向进给手摇方头；$P_2$—离合器 $M_3$ 控制手柄；$P_3$—快速移动手柄；
$P_4$—工件径向进给手摇方头；$P_5$—刀架扳角度手摇方头

如图 5-14 所示为 Y3150E 型滚齿机传动系统图，其传动路线表达式为：

## 第5章 齿轮加工及设备

$$\text{电动机} - \frac{\phi 115}{\phi 165} - \text{I} - \frac{21}{42} - \text{II} - \begin{bmatrix} \frac{31}{39} \\ \frac{35}{35} \\ \frac{27}{43} \end{bmatrix} - \text{III} - \frac{A}{B} - \text{IV} - \frac{28}{28} - \text{V} - \frac{28}{28} - \text{VI} - \frac{28}{28} - \text{VII} - \frac{20}{80} - \text{VIII}(\text{滚刀主轴})$$

$$- \frac{42}{56} - \boxed{\text{合成机构}} - \text{IX} - \begin{bmatrix} \frac{E}{F} \\ \frac{E}{\text{惰轮}} \frac{\text{惰轮}}{F} \end{bmatrix} - \text{XII} - \frac{a}{b} \cdot \frac{c}{d} - \text{XIII}$$

$$\frac{1}{72} - \text{工件主轴}$$

$$\frac{2}{25} - \text{XIV} - \begin{bmatrix} \frac{39}{39} - \text{XV} - \frac{a_1}{b_1} \\ \frac{a_1}{b_1} \end{bmatrix} - \text{XVI} - \frac{23}{69} - \text{XVII} - \begin{bmatrix} \frac{39}{45} \\ \frac{30}{54} \\ \frac{49}{35} \end{bmatrix} - \text{XVIII} - M_3 - \frac{2}{25} - \text{XXI}(\text{刀架轴向进给丝杠})$$
$$(T = 3\pi)$$

$$\frac{36}{72} - \text{XX} - \frac{c_2}{d_2} - \begin{bmatrix} \frac{\text{惰轮}}{b_2} - \frac{a_2}{\text{惰轮}} \\ \frac{a_2}{b_2} \end{bmatrix} - \text{XIX} - \frac{2}{25}$$

$$\text{快速电动机} - \frac{13}{26}$$

**1. 滚切直齿圆柱齿轮的调整计算**

（1）主运动传动链

主运动是滚刀的旋转运动。传动链的两个端件是电动机和滚刀。电动机（4 kW，1 430 r/min）经带轮传动给变速箱，再通过挂轮使滚刀获得9种转速（40～250 r/min）。

两端件：电动机→主轴（滚刀）

运动平衡式：$1430 \times \Phi 115/\Phi 165 \times 21/42 \times u_{\text{II-III}} \times A/B \times 28/28 \times 28/28 \times 28/28 \times 20/80 = n_{\text{刀}}$

换置公式：$u_v = u_{\text{II-III}} \times A/B = n_{\text{刀}}/124.583$

式中：$u_{\text{II-III}}$——II-III轴间变速组的传动比，共3种，分别为27/43、31/39、35/35；

$A/B$——挂轮传动比，共3种，分别为22/44、33/33、44/22。

（2）展成运动传动链

展成运动是滚刀与工件之间的啮合运动。传动链的两端件是滚刀与工件，两者应准确地保持一对啮合齿轮的传动比。设滚刀头数为 $k$，工件齿数为 $z$，则当滚刀转1转时，工件应转 $k/z$ 转。

两端件：滚刀转1 r→工件转 $K/z$ r

运动平衡式：$1 \times 80/20 \times 28/28 \times 28/28 \times 28/28 \times 42/56 \times u_{\text{合成}} \times e/f \times a/b \times c/d \times 1/72 = k/z$

滚直齿轮时，$u_{合成}=1$，$e/f \times a/b \times c/d$ 为换置机构。

换置公式：$u_x = a/b \times c/d = e/f \times 24k/z$

式中 $e/f$ 为结构挂轮，根据被加工齿轮的齿数选取，用于调整传动比，使 $a/b \times c/d$ 数值适中，便于选取挂轮 $a/b \times c/d$ 的齿数和安装挂轮。根据 $z/k$ 值，挂轮 $e$、$f$ 可有如下选择：

当 $5 \leqslant z/k \leqslant 20$ 时，取 $e=48$，$f=24$；

$21 \leqslant z/k \leqslant 142$ 时，取 $e=36$，$f=36$；

$143 \leqslant z/k$ 时，取 $e=24$，$f=48$。

（3）轴向进给运动传动链

轴向进给运动传动链的两端件及其运动关系是：工件转1周，由滚刀架带动滚刀沿工件轴向移动1个进给量 $f$。

两端件：工件转 1 r→刀架移动 $f$（mm）

运动平衡式：$1 \times 72/1 \times 2/25 \times 39/39 \times a_1/b_1 \times 23/69 \times u_{ⅩⅦ-ⅩⅧ} \times 2/25 \times 3\pi = f$

换置公式：$u_f = a_1/b_1 \times u_{ⅩⅦ-ⅩⅧ} = f/0.4608\pi$

式中：$a_1/b_1$——挂轮齿数比（轴向），共有4种，分别为 26/52、32/46、46/32、52/26。

$u_{ⅩⅦ-ⅩⅧ}$——进给箱中轴ⅩⅦ-轴ⅩⅧ之间的滑移齿轮变速组的3种传动比，分别为 30/54、39/45、49/35。

进给量 $f$（mm/r）根据被加工齿轮材料、加工精度及表面粗糙度等条件选定。

**2. 滚切斜齿圆柱齿轮的调整计算**

（1）主运动传动链和轴向进给运动传动链

加工斜齿圆柱齿轮时，主运动传动链和轴向进给运动传动链的调整计算与加工直齿圆柱齿轮时完全相同。

（2）展成运动传动链

滚切斜齿圆柱齿轮时，虽然展成运动与加工直齿圆柱齿轮时的传动路线相同，但因运动合成机构用离合器 $M_2$ 连接，所以，运动平衡式中合成机构的传动比为 $u_{合成}=-1$，代入后得展成运动传动链换置公式：

$$u_x = a/b \times c/d = -e/f \times 24k/z$$

式中的负号说明由于加工斜齿圆柱齿轮时展成运动传动链中输出轴Ⅹ与输入轴Ⅸ的转向相反，因此，在调整展成运动挂轮时，必须配加惰轮。

（3）附加运动传动链

附加运动传动链的首端件是滚刀刀架，末端件是工件，其计算位移为：刀架移动一个工件的螺旋线导程 $L$ 时，工件应附加转动 ±1 转。

两端件：刀架移动 $L$→工件转 ±1 r

运动平衡式：$L \times 1/(3\pi) \times 25/2 \times 2/25 \times a_2/b_2 \times c_2/d_2 \times 36/72 \times u_{合成} \times e/f \times a/b \times c/d \times 1/72 = \pm 1$

式中：$u_{合成}$——合成机构传动比，滚斜齿轮时，$u_{合成}=2$；

$L$——被加工齿轮螺旋线的导程，$L = \pi m_n z/\sin\beta$；$\beta$ 是被加工齿轮的螺旋角；$m_n$ 是

被加工齿轮的法向模数；

$e/f \times a/b \times c/d$——展成运动传动比，$e/f \times a/b \times c/d = -24k/z$

换置公式：$u_y = a_2/b_2 \times c_2/d_2 = \pm 9\sin\beta/m_n k$

式中：$k$——齿轮滚刀头数。

3. 滚刀架的快速移动

滚刀架的快速移动是由快速电动机实现的，用以调整滚刀位置及实现快速前进和快速后退。此外，在加工斜齿圆柱齿轮时，启动快速电动机，可经附加运动传动链带动工作台旋转，以便检查工作台附加运动的方向是否正确。如图 5-14 所示，滚刀架快速移动是快速电动机（1.1 kW，1410 r/min）经链轮 13/26、离合器 $M_3$、蜗杆蜗轮副 2/25 使滚刀架丝杠（轴XXI）旋转，实现刀架的快速移动。

在 Y3150E 型滚齿机床上启动快速电动机前，必须先用操纵手柄将轴XVIII上的三联滑移齿轮移到空挡位置，以断开轴XVII和轴XVIII之间的传动联系（如图 5-14 所示）。为了确保操作安全，机床上设有电气互锁装置，以保证当操作手柄放在"快速移动"位置时，才能启动快速电动机。

4. 选择挂轮时应注意的问题

（1）交换齿轮的选择

在选择主运动交换齿轮和垂直进给运动交换齿轮时可取近似值；展成运动交换齿轮传动比不容许取近似值。因此，在调整过程中，应首先选定展成交换齿轮。

（2）交换齿轮应是机床所配备的

在 Y3150E 型滚齿机上共配备交换齿轮 47 个，分别是：

20（两个）、23、24、25、26、30、32、33、34、35、37、40、41、43、45、46、47、48、50、52、53、55、57、58、59、60（两个）、61、62、65、67、70、71、73、75、79、80、83、85、89、90、92、95、97、98、100。

（3）挂轮要能挂的上

如图 5-15 所示，为使 $c$ 轮不碰到轴Ⅰ，$b$ 轮不碰到轴Ⅲ，所选挂轮齿数应满足以下条件：

$$z_a + z_b > z_c + (15-20); \quad z_c + z_d > z_b + (15-20)$$

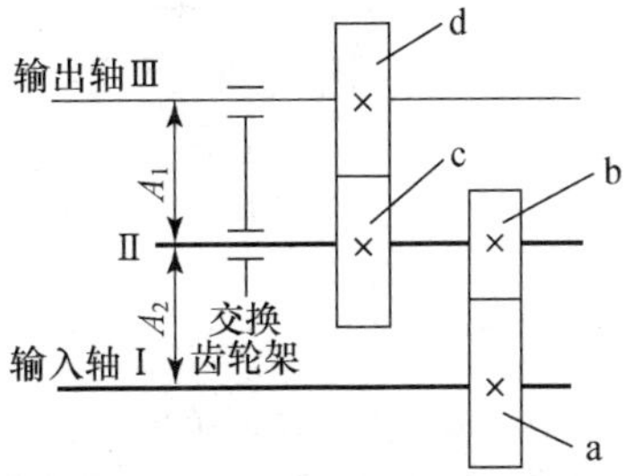

图 5-15 交换齿轮齿数与交换出轮轴的关系

$a$、$b$、$c$、$d$—交换齿轮；$A_1$、$A_2$—轴间距

### 5.3.4 滚刀

**1. 滚刀的工作原理及结构**

在滚齿机上滚齿加工的过程，相当于一对交错轴斜齿轮相互啮合运动的过程，如图 5-16（a）所示，只是其中一个交错轴斜齿轮的齿数极少，且分度圆上的导程角也很小，所以它便成为蜗杆形状，如图 5-16（b）所示。再在蜗杆圆周上等分地开出沟槽（垂直于蜗杆螺旋线方向或平行于滚刀轴线方向），经过齿形铲背，使刀齿具有正确的齿形和后角，再加以淬火和刃磨前面，就成了一把齿轮滚刀，如图 5-16（c）所示。

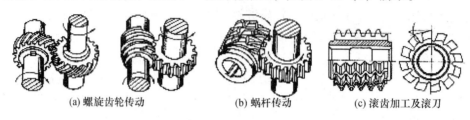

(a) 螺旋齿轮传动　　(b) 蜗杆传动　　(c) 滚齿加工及滚刀

图 5-16　展成法滚齿原理

齿轮滚刀精度等级与被加工齿轮精度等级的关系如表 5-4 所示。

表 5-4　滚刀精度等级与齿轮精度等级关系

| 滚刀精度等级 | AAA | AA | A | B | C |
|---|---|---|---|---|---|
| 齿轮精度等级 | 6 | 7-8 | 8-9 | 9 | 10 |

滚刀结构分为整体式和镶齿式滚刀两大类。如图 5-17 所示，对于中小模数（$m = 1 \sim 10\,mm$）滚刀，通常为高速钢整体制造；对于模数较大的滚刀，为了节省刀具材料和保证热处理性能，一般多采用镶齿结构。镶齿滚刀可更换刀片，但刀齿要求非常精密，刀体精度也较高，制造困难，生产中应用还不普遍。目前，硬质合金齿轮滚刀也得到了较广泛的应用，它不仅可采用较高的切削速度，还可以直接滚切淬火齿轮。

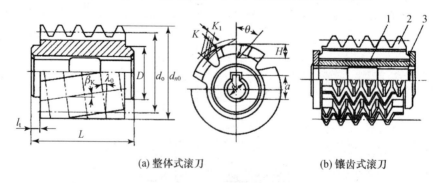

(a) 整体式滚刀　　(b) 镶齿式滚刀

图 5-17　滚刀结构

1—刀体；2—刀片；3—端盖（压紧螺母）

## 2. 滚刀的安装

滚刀的安装精度影响着滚刀径向、轴向跳动，最终影响切齿精度。

（1）滚刀的选择

选择齿轮滚刀时，滚刀的齿形角和模数应与被加工齿轮的齿形角与法向模数相同，其精度等级也要和被加工齿轮的精度等级相适应。

（2）滚刀安装角的确定

滚切齿轮时，为了切出准确的齿形，应使滚刀和工件处于正确的"啮合"位置，滚刀在切削点处的螺旋线方向应与被加工齿轮的轮齿方向一致。为此，需将滚刀轴线与工件顶面安装成一定的角度，称为安装角。根据上述要求，即可确定滚刀安装角的大小与滚刀架的扳转方向。

加工直齿圆柱齿轮时安装角 $\delta$ 等于滚刀的螺旋升角 $\omega$，倾斜方向与滚刀螺旋方向有关，即滚刀架扳转方向取决于滚刀的螺旋线方向。滚刀右旋时，顺时针扳转滚刀架。滚刀为左旋时，逆时针扳转滚刀架，如表5-5所示。

加工斜齿圆柱齿轮时，安装角 $\delta$ 与除工件的螺旋角 $\beta$ 和滚刀的螺旋升角 $\omega$ 大小有关外，还与两者的螺旋方向有关。安装角 $\delta$ 的大小应等于两者的代数和，即 $\delta = \beta \pm \omega$（二者螺旋线方向相反时取"＋"号，相同时取"－"号）。加工右旋齿轮时，逆时针扳转滚刀架。加工左旋齿轮时，顺时针扳转滚刀架，如表5-5所示。滚切斜齿圆柱齿轮时，应尽量采用与工件螺旋方向相同的滚刀，使滚刀的安装角较小，有利于提高机床运动的平稳性和加工精度。

表5-5 滚刀安装角

| $\omega$—滚刀螺旋升角<br>$\delta$—滚刀安装角<br>$\beta$—工件的螺旋角 | | 右旋滚刀 | 左旋滚刀 |
|---|---|---|---|
| 直齿轮 | | | |
| 斜齿轮 | 右旋 | | |
| | 左旋 | | |

(3) 滚刀刀杆的安装

要保证滚刀的安装精度，首先必须保证滚刀刀杆的安装精度，刀杆安装到滚刀主轴上之后，应按图 5-18 所示检验刀杆在 $a$、$b$ 位置的径向圆跳动，$c$ 位置的端面轴向窜动，使其符合相应的要求。如对于 8 级精度的齿轮，应分别控制在 0.025 mm（$a$ 位置）、0.03 mm（$b$ 位置）、0.02 mm（$c$ 位置）之内。

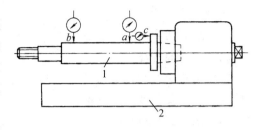

图 5-18　刀杆安装精度检验

1—刀杆；2—刀架

(4) 滚刀的安装

刀杆安装合格后装上滚刀、刀垫和活动支架。应检查滚刀凸台 $a$、$b$ 位置的径向圆跳动和 $c$ 位置的端面轴向窜动，如图 5-19 所示。如对于 8 级精度的齿轮，$a$、$b$ 两位置的径向圆跳动值应分别控制在 0.03 mm、0.035 mm 之内，$c$ 位置控制在 $0.005 \sim 0.01$ mm 之内。

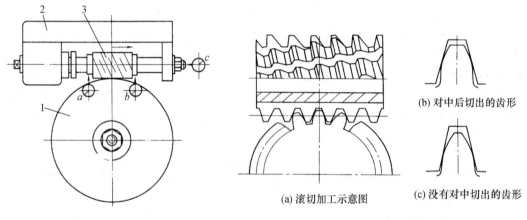

图 5-19　滚刀安装精度检验

1—齿坯；2—刀架；3—滚刀

图 5-20　滚刀对中

在滚刀安装过程中，为保证被加工齿轮齿形对称，需调整滚刀轴向位置，这就是所谓的对中。对中时，滚刀的前刀面处于水平位置，同时使一个刀齿（或刀槽）的对称中心线通过齿坯的中心，如图 5-20 所示。滚刀的对中是通过调整主轴部件的位置来实现的。另外，为使滚刀的磨损不过于集中在局部长度上，而是沿全长均匀地磨损以提高其使用寿命，也需调整滚刀轴向位置，这就是所谓的串刀。如图 5-21 所示，在进行对中或串刀时，先松开压板螺钉 2，然后用手柄转动方头轴 3，经方头轴 3 上的小齿轮和主轴套筒上的齿条带动主轴套筒连同滚刀主轴一起轴向移动。调整合适后，应拧紧压板螺钉。Y3150E 型滚齿机刀具主轴最大调整量为 55 mm。

对于 8 级精度以下的齿轮，可用试切法对中，即滚刀在齿坯上先切出一圈很浅的刀痕，观察刀痕的两侧是否对称，如不对称，微调滚刀的轴向位置，再换一个位置进行试切，直到两侧刀痕对称为止。对于 7 级精度以上的齿轮应采用对中架进行对中，如图 5-22 所示，对中时，使用与滚刀模数相同的对刀样板，调整滚刀主轴的轴向位置，使对刀样板紧贴滚刀齿槽两侧切削刃即可。

第 5 章　齿轮加工及设备

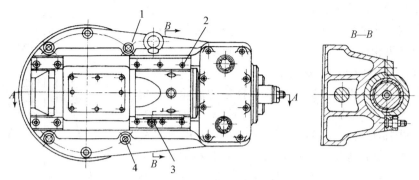

图 5-21　Y3150E 型滚齿机滚刀刀架结构
1—刀架；2、4—螺钉；3—方头轴

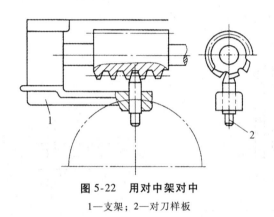

图 5-22　用对中架对中
1—支架；2—对刀样板

### 5.3.5　工件的装夹

如图 5-23 所示，底座 6 用它的圆柱表面 $P_2$ 与工作台 2 上中心孔的 $P_1$ 面配合，并用 T 形螺钉 7 通过 T 形槽 1 紧固在工作台 2 上。工件心轴 3 通过莫式锥孔配合，安装在底座 6 上，用其上的压紧螺母 5 压紧，用锁紧套 4 两旁的螺钉锁紧，以防加工过程中松动。

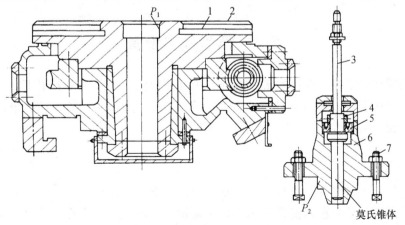

图 5-23　Y3150E 型滚齿机工作台结构
1—T 形槽；2—工作台；3—工件心轴；4—锁紧套；5—压紧螺母；6—底座；7—T 形螺钉

心轴安装后，必须检测如图 5-24 所示 $a$、$b$、$c$ 三点的跳动量并使其符合要求。如当 $a$、$b$ 之间的距离为 150 mm，加工 8 级精度齿轮时，$a$、$b$、$c$ 点的径向圆跳动应分别小于 0.025 mm、0.015 mm、0.01 mm。

如图 5-25（a）所示，当加工较小直径的齿轮时，可将工件直接装夹在心轴上，用压紧螺母锁紧；如图 5-25（b）所示，当加工较大直径的齿轮时，一般采用直径较大的底座，并在靠近加工部位的轮缘处夹紧。在被加工齿轮的两端面中，至少应有一个端面是定位端面，如图 5-25 中，$E$ 为定位端面，它应装在下面。装夹齿轮坯时所使用的垫圈和垫套等，其两端面平行度误差应小于 0.005 mm，压紧螺母接触端面与轴线的垂直度误差应小于 0.02 mm，以保证工件装夹的精度。

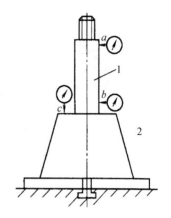

图 5-24　安装后心轴的精度检验
1—心轴；2—底座

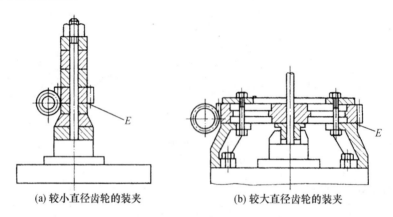

(a) 较小直径齿轮的装夹　　(b) 较大直径齿轮的装夹

图 5-25　工件装夹示意图
$E$—定位端面

## 5.4　插齿加工设备

常见的圆柱齿轮加工机床除滚齿机外，还有插齿机。插齿机主要用于加工直齿圆柱齿轮，尤其适用于加工滚齿难以加工的内齿轮、多联齿轮、带台阶齿轮、扇形齿轮、齿条及人字齿轮、端面齿盘等，但不能加工蜗轮。

**1. 插齿机的工作原理**

插齿机的工作原理类似一对圆柱齿轮啮合，其中一个齿轮作为工件，另一个齿轮变为齿轮形的插齿刀具，它的模数和压力角与被加工齿轮相同，且在端面磨有前角，齿顶及齿侧均磨有后角，如图 5-26 所示。插齿属于展成法加工，被加工齿轮的导线和母线是在插齿刀沿工件轴线往复直线运动，插齿刀和工件保持一定的展成运动关系中形成的。

加工过程中，刀具每往复一次，仅切出工件齿槽的一小部分，齿轮轮齿的渐开线齿形就是插齿刀依次切削加工中各瞬时位置的包络线，如图 5-27 所示。

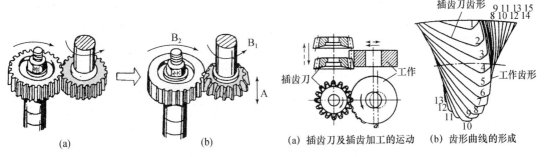

(a)　　　　　　　　　　(b)　　　　　　　　(a) 插齿刀及插齿加工的运动　　(b) 齿形曲线的形成

图 5-26　插齿原理　　　　　　　　　　图 5-27　插齿加工过程

2. 插齿机的工作运动

加工直齿圆柱齿轮时，插齿机应具有如图 5-28 所示的运动。

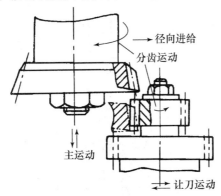

图 5-28　插齿运动

（1）主运动

插齿刀的上下往复直线运动。向下为切削行程，向上的返回行程是空行程。

（2）分齿运动

加工过程中，插齿刀和齿坯之间被强制的啮合运动，即插齿刀每转过一个齿，工件也必须转过一个齿，也称为展成运动。其应保持的速比关系为：

$$n_工/n_刀 = z_刀/z_工$$

（3）径向进给运动

插齿刀逐渐向工件中心移动的运动，以切出全齿高。当进给到要求的深度时，径向进给运动停止，分齿运动继续进行，直到插齿刀和工件对滚一周，加工出全部轮齿为止。根据工件的材料、模数和精度等条件，也可采用 2 次和 3 次径向切入方法，即刀具切入到工件全齿深，可分 2 次或 3 次进行。

（4）圆周进给运动

插齿刀绕自身轴线的旋转运动，其旋转速度的快慢决定了工件转动的快慢，也直接关系到插齿刀的切削负荷及使用寿命、被加工齿轮的表面质量、生产率等。圆周进给运动的大小即圆周进给量，用插齿刀每往复行程一次，刀具在分度圆圆周上所转过的弧长来表示。显然，降低圆周进给量将会增加形成齿槽的刀刃切削次数，从而提高齿形的精度，但生产率下降。

（5）让刀运动

为了避免插齿刀在返回行程（空行程）中，刀齿的后刀面与工件的齿面发生摩擦，插齿刀返回时，齿坯沿径向让开一段距离；当切削行程开始前，齿坯恢复原位，以便刀具进行下一次切削，这种运动即为让刀运动。

插齿机的让刀运动可以由安装工件的工作台移动来实现，也可由刀具主轴摆动得到。由于工件和工作台的惯量比刀具主轴大，由让刀运动产生的振动也大，不利于提高切削速度，所以新型号的插齿机（如 Y5132）普遍采用刀具主轴摆动来实现让刀运动。

3. 插齿机传动原理图

如图 5-29 所示为插齿机的传动原理图。图中表示了 3 个成形运动的传动链。

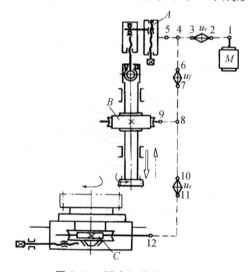

图 5-29　插齿机传动原理图

$M$—电动机；$A$—曲柄偏心盘；$B$、$C$—蜗杆蜗轮副；$u_v$、$u_f$、$u_x$—换置机构

（1）主运动传动链

由"电动机 $M$—1—2—$u_v$—3—4—5—曲柄偏心盘 $A$—插齿刀主轴（往复直线运动）"组成，曲柄偏心盘 $A$ 将旋转运动转换成插齿刀的往复直线运动，其中 $u_v$ 为调整插齿刀每分钟往复行程数的换置机构。

（2）圆周进给运动传动链

由"插齿刀主轴（往复直线运动）—曲柄偏心盘 $A$—5—4—6—$u_f$—7—8—9—蜗杆副 $B$—插齿刀主轴（旋转运动）"组成，其中 $u_f$ 为调整插齿刀圆周进给量大小的换置机构。

（3）展成运动传动链

由"插齿刀主轴（插齿刀转动）—蜗杆副 $B$—9—8—10—$u_x$—11—12—蜗杆副 $C$—

# 第 5 章 齿轮加工及设备

工作台"组成，其中 $u_x$ 为调整插齿刀与工件之间准确传动比的换置机构，以适应插齿刀和工件齿数的变化。

让刀运动及径向进给运动不直接参与工件表面的形成过程，故在图 5-29 中没有表示。

4. Y5132 型插齿机

（1）主要组成

Y5132 型插齿机外形如图 5-30 所示，它主要由床身、立柱、刀架、插齿刀主轴、工作台、挡块支架和床鞍等部件组成。Y5132 型插齿机加工外齿轮最大分度圆直径为 320 mm，最大加工齿轮宽度为 80 mm；加工内齿轮最大外径为 500 mm，最大宽度为 50 mm。

（2）刀具主轴和让刀机构

根据插齿机的运动分析可知，插齿刀的主运动为往复直线运动，而圆周进给运动为旋转运动。因此，插齿机刀具主轴的结构必须满足既能旋转，又能上下往复直线运动的要求。

Y5132 型插齿机刀具主轴和让刀机构的立体示意图如图 5-31 所示。属于主运动链的轴 II 的端部是曲柄机构 1。当轴 II 旋转时，连杆 2

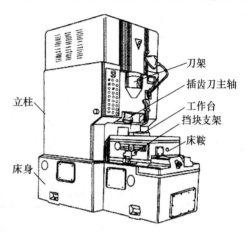

图 5-30　Y5132 型插齿机外形图

通过头部为球体的拉杆 13 与接杆 3 相连，使插齿刀杆 9 在导向套 8 内上下往复运动。往复行程的大小通过改变曲柄连杆机构的偏心距来调整，行程的起始位置是通过改变转动球头拉杆 13 在连杆 2 中的轴向长度来调整的（图 5-31 中未示）。

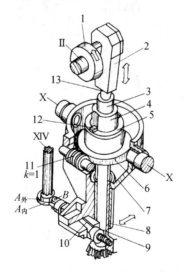

图 5-31　Y5132 型插齿机刀具主轴及让刀机构

1—曲柄机构；2—连杆；3—接杆；4—套筒；5—蜗轮体；6—蜗轮；
7—刀架体；8—导向套；9—插齿刀杆；10—让刀楔子；11—蜗杆；
12—滑键；13—拉杆；A—让刀凸轮；B—滚子；k—蜗杆线数

插齿刀杆 9 的旋转运动由蜗杆 11 带动蜗轮 6 转动而得到。在蜗轮体 5 的内孔上，用螺钉对称地固定安装 2 个长滑键 12。插齿刀杆 9 装在与球头拉杆 13 相连的接杆 3 上，并且在插齿刀杆 9 的上端装有带键槽的套筒 4。当插齿刀杆 9 做上下往复运动时，还可由蜗轮 6（$Z=120$）经滑键 12 和套筒 4 带动插齿刀杆 9 同时作旋转运动。

Y5132 型插齿机的让刀运动是由刀具主轴的摆动来实现的。如图 5-31 所示，让刀机构主要由让刀凸轮 $A$、滚子 $B$ 和让刀楔子 10 等组成。当插齿刀向上移动时，与轴 XIV 同时转动的让刀凸轮 $A$ 以它的工作曲线推动滚子 $B$，使让刀楔子 10（楔角 7°）移动，从而带动刀架体 7 连同插齿刀杆 9 绕刀架体的回转轴线 X—X 摆动，实现让刀运动。让刀凸轮 $A$ 有 2 个，其中 $A_外$ 用于插削外齿轮，$A_内$ 用于插削内齿轮。由于插削内外齿轮时的让刀方向相反，所以 2 个凸轮的工作曲线相差 180°。

5. 插齿刀类型、规格与用途

插齿刀的外形像一个齿轮，齿顶、齿侧做出后角，端面做出前角，形成切削刃。直齿插齿刀按加工模数范围、齿轮形状不同分为盘形、碗形、带锥柄等几种，它们的主要规格与应用范围如表 5-6 所示。

表 5-6 插齿刀的主要类型与应用范围

| 序号 | 类型 | 简图 | 实物图 | 应用范围 | 规格 | | $d_1$ 或莫氏锥度 |
|---|---|---|---|---|---|---|---|
| | | | | | $d_0$ | $m$ | |
| 1 | 盘形直齿插齿刀 | | | 加工普通直齿外齿轮和大直径内齿轮 | 63 | 0.3～1 | 31.734 |
| | | | | | 75 | 1～4 | |
| | | | | | 100 | 1～6 | |
| | | | | | 125 | 4～8 | |
| | | | | | 100 | 6～10 | 88.90 |
| | | | | | 200 | 8～12 | 101.60 |
| 2 | 碗形直齿插齿刀 | | | 加工塔形、双联、三联直齿轮 | 50 | 1～3.5 | 20 |
| | | | | | 75 | 1～4 | 31.743 |
| | | | | | 100 | 1～6 | |
| | | | | | 125 | 4～8 | |
| 3 | 锥柄直齿插齿刀 | | | 加工直齿内齿轮 | 25 | 0.3～1 | Morse No. 2 |
| | | | | | 25 | 1～2.75 | |
| | | | | | 38 | 1～3.75 | Morse No. 3 |

## 5.5 齿轮的精加工

常用的齿面精加工方法有剃齿、珩齿和磨齿等方法。

### 5.5.1 剃齿加工

剃齿是利用剃齿刀在剃齿机上对未淬过火齿轮齿面进行的精整加工，它能提高齿轮的齿形精度和改善表面粗糙度,常作为滚齿或插齿的后续工序。

1. 剃齿的原理和运动

剃齿相当于一对交错轴无啮合间隙的斜齿轮传动,属于自由啮合的展成法加工。如图 5-32 所示,工件装在两顶尖间的心轴上,由剃齿刀带动被剃齿轮转动,当剃齿刀转动时,啮合点 $A$ 的圆周速度 $V_A$ 可分解为 $V_{Am}$ 和 $V_{At}$ 两个分量。$V_{Am}$ 带动工件转动,则 $V_{At}$ 为齿面间的相对滑动,即剃削速度。除剃齿刀带动工件旋转外,还有工作台的慢速往复运动及工作台每往返一次行程的一次垂直进给运动。利用操纵箱,工作台到行程终点并开始返回行程时,剃齿刀带动工件反转。

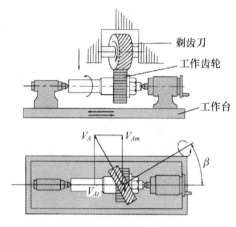

图 5-32 剃齿原理及运动

2. 剃齿刀

剃齿刀实质上是一个高精度的螺旋齿轮,并且在齿侧面上开了许多小容屑槽以形成切削刃,如图 5-33 所示。由于螺旋齿轮啮合时,两齿轮在接触点的速度方向不一致,使齿轮的齿侧面沿剃齿刀的齿侧面滑移,剃齿刀齿面上的切削刃在进刀压力的作用下,就能从工件齿面上切下极薄的切屑(厚度约 0.005～0.01 mm)。

图 5-33 剃齿刀

选用剃齿刀时,要选用模数和压力角与被剃齿轮相同的。剃齿刀有 $A$ 和 $B$ 两个等级,$A$ 等级适用于加工 6 级齿轮;$B$ 等级适用于加工 7 级齿轮。剃齿刀装在高精度的主轴上,它与工件心轴的夹角为 $\delta$。当工件的螺旋角为 $\phi_2$,剃齿刀的螺旋角为 $\phi_1$,则安装角为 $\delta = \phi_2 - \phi_1$。$\delta$ 值一般为 0°～15°。在剃削直齿圆柱齿轮时,取 $\delta < 15°$。剃齿刀的分度圆螺旋角有 3 种,分别为 5°、10°和 15°,其中 5°和 15°应用最广。15°多用于加工直齿圆柱齿轮;

5°多用于加工斜齿轮和多联齿轮中的小齿轮。

常用的高速钢剃齿刀可剃削硬度低于 HRC35 的齿轮，精度达 7～6 级，表面粗糙度值可达 $Ra0.8～0.4\,\mu m$。剃齿只能提高齿形精度和齿向精度，不能提高分齿精度。剃齿机结构简单，调整和操作方便，生产率很高，一般只需 2～4 min 即可加工一个齿轮。每次重磨后可加工约 1 500 个齿轮，每把剃齿刀约可加工 10 000 个齿轮。由于剃齿刀结构复杂，设计、制造困难，价格较高，因此，广泛用于成批和大量生产中精加工未淬硬的齿轮。

### 5.5.2 珩齿加工

珩齿加工是对淬硬齿形进行精加工的方法之一。珩齿是用珩磨轮在珩齿机上（也可用改装的剃齿机、车床或铣床）进行齿形精加工的方法，其原理和方法与剃齿相同，也相当于一对交错轴无啮合间隙的斜齿轮传动，属自由啮合的展成法加工，如图 5-34 所示。珩齿时，珩磨轮高速旋转（1 000 r/min～2 000 r/min），同时沿齿向和渐开线方向产生滑动进行切削，珩齿过程具有剃削、磨削和抛光的精加工的综合作用，刀痕复杂、细密。

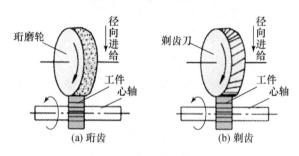

图 5-34　珩齿原理

珩齿所用刀具为珩磨轮，也称珩轮，是一个将金刚砂或白刚玉磨料与环氧树脂等材料合成后浇铸或热压在钢制轮坯上的斜齿轮，如图 5-35 所示。

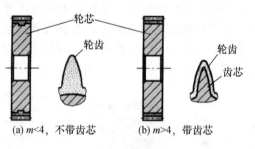

图 5-35　珩磨轮

珩齿是一种轮齿表面光整加工技术，主要用于去除淬火后齿面上的氧化皮和轻微磕碰而产生的齿面毛刺与压痕，可有效地降低表面粗糙度和齿轮噪音，对齿形精度改善不大。珩齿后的表面粗糙度值 $Ra$ 为 $0.4～0.2\,\mu m$。因珩齿余量很小，约为 0.01 mm～0.02 mm，且多为一次切除，故生产率很高，一般珩磨一个齿轮只需 1 min 左右。珩齿适宜各种批量生产的淬硬齿轮和非淬硬齿轮的精加工，在大批量生产中对 6 级齿轮常采用"滚→剃→淬火→珩"的加工工艺路线。

## 5.5.3 磨齿加工

磨齿是用砂轮在磨齿机上对齿轮进行精加工的方法,是获得高精度齿轮最有效和可靠的加工方法。磨齿的精度可达3级,表面粗糙度 $Ra$ 值可达 $0.8 \sim 0.2\ \mu m$,磨齿对磨前齿轮误差或热处理变形具有较强的修正能力。磨齿最大的缺点是生产率低,加工成本较高。目前,磨齿主要用于加工精度要求很高的齿轮,特别是硬齿面的齿轮。

磨齿方法很多,根据磨齿原理的不同可以分为成形法和展成法两类。

### 1. 成形法磨齿

成形法磨齿是一种用成形砂轮磨齿的方法,生产率比展成法高,但由于砂轮修整比较费时,砂轮磨损后会产生齿形误差等原因使它的使用受到限制,目前生产中应用较少,但它是磨削内齿轮和特殊齿轮时必须采用的方法。

如图 5-36 所示,成形法磨齿时,将砂轮靠外圆处的两侧修整成与工件齿间相吻合的形状,对已切削过的齿间进行磨削。每磨完一齿后,进行分度,再磨下一个齿。

成形法磨齿具有如下特点。
① 可在花键磨床或工具磨床上进行,设备费用较低。
② 生产率较高,比展成法磨齿高近10倍。
③ 砂轮修整较复杂,且也存在一定的误差。
④ 在磨齿过程中砂轮磨损不均以及机床的分度误差的影响,它的加工精度只能达到6级。

### 2. 展成法磨齿

展成法磨齿主要是利用齿轮与齿条啮合原理进行加工的方法,这种方法是将砂轮的工作面构成假象齿条的单侧或双侧齿面,在砂轮与工件的啮合运动中,砂轮的磨削平面包络出渐开线齿面。展成法磨齿生产率低,但加工精度高,一般可达4级,表面粗糙度 $Ra$ 值在 $0.4 \sim 0.2\ \mu m$。所以,实际生产中它是齿面要求淬火的高精度齿轮常采用的一种加工方法。常用的磨齿方法有4种。

(1) 锥形砂轮磨齿

锥形砂轮磨齿的砂轮截面如齿条的截面,如图 5-37 所示,磨齿时,砂轮作高速旋转运动并沿齿长方向作往复运动,工件回转并移动,磨削齿槽的一个侧面;又反向回转并反向移动,磨削齿槽的另一侧面。磨完一个齿槽的两面后,砂轮自动退离工件并进行分度,再磨下一个齿槽。

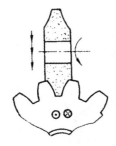

图 5-36 成形法磨齿

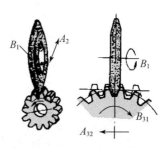

图 5-37 锥形砂轮磨齿

采用这种磨齿方法磨齿时，形成展成运动的机床传动链较长，结构复杂，故传动误差较大，磨齿精度较低，一般只能达到5～6级。

（2）双碟形砂轮磨齿

双碟形砂轮磨齿是利用两个碟形砂轮端平面上一条环形窄边进行磨削，如图5-38所示，将其端面构成假想齿条的两个（或一个）齿的两个齿面。工作时，两个砂轮同时磨一个齿间或两个不同齿间的左右齿面。为了磨出全齿宽，被磨齿轮需沿齿向作往复直线运动。磨完两个齿面后进行分度，再磨另外两个齿面。

这种磨齿方法中展成运动传动环节少，传动精度高，是磨齿机精度最高的一种，加工精度可达4级。但由于碟形砂轮刚性较差，每次进给磨去的余量很少，所以生产率低。

（3）蜗杆砂轮磨齿

蜗杆砂轮磨齿是新发展起来的连续分度磨齿方法，其加工原理和滚齿相似，只是相当于将滚刀换成蜗杆砂轮，但所用蜗杆砂轮的直径比滚刀大得多，如图5-39所示，工作时，砂轮的转速很高，一般为2 000 r/min，砂轮转一周，齿轮转过一个齿，工件转速也很高，而且可以连续磨齿，因此，磨齿效率高于其他磨齿方法，一般磨削一个齿轮仅需几分钟。这种磨齿方法精度也比较高，一般可以达到5～6级。对于不同模数的齿轮需要更换不同的砂轮，修整砂轮也比较复杂，故这种方式只适于成批生产的齿轮精加工。

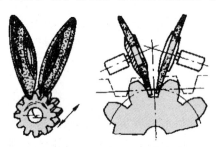

图5-38 双碟形砂轮磨齿

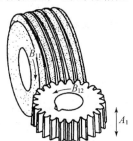

图5-39 蜗杆砂轮磨齿

（4）大平面砂轮磨齿

大平面砂轮磨齿是用大平面砂轮端面磨齿的方法，一般砂轮直径达到400～800 mm，利用渐开线靠模板得到工件的展成运动，如图5-40所示。磨齿时不需要沿齿槽方向的进给运动。磨完齿面一侧后，分度再磨下一个齿的同一侧面。全部磨完后工件反向安装再磨另一侧的齿面。

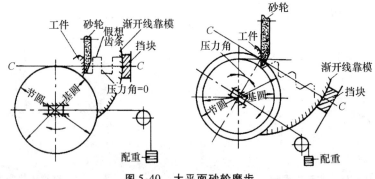

图5-40 大平面砂轮磨齿

# 第5章 齿轮加工及设备

大平面砂轮磨齿是目前精度最高的磨齿机，由于它的展成运动、分度运动的传动链短，又没有砂轮与工件间的轴向运动，因此机床结构简单，可以磨出 3～4 级精度的齿轮。但是因为它没有轴向运动，因此只能磨削齿宽较窄的齿轮。

## 5.6 齿轮的测量

### 5.6.1 齿圈径向跳动 $\Delta F_r$ 的测量

1. 齿圈径向跳动 $\Delta F_r$

齿圈径向跳动 $\Delta F_r$ 是指在齿轮一转范围内，测头在齿槽内与齿高中部双面接触，测头相对于齿轮轴线的最大变动量。如图 5-41 所示，测量时，以齿轮孔为基准，将测头依次放入各齿槽内，在指示表上读出径向位置的最大变化量即为齿圈径向跳动 $\Delta F_r$。

齿圈径向跳动 $\Delta F_r$ 主要是由齿坯孔与心轴间的几何偏心引起的，它影响齿轮传递运动的准确性。

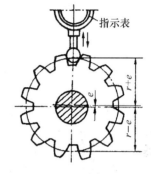

图 5-41 齿圈径向跳动的测量

2. 检测仪器

（1）测头形式

测头的形式有 3 种，如图 5-42 所示。

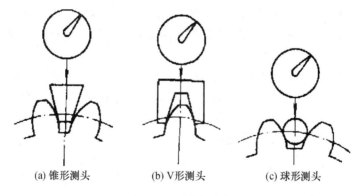

(a) 锥形测头　　(b) V形测头　　(c) 球形测头

图 5-42 测头形式

（2）检测仪器

测量齿圈径向跳动可在齿圈径向跳动检查仪、万能测齿仪或普通偏摆检查仪上进行。如图 5-43 所示为齿圈径向跳动检查仪，该仪器能测量模数 0.3～5 mm，精度等级 3～11 级的齿轮。

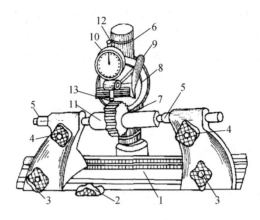

图 5-43 齿圈径向跳动检查仪

1—支承滑板；2—手轮；3、4—紧固螺钉；5—顶尖；6—立柱；
7—调节螺母；8—指示表摇臂支架；9—抬升器；10—指示表；
11—被测齿轮；12—调节螺钉；13—测头

3. 检测步骤

① 测量时，将被测齿轮 11 安装在心轴上，再将心轴装夹在两顶尖 5 之间，松紧合适，即轴向不能窜动，转动自如。

② 根据被测齿轮的模数选择测头 13，将它装在指示表（千分表）10 上，再将指示表（千分表）10 装入仪器的表架上并锁紧。

③ 转动手轮 2 移动支承滑板 1，使指示表测头 13 大约位于被测齿轮 11 的齿宽中部。

④ 拔下抬升器 9，旋松立柱 6 的调节螺钉 12，转动立柱升降调节螺母 7，使测头处于齿槽内并与齿面接触，压缩指示表 1～2 圈后固紧立柱螺钉，再将指示表 10 的指针调至零位，开始记录数据。

⑤ 拔起抬升器 9，使测头离开齿槽，转过一齿后，轻轻放下抬升器 9，使测头与下一齿面接触，记下指示表（千分表）读数，逐齿测量，记下所有齿的读数。

⑥ 取数据中最大值减去最小值的代数差即为 $\Delta F_r$。

⑦ 判断零件的合格性：若 $\Delta F_r \leq F_r$（公差），该项目合格，否则不合格。

### 5.6.2 公法线长度变动 $\Delta F_w$ 的测量

1. 公法线长度变动 $\Delta F_w$

公法线是指 $k$ 个齿的异侧齿廓间的公共法线长度。公法线长度变动 $\Delta F_w$ 是指在齿轮一转范围内实际公法线长度最大值与最小值之差，即 $\Delta F_w = \Delta W_{max} - \Delta W_{min}$，如图 5-44 所示。

# 第 5 章 齿轮加工及设备

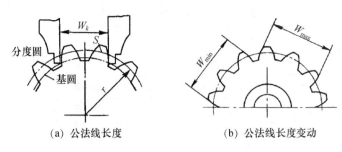

(a) 公法线长度　　　　　(b) 公法线长度变动

图 5-44　公法线长度变动的测量

公法线长度变动 $\Delta F_w$ 主要是由机床分度蜗轮偏心，使齿坯转速不均匀，引起齿面左右切削不均匀所造成的，它影响齿轮传递运动的准确性。

2. 测量工具

测量公法线长度可采用普通游标卡尺、公法线千分尺和公法线指示卡规等作为测量工具。如图 5-45 所示是用公法线千分尺测量公法线长度的示意图。

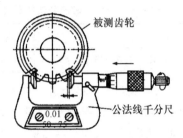

图 5-45　公法线千分尺测量公法线长度示意图

3. 检测步骤

测量时，应使千分尺两个测量盘的测量面在齿轮分度圆附近与齿面接触，以便消除齿形角误差对测量结果的影响。

（1）跨齿数 $k$ 的确定

假设测量盘的测量面与齿廓的切点正好在分度圆上，对于直齿轮，可按下式计算跨齿数 $k$：

$$(k-1)\frac{360°}{z} + \frac{180°}{z} = 2\alpha$$

式中：$z$——齿轮的齿数；
　　　$\alpha$——基准齿形角。

当 $\alpha = 20°$ 时，则跨齿数为

$$k = 0.111z + 0.5$$

当计算结果出现小数时，应圆整为相近的整数。

通常在工作中，除利用上式计算外，还可查阅有关资料获得。如表 5-7 所示为 $\alpha = 20°$ 时的跨齿数 $k$。

表5-7　α=20°时跨齿数 k 的选择

| 齿数 z | 11～18 | 19～27 | 28～36 | 37～45 | 46～54 | 55～63 | 64～72 | 73～81 |
|---|---|---|---|---|---|---|---|---|
| 跨齿数 k | 2 | 3 | 4 | 5 | 6 | 7 | 8 | 9 |
| 齿数 z | 82～90 | 91～99 | 100～108 | 109～117 | 118～126 | 127～135 | 136～144 | 145～158 |
| 跨齿数 k | 10 | 11 | 12 | 13 | 14 | 15 | 16 | 17 |

（2）公法线公称长度 W 的计算

公法线长度 $W_k$（当压力角 a=20°时）可按下式计算：

$$W_k = m[2.9521(k-0.5) + 0.014z]$$

式中：z——被测齿轮齿数；

　　　　k——跨测齿数；

通常在工作中，除可利用上式计算外，还可查阅有关资料获得。如表5-8所示为模数 $m=1\text{mm}$，α=20°时的部分公法线长度 E 值，用 E 值乘以模数 m，即可求出该模数的齿轮公法线长度的公称值。

表5-8　$m=1\text{mm}$，α=20°时的公法线长度公称值

| Z | 17 | 18 | 19 | 20 | 21 | 22 | 23 | 24 | 25 |
|---|---|---|---|---|---|---|---|---|---|
| E（mm） | 4.66628 | 4.68029 | 7.64642 | 7.66043 | 7.67443 | 7.68844 | 7.70244 | 7.71645 | 7.73046 |

（3）测量时，按计算或查表得跨齿数 k；将测量盘放入齿槽中，使其测量面与两外侧齿异名齿廓相切，直接测出读数。然后沿齿圈逐齿测量一周，其中最大与最小读数之差即为被测齿轮的公法线长度变动，即 $\Delta F_w = \Delta W_{\max} - \Delta W_{\min}$。

（4）根据被测齿轮的图纸要求，查出公法线长度变动公差、齿圈径向跳动公差、齿厚上偏差和下偏差，计算公法线平均长度的上、下偏差。

（5）判断零件的合格性。若 $\Delta F_w \leq F_w$（公差），该项目合格，否则不合格。

### 5.6.3　齿厚偏差 $\Delta E_s$ 的测量

**1. 齿厚偏差 $\Delta E_s$**

齿厚偏差 $\Delta E_s$ 是指在分度圆柱面上，齿厚的实际值和公称值之差。对于斜齿轮，指法向齿厚。按定义，齿厚是以分度圆弧长计算，为了测量方便，测量时常以弦长（弦齿厚）计值，即：

$$\overline{S} = mz\sin\frac{90}{z}$$

**2. 测量仪器**

弦齿厚可采用齿厚游标卡尺和齿厚光学卡尺来测量。如图5-46所示是用齿厚游标卡尺测量弦齿厚的示意图。齿厚游标卡尺相当于两个普通游标卡尺的组合，垂直游标卡尺用来控制测量部位的弦齿高，水平游标卡尺用来测量分度圆弦齿厚，其原理和读数方法

与普通游标卡尺相同。

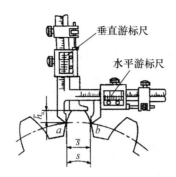

图 5-46　齿厚游标卡尺测量弦齿厚示意图

3. 检测步骤

① 确定弦齿厚和弦齿高，可通过下式计算：

$$\bar{S} = mz\sin\left(\frac{90°}{z}\right)$$

$$\bar{h}_a = m\left\{1 + \frac{z}{2}\left[1 - \cos\left(\frac{90°}{z}\right)\right]\right\}$$

在生产实践中，常用查表法查出 $m = 1$ mm 时的分度圆弦齿厚和弦齿高，如表 5-9 所示，代入下式求得弦齿厚 $\bar{S}$ 和弦齿高 $\bar{h}_a$ 的数值。

$$\bar{S} = m\bar{S}^*$$
$$\bar{h}_a = m\bar{h}_a^*$$

表 5-9　$m = 1$ mm 时的分度圆弦齿厚和弦齿高

| 齿数 $z$ | 17 | 18 | 19 | 20 | 21 | 22 | 23 | 24 | 25 | 26 |
|---|---|---|---|---|---|---|---|---|---|---|
| 弦齿厚 | 1.5686 | 1.5688 | 1.5690 | 1.5692 | 1.5693 | 1.5694 | 1.5695 | 1.5696 | 1.5697 | 1.5698 |
| 弦齿高 | 1.0363 | 1.0342 | 1.0324 | 1.0308 | 1.0294 | 1.0280 | 1.0268 | 1.0257 | 1.0247 | 1.0237 |

② 用外径千分尺或游标卡尺测量齿顶圆直径，并记录。

③ 计算分度圆实际弦齿高：

$$h = \bar{h}_a + \frac{\Delta E_d}{2}$$

式中 $\Delta E_d$ 为齿顶圆直径偏差。

④ 按 $h$ 值调整齿厚卡尺的垂直游标。

⑤ 如图 5-46 所示，将齿厚卡尺置于被测齿轮上，使垂直游标尺的定位尺和齿顶接触，然后移动水平游标尺的卡脚，使卡脚紧靠齿廓，从水平游标尺上读出实际弦齿厚。弦齿厚实际值与公称值之差即为齿厚偏差 $\Delta E_s$。

⑥ 沿齿轮外圆，每间隔 60° 测量一个齿厚，记录数据。在计算出的 6 个齿厚偏差中取最大值作为齿厚的实际偏差。

⑦ 判断零件的合格性：根据齿厚极限偏差（上偏差 $E_{ss}$、下偏差 $E_{si}$）判断齿厚的合格性，其合格条件为 $E_{si} \leqslant \Delta E_s \leqslant E_{ss}$。

由于测量分度圆弦齿厚是以齿顶圆为测量基准，其直径的误差和跳动会影响测量结果，故此法适用于精度较低（8 级以下）或模数较大的齿轮。

## 复习思考题

1. 齿轮的切削加工方法主要有哪些？
2. 按切削原理分，齿轮的切削加工方法有哪几种？各有什么特点？
3. 铣齿的工艺特点有哪些？
4. 在 Y3150E 滚齿机上加工齿轮，已知滚刀头数为 $k$，右旋，螺旋升角为 $\beta$；被加工的直齿圆柱齿轮的齿数为 $z_工$；滚刀的轴向进给量为 $f$ mm/r。请回答下列问题：
① 滚刀的轴心线位置为什么要调整到与水平线相差一个角度？角度应多大？
② 若滚刀轴向进给为 $A$ mm 时，工件与滚刀各转了多少转？
5. 滚齿时的对中方法有哪几种？
6. 插齿加工有哪几种运动？
7. 插齿刀的种类及用途是什么？
8. 齿轮的精加工方法有哪些？
9. 如何用公法线千分尺测量直齿圆柱齿轮的公法线长度？
10. 如何用齿厚卡尺测量直齿圆柱齿轮的齿厚偏差？

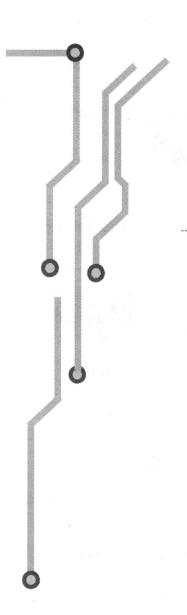

# 第 6 章
# 螺纹加工及设备

螺纹也是零件上常见的表面之一，如图 6-1 所示，在各种机械产品中，由于螺纹既可用于零件之间的连接、紧固，又可用于传递动力，改变运动形式，也可用作测量件来测量工件，因此应用非常广泛。

图 6-1　螺纹的应用

螺纹的加工方法很多，主要有攻螺纹、套螺纹、车削、铣削、磨削和滚压加工等，如图 6-2 所示。具体的加工方法应根据工件形状、螺纹牙型、螺纹的尺寸和精度、工件材料、热处理以及生产类型等条件进行选择。

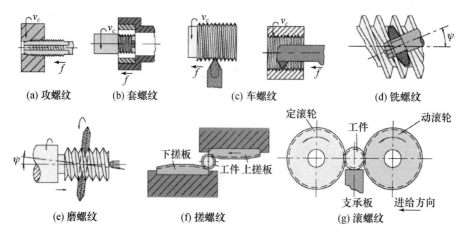

图 6-2　螺纹的加工方法

螺纹的各种加工方案及其所能达到的经济加工精度、表面粗糙度及适用范围如表 6-1 所示。

表 6-1　螺纹的各种加工方案

| 加工方法 | | 经济加工精度 | 表面粗糙度 $Ra$（μm） | 适用范围 |
| --- | --- | --- | --- | --- |
| 攻螺纹 | | 7～6 | 6.3～1.6 | 各种批量 |
| 套螺纹 | | 9～8 | 6.3～1.6 | 各种批量 |
| 车螺纹 | | 8～4 | 3.2～0.4 | 单件或批量生产直径较大的螺纹 |
| 铣螺纹 | | 9～6 | 6.3～3.2 | 成批或量 |
| 滚压螺纹 | 搓丝 | 8～5 | 1.6～0.8 | 大批量生产小螺纹 |
| | 滚丝 | 7～3 | 0.8～0.2 | 大批量 |
| 磨螺纹 | | 6～3 | 0.4～0.08 | 各种批量，内螺纹需 25 mm 以上 |

注：经济加工精度指螺纹中径的精度等级

# 第6章 螺纹加工及设备

## 6.1 攻螺纹和套螺纹

攻螺纹（用丝锥攻丝）是用丝锥在圆柱内表面上加工出内螺纹的操作，即用一定的扭矩将丝锥旋入工件上预钻的底孔中加工出内螺纹。套螺纹（用板牙套丝）是用板牙在棒料（或管料）工件上切出外螺纹。攻螺纹或套螺纹的加工精度取决于丝锥或板牙的精度。加工内、外螺纹的方法虽然很多，但小直径的内螺纹只能依靠丝锥加工。攻丝和套丝可用手工操作，也可用车床、钻床、攻丝机和套丝机加工。

### 6.1.1 攻螺纹

1. 常用攻螺纹工具

（1）丝锥

用于加工较小直径的内螺纹。按牙的粗细不同，可分为粗牙丝锥和细牙丝锥；按攻丝的驱动力不同，可分为手用丝锥和机用丝锥。通常 M6～M24 的手用丝锥一套为两支，称头锥、二锥；M6 以下及 M24 以上的手用丝锥一套有 3 支，即头锥、二锥和三锥。在国家工具标准中，将碳素工具钢或合金工具钢（少量高速钢）滚牙（切牙）丝锥定名为手用丝锥，将高速钢磨牙丝锥定名为机用丝锥。手用丝锥和机用丝锥的工作原理和结构特点完全相同。丝锥的结构如图 6-3 所示。

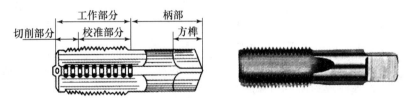

图 6-3　丝锥的结构图

（2）铰杠

用来夹持丝锥柄部，带动丝锥旋转的工具。有固定式和活动式，如图 6-4 所示，常用的是可调式铰杠，旋转手柄即可调节方孔的大小，以便夹持不同尺寸的丝锥，铰杠长度应根据丝锥的尺寸大小进行选择，以便控制攻丝时的扭矩，防止丝锥因施力不当而扭断。

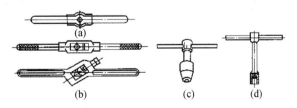

图 6-4　铰杠的种类

## 2. 攻螺纹步骤

使用成套丝锥时，应按头锥、二锥、三锥顺序依次使用，攻深孔或盲孔时，要及时清除切屑，并注意是否攻到底，以防折断丝锥。在钢件上攻丝要加机油，在铸铁、铝合金上攻丝时要加煤油。

（1）底孔直径的确定

攻螺纹前要钻底孔，并将孔口倒角。底孔的直径可查手册或按下面的经验公式计算：

对于塑性较大的材料（如钢）：$D_0 = D - P$

对于塑性较小的材料（如铸铁）：$D_0 = D - (1.05 - 1.1)P$

式中：$D_0$——底孔直径；

$D$——内螺纹大径（mm）；

$P$——螺距（mm）。

（2）钻孔深度的确定

当攻不通孔（盲孔）的螺纹时，因丝锥不能攻到底，所以孔的深度要大于螺纹的长度，盲孔的深度可按下面的公式计算：

$$H_0 = H + 0.7D$$

式中：$H_0$——盲孔的深度；

$H$——所需螺纹的深度。

（3）手工攻螺纹

如图 6-5 所示，开始时，将丝锥垂直放入孔内，用铰杠轻压旋入 1～2 圈，用目测或直角尺在两个相互垂直的方向上检查丝锥与端面是否垂直，并及时纠正。当丝锥旋入 3～4 圈后，即可只转动，不用加压。每顺转 1～2 圈后要轻轻倒转 1/4 圈。当需要使用二锥时，先把丝锥放入孔内，旋入几扣后，再用铰杠转动，不用加压。攻盲孔螺纹时，需依次使用头锥、二锥才能攻到需要的深度。

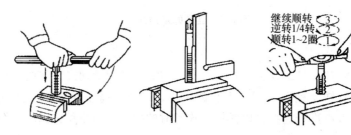

图 6-5　手工攻螺纹

（4）机动攻螺纹

机动攻丝工作与手工攻丝的过程相似，以在车床上攻螺纹为例加以说明。攻丝时，先将机用丝锥用攻丝工具安装在尾座套筒内，如图 6-6 所示，然后将尾座移到工件前适当位置约 15 mm 处锁死，摇动尾座手轮使丝锥切入工件头几牙，然后停止摇动手轮，由滑动套筒在工具体内自由轴向进给，当丝锥攻到所需长度时，开反车，使主轴反转退出丝锥。

在机动攻螺纹时，要注意以下几点。

① 当丝锥切削部分开始攻丝时，应在机床进刀手柄上施加均匀的压力，以帮助丝锥切入工件，且进刀要慢。

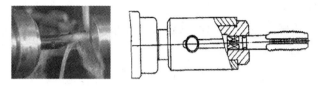

图 6-6　机动攻螺纹

② 当丝锥切削部分进入工件后，应停止施加压力，而靠丝锥螺纹自然进给攻丝。

③ 机攻通孔螺纹时，丝锥的校准部分不能全部攻出头，否则在反转退出丝锥时，会使螺纹产生烂牙。

### 6.1.2　套螺纹

1. 常用套螺纹工具

（1）板牙

加工或修正外螺纹的螺纹加工工具。板牙相当于一个具有很高硬度的螺母，螺孔周围制有几个排屑孔，一般在螺孔的两端磨有切削锥。板牙按外形和用途分为圆板牙、方板牙、六角板牙和管形板牙，如图 6-7 所示。其中以圆板牙应用最广，规格范围为 M0.25～M68 mm。当加工出的螺纹中径超出公差时，可将板牙上的调节槽切开，以便调节螺纹的中径。板牙可装在板牙扳手中用手工加工螺纹，也可装在板牙架中在机床上使用。板牙加工出的螺纹精度较低，但由于结构简单、使用方便，在单件、小批生产和修配中板牙仍得到广泛应用。

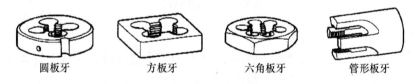

图 6-7　板牙的类型

（2）板牙架

用来夹持板牙，传递扭矩。不同外径的板牙应选用不同的板牙架，板牙架的种类如图 6-8 所示。

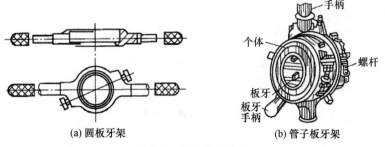

(a) 圆板牙架　　　　　　　　(b) 管子板牙架

图 6-8　板牙架的种类

## 2. 套螺纹步骤

（1）圆杆直径的确定

套螺纹前应检查圆杆直径，太大难以套入，太小套出的牙型不完整。圆杆直径可用经验公式计算：

$$d = d_0 - 0.13P$$

式中：$d$——圆杆直径（mm）；

$d_0$——螺纹大径（mm）；

$P$——螺距（mm）。

（2）手工套螺纹

如图 6-9 所示，套丝前圆杆端部应倒角，使板牙容易对准工件中心，同时也容易切入。倒角长度应大于一个螺距，斜角为 15°～20°；套丝时用 V 形块或铜衬垫夹紧圆杆，并使圆杆轴线垂直于钳口，防止螺纹套歪。开始时，一只手用手按住铰杠中部，沿圆杆轴向施加压力，另一只手配合向顺时针方向切进；在套出 2～3 扣牙时，要及时检查并保持圆板牙端面与圆杆轴线的垂直度，有偏斜及时纠正；当板牙切入后，不需加压，只需均匀转动板牙，为了断屑，板牙需经常倒转，以便断屑。另外，套丝时加切削液以提高螺纹表面质量和延长板牙使用寿命。

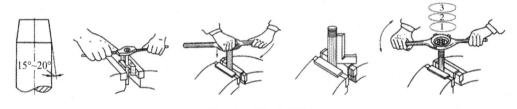

图 6-9　手工套螺纹

（3）机动套螺纹

以车床上套螺纹为例加以说明。如图 6-10 所示，套螺纹时，先将套筒 4 安装在尾座内，用螺钉 1 将板牙固定在工具体 2 左端的孔内。销钉 3 通过套筒 4 上的长槽插入工具体 2 中，防止套螺纹时转动。然后，将尾座移到工件前约 15 mm 处锁死。先开动车床和冷却泵进行冷却，然后摇动尾座手轮使板牙切入工件，待套出 2～3 扣牙时，停止摇动尾座手轮，由滑动套筒在工具体内自由轴向进给，板牙切削外螺纹，当板牙切削到所需长度时，开反车，使主轴反转退出板牙。

 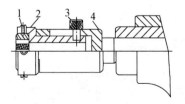

图 6-10　套螺纹工具

1—螺钉；2—工具体；3—销钉；4—套筒

# 第6章 螺纹加工及设备

## 6.2 螺纹的车削加工方法

车螺纹是将工件表面车削成螺纹的加工方法，如图 6-11 所示。各种螺纹车削的基本规律都是相同的，现以车削应用最广的普通公制三角形螺纹为例加以说明。

图 6-11　车螺纹

**1. 螺纹车刀及安装**

三角螺纹的加工一般选用高速钢、硬质合金螺纹车刀，三角形螺纹的车削方法有低速和高速车削两种，低速车削时选用高速钢螺纹车刀，高速车削则应选用硬质合金螺纹车刀。螺纹车刀如图 6-12 所示。

螺纹牙形角要靠螺纹车刀的正确形状来保证，因此三角螺纹车刀刀尖及刀刃的夹角应为 60°，精车时车刀的前角应为 0°。车刀安装应注意以下几点。

① 车刀刀尖必须与工件轴线等高（用弹性刀杆应略高于轴线约 0.2 mm）。

② 车刀刀尖角平分线必须垂直于工件轴线。一般用样板找正装夹，如图 6-13 所示，以免产生螺纹半角误差。

③ 刀头伸出不要过长，一般为 20～25 mm（约为刀杆厚度的 1.5 倍）。

图 6-12　螺纹车刀

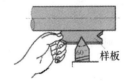

图 6-13　样板找正

**2. 三角螺纹的车削加工方法**

三角螺纹有如图 6-14 所示的右旋（正扣）和左旋（反扣）两种，即当主轴正转时，由尾座向卡盘方向车削，加工出来的螺纹为右旋（正扣），当主轴还是正转的情况下，由卡盘向尾座方向车削，加工出来的螺纹为左旋（反扣）。三角螺纹的车削加工方法有如图 6-15 所示的 3 种。

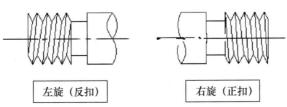

图 6-14　三角螺纹的种类

(1) 直进法

用中滑板进刀,两刀刃和刀尖同时切削。此法操作方便,车出的牙形清晰,牙形误差小,但车刀受力大,散热差,排屑难,刀尖易磨损。适用于加工螺距小于 2 mm 的螺纹,以及高精度螺纹的精车。

(2) 左右进刀法

车刀两侧同时参加车削,刀具受力大,排屑不利。其特点是车刀只有一个刀刃参加切削,在每次切深进刀的同时,用小刀架向左、向右移动一小段距离,这样重复切削数次,直至螺纹的牙形全部车好。此法适用于加工螺距较大的螺纹。

(3) 斜进法

将小刀架扳转一角度,使车刀沿平行于所车螺纹右侧方向进刀,使得车刀两刀刃中,基本上只有一个刀刃切削。此法切削受力小,散热和排屑条件较好,切削用量可大些,生产率较高。但不易车出清晰的牙形,牙形误差较大。一般适用于较大螺距螺纹的粗车。

采用左、右进刀法和斜进法时,当车至最后 1～2 刀时,应采用直进法,以保证牙形正确,牙根清晰。

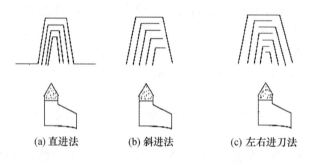

(a) 直进法　　(b) 斜进法　　(c) 左右进刀法

图 6-15　三角螺纹的车削加工方法

3. 车螺纹时的注意事项

(1) 防止乱扣

乱扣是指前后两次切削的螺旋线不重合。乱扣的主要原因是丝杠的螺距与工件的螺距不是整数倍,即丝杠转一圈而工件未转整数圈或是由于切削过程中刀具的位置移动造成的。对于乱扣螺纹,预防乱扣的方法是在加工过程不要随意打开、合上开合螺母,而是采用开正反车的方法,即在第一次行程结束时,继续保持开合螺母闭合状态,把刀具沿径向退出后,将主轴反转,使车刀沿纵向原路退回,再进行下一次切削。当刀具移动时必须重新对刀,对刀方法是:先按下开合螺母,后开车,待车刀沿切削方向移动到工件表面时再停车,然后移动小拖板,使车刀刀尖对准原来的螺旋槽。

(2) 注意安全

螺纹车好后,必须立即抬起开合螺母,然后脱开丝杠传动。

# 第6章 螺纹加工及设备

## 6.3 螺纹的其他加工方法

### 6.3.1 螺纹的铣削加工方法

铣螺纹的生产率比车螺纹高，但精度较低、表面粗糙度较大，在成批和大量生产中应用很广。铣螺纹一般是在专门的螺纹铣床上进行，根据所用铣刀的结构不同，可分为以下3种方法。

**1. 盘形铣刀铣削螺纹**

盘形铣刀主要用于铣削丝杠、蜗杆等工件上的梯形外螺纹。如图6-16所示为在普通万能铣床上用盘形螺纹铣刀铣削梯形螺纹。工件安装在分度头与尾架顶尖上，调整刀轴位置使其处于水平位置，并与工件轴线成螺纹升角 $\varphi$ 角。铣刀高速旋转，工件在沿轴向移动一个导程的同时需旋转一周，这一运动关系通过工作台纵向进给丝杠与分度头之间的挂轮予以保证。若铣削多线螺纹，可利用分度头分线，依次铣削各条螺纹槽。在专用螺纹铣床上铣螺纹，方法与上类似，只是工件旋转一周时，由刀具沿工件轴向移动一个导程，其加工精度比用普通铣床铣削略高。

**2. 梳形铣刀铣削螺纹**

梳形铣刀用于铣削内、外普通螺纹和锥螺纹，由于是用多刃铣刀铣削，其工作部分的长度又大于被加工螺纹的长度，故工件只需要旋转 1.25～1.5 转就可加工完成，生产率很高，但加工精度较低，一般用于加工短而螺距不大的三角形内、外螺纹，如图6-17所示。

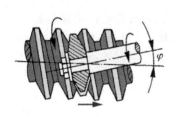

图6-16 盘形铣刀铣削螺纹

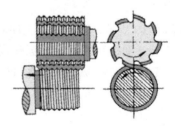

图6-17 梳形铣刀铣削螺纹

**3. 旋风铣刀铣削螺纹**

旋风法铣削螺纹常在改装的车床上进行。如图6-18所示，工件安装在车床的卡盘或顶尖上，作低速旋转运动（4～25 r/min），由专用电动机带动的旋风刀盘（装有1～4个刀头）安装在车床的横向滑板上，以 1 000～1 600 r/min 的高速旋转。工件旋转一周时，刀盘纵向移动一个导程。刀盘轴线与工件轴线成螺纹升角 $\varphi$，两者旋转中心有一偏心距，使刀头只在 1/6～1/3 圆周上接触工件，每个刀头仅切去一小片金属，使刀刃在工作时能充分的冷却。因此，一般均为一次进给完成加工，生产率较盘铣刀铣削高 3～8 倍。但铣头调整较麻烦，加工精度不太高，主要用于大批量生产螺杆或作为精密丝杠的粗加工。

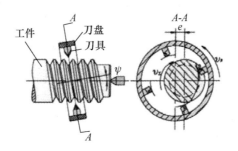

图 6-18　旋风法铣削螺纹

### 6.3.2　螺纹的滚压加工方法

螺纹的滚压加工是一种无屑加工方法，它是在室温下，利用压力加工方法使金属产生塑性变形从而获得螺纹的加工方法。螺纹滚压一般在滚丝机、搓丝机或在附装自动开合螺纹滚压头的自动车床上进行。按滚压模具的不同，螺纹滚压可分搓丝和滚丝两类。

螺纹经滚压后，由于工件材料纤维未被切断，所以零件的力学物理性能比切削加工好；滚压后的螺纹表面因冷作硬化而能提高强度和硬度；由于滚压螺纹的表面粗糙度小、材料利用率和生产率高、滚压模具寿命很长及易于实现自动化，因此适用于大批量生产标准紧固件和其他螺纹连接件的外螺纹。但滚压螺纹要求工件材料的硬度不超过 HRC40；对毛坯尺寸精度要求较高；对滚压模具的精度和硬度要求也高，制造模具比较困难；不适于滚压牙形不对称的螺纹。

1. 搓丝

如图 6-19 所示，搓丝时，工件放在错开 1/2 螺距相对布置的固定搓丝板（静板）与活动搓丝板（动板）之间。两搓丝板的平面上均有斜槽，其截面形状与待搓螺纹的牙形相符。当工件送入两板之间，活动搓丝板移动时，使其表面塑性变形而挤压出螺纹。搓丝的最大直径为 25 mm，精度可达 5 级，表面粗糙度 $Ra$ 值为 1.6～0.8 μm。

2. 滚丝

滚丝轮外圆周上具有与工件螺纹截面形状完全相同，但旋向相反的螺纹。如图 6-20 所示，滚丝时工件放在两个滚丝轮之间的支承板上，两滚丝轮同向等速旋转，带动工件旋转，同时一滚丝轮向另一滚丝轮作径向进给，从而逐渐挤压出螺纹。

滚丝的工件直径为 0.3 mm～120 mm，精度可达 3 级，表面粗糙度 $Ra$ 值为 0.8～0.2 μm。滚丝生产率较搓丝低，可用来滚制螺钉、丝锥等。利用三个或两个滚轮，并使工件做轴向移动，可滚制丝杠。

# 第 6 章 螺纹加工及设备

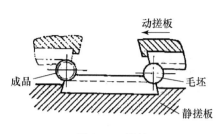

图 6-19 搓丝

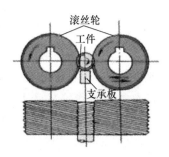

图 6-20 滚丝

## 6.3.3 螺纹的磨削加工方法

螺纹磨削主要用于在螺纹磨床上加工淬硬工件的精密螺纹，如螺纹量规、丝锥、精密丝杠及滚刀等，在车削或铣削之后，需在专用螺纹磨床上进行磨削。螺纹磨削有单线砂轮磨削和多线砂轮磨削两种，前者应用较为普遍。

1. 单线砂轮磨削螺纹

如图 6-21（a）所示，单线砂轮磨削时，砂轮轴线相对于工件轴线倾斜一个螺纹升角 $\varphi$。经修整后，砂轮在螺纹轴向截面上的形状与螺纹的牙槽相吻合。磨削时，工件装在螺纹磨床的前后顶尖之间，工件每转一周，同时沿轴向移动一个导程。砂轮高速旋转，并在每次磨削行程之前，作径向进给，经多次行程完成加工。对于螺距小于 1.5 mm 的螺纹，可不经预加工，采用较大的背吃刀量和较小的工件进给速度，经一次或两次行程直接磨出螺纹。

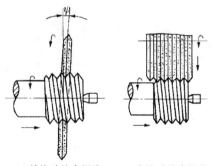

(a) 单线砂轮磨螺纹　　(b) 多线砂轮磨螺纹

图 6-21 磨螺纹

单线砂轮磨削能达到的螺距精度为 6～5 级，表面粗糙度为 $Ra$ 值为 1.25～0.08 μm，砂轮修整较方便。这种方法适于磨削精密丝杠、螺纹量规、蜗杆、小批量的螺纹工件和铲磨精密滚刀。

### 2. 多线砂轮磨削螺纹

如图 6-21（b）所示为多线砂轮磨削螺纹。该种方式又分为纵磨法和切入磨法两种。纵磨法的砂轮宽度小于被磨螺纹长度，砂轮纵向移动一次或数次行程即可把螺纹磨到最后尺寸。切入磨法的砂轮宽度大于被磨螺纹长度，砂轮径向切入工件表面，工件约转 1.25 转就可磨好，生产率较高，但精度稍低，砂轮修整比较复杂。切入磨法适于磨削批量较大的丝锥和某些紧固用的螺纹。

### 6.3.4 螺纹的研磨

螺纹的研磨是用铸铁等较软材料制成螺母型或螺杆型的螺纹研具，对工件上已加工的螺纹存在螺距误差的部位进行正反向旋转研磨，以提高螺距精度。淬硬的内螺纹通常也用研磨的方法消除变形，提高精度。

## 6.4 螺纹的测量方法

常用的螺纹测量方法有综合测量法和单项测量法。

### 6.4.1 综合测量法

螺纹的综合检验，可以用投影仪或量规进行。生产中主要用螺纹量规来控制螺纹的极限轮廓，螺纹量规包括螺纹环规和螺纹塞规两种，如图 6-22 所示，检验内螺纹的用螺纹塞规，检验外螺纹用螺纹环规，每一种螺纹量规又有通规和止规之分。当测量时，如果通规恰好旋入，而止规不能旋入，则说明螺纹合格，否则不合格。综合测量法只能判断螺纹是否合格，不能测出螺纹的极限尺寸。此法适用于成批生产。

(a) 螺纹塞规　　　　　　(b) 螺纹环规

图 6-22　螺纹量规

### 6.4.2 单项测量法

所谓单项测量是指分别测量螺纹的每个参数，主要有螺距、大径和中径的尺寸。

#### 1. 螺距测量

螺距测量常采用直尺或螺距规，用直尺测量时，应多测量几次，取其平均值，如图 6-23 所示。用螺距规时，要注意螺距规沿着工件轴向对准，如能与牙槽完全吻合，说明被测螺距正确。

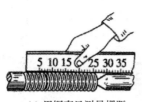
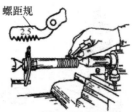

(a) 用钢直尺测量螺距　　　　(b) 用螺距规测量螺距

图 6-23　螺距测量方法

## 2. 大径测量

由于螺纹的大径公差较大，一般用游标卡尺测量。

## 3. 中径测量

常用的圆柱螺纹中径测量方法有螺纹千分尺测量法和三针测量法。

（1）螺纹千分尺测量法

螺纹千分尺是测量低精度外螺纹中径的常用量具，它的结构与一般外径千分尺相似，所不同的是测量头，它有成对配套的，适用于不同牙型和不同螺距的测头，每对测头只能测量一定范围内的螺纹，使用时根据被测螺纹的螺距按螺纹千分尺附表进行选择，测量时由螺纹千分尺直接读出螺纹千分尺的实际尺寸，如图 6-24 所示。

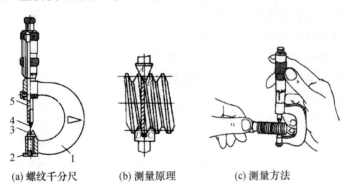

(a) 螺纹千分尺　　　(b) 测量原理　　　(c) 测量方法

图 6-24　螺纹千分尺测量螺纹中径

1—尺架；2—砧座；3—下测量头；4—上测量头；5—测量螺杆

（2）三针测量法

三针测量法主要用于测量精密螺纹（如螺纹塞规、丝杠等）的中径。如图 6-25 所示，测量时，先把三根量针放置在螺纹两侧相对应的螺旋槽内，用千分尺量出两边量针之间的距离 $M$，然后根据 $M$ 值计算出螺纹中径的实际尺寸。三针测量时，$M$ 值和中径的计算公式如表 6-2 所示。

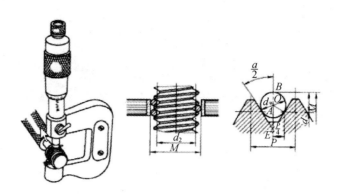

图 6-25 三针测量螺纹中径

表 6-2 三针测量螺纹中径时的计算公式

| 螺纹牙型角 α | M 值计算公式 | 量针直径 $d_0$ | | |
|---|---|---|---|---|
| | | 最大值 | 最佳值 | 最小值 |
| 60°（普通螺纹） | $M = d_2 + 3d_D - 0.866P$ | 1.01P | 0.577P | 0.505 |
| 55°（英制螺纹） | $M = d_2 + 3.166d_D - 0.961P$ | 0.894P − 0.029 mm | 0.564P | 0.481P ∼ 0.016 mm |

# 复习思考题

1. 常用螺纹加工方法有哪些？
2. 手工攻螺纹和套螺纹的步骤是什么？
3. 车削三角形螺纹时的加工方法有哪几种？
4. 螺纹的铣削和磨削加工方法各有哪几种？
5. 滚压螺纹有何特点？
6. 螺纹单项测量的方法有哪几种？

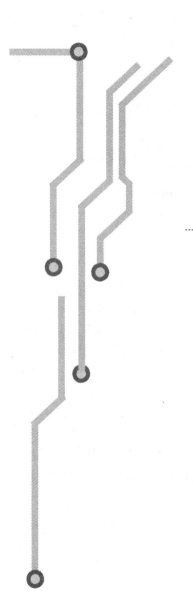

# 第 7 章
# 箱体加工及设备

箱体类零件一般是指具有一个以上孔系，内部有型腔，在长、宽、高方向有一定比例的零件，这类零件在机床、汽车、拖拉机、飞机制造等行业应用得较多，如图 7-1 所示。

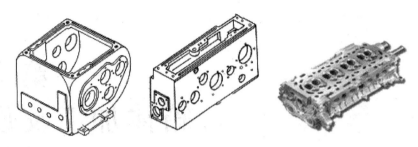

图 7-1　箱体类零件

箱体类零件一般都需要进行平面及多工位孔系加工，公差要求较高，特别是形位公差要求较为严格，通常要经过铣、镗、钻、扩、铰、锪、攻丝等工序，需要刀具较多，在普通机床上加工难度大，工装套数多，费用高，加工周期长，需多次装夹、找正，手工测量次数多，加工时必须频繁地更换刀具，工艺难以制定，更重要的是精度难以保证。

箱体类零件的加工设备主要有组合机床和加工中心，另外也可用铣床和镗床。

1. 组合机床

组合机床是以系列化、标准化的通用部件为基础再配以少量的专用部件组成的专用机床。生产率及自动化程度高，精度易保证。

组合机床设计、制造周期较短，维修方便，经济效果好。能适应产品更新，快速可调、装配灵活，工作稳定可靠，提高了设备利用率。易于联成机床自动线，适合于大批量生产。

2. 加工中心

加工中心（Machining Center）简称 MC，是由机械设备与数控系统组成的适用于加工复杂形状工件的高效率自动化机床，集铣、钻、镗等加工于一体，适合箱体、壳体、模具型腔等非回转体类零件的加工。加工箱体类零件的加工中心，当加工工位较多，需工作台多次旋转角度才能完成的零件，一般选卧式镗铣类加工中心。当加工的工位较少，且跨距不大时，可选立式加工中心，从一端进行加工。适合于多品种、小批量生产。

## 7.1　组合机床

### 7.1.1　概述

当产品批量较小时，机械加工中往往采用通用机床作为加工设备，而对于那些大批大量生产的产品，通常采用专用机床。由于专用机床是针对特定工序的加工要求设计制造的，当产品更新时，原来的专用机床便不能使用，往往也难以改装，为解决这一问题，在专用机床的基础上便产生了组合机床。

#### 1. 组合机床的组成

如图 7-2 所示为立、卧复合式三面钻孔组合机床（控制部件和辅助部件图中未标出）。其中主轴箱 4 和夹具 8 是按加工对象设计的专用部件，其余均为通用部件，且专用部件中的绝大多数零件也是由大量的通用部件和标准件组成。因此，一台组合机床中通常有 70%～80% 的零件是通用件和标准件。

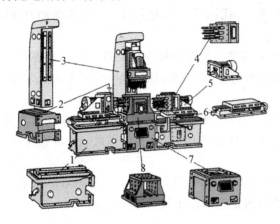

**图 7-2　组合机床的组成**
1—侧底座；2—立柱底座；3—立柱；4—主轴箱；5—动力箱；6—滑台；7—中间底座；8—夹具

#### 2. 组合机床的工艺范围

组合机床具有广泛的工艺范围，其中最基本的工艺是平面加工和孔加工两种类型。

随着组合机床设计与制造技术的不断发展，其工艺范围也在不断扩大，除了能完成车外圆、外螺纹、铣削、磨削、滚压孔、拉削、抛光、珩磨等工序外，甚至还可以完成冲压、焊接、热处理、装配和自动测量等工序。

组合机床最适宜于加工箱体类零件，如变速箱体、变速箱盖、汽缸体、汽缸盖等零件。这些零件从平面到孔的全部加工工序几乎都可以由组合机床来完成。

组合机床主要应用于机床、汽车、拖拉机、电机等大批、大量生产的制造部门。对于一些生产批量不大的重要零件的关键工序，为保证其加工质量也采用组合机床。随着组合机床技术水平的提高，其应用也会越来越广泛。

### 7.1.2　组合机床的通用部件

通用部件是组合机床的基础。通用部件是根据其各自的功能，按标准化、系列化、通用化原则设计而成的独立部件。

根据所选用的通用部件的规格大小以及结构和配置形式等方面的差异，将组合机床分为大型组合机床（滑台台面宽度 $B \geq 250$ mm）和小型组合机床（滑台台面宽度 $B < 250$ mm）两大类。本节只介绍大型组合机床的常用通用部件。

1. 通用部件的分类

按通用部件在组合机床上的功能，可分为5类。

(1) 动力部件

它是组合机床的主要部件，用于传递动力，实现主运动或进给运动。

动力部件包括动力滑台及其配套使用的动力箱和各种单轴头。动力滑台用于实现进给运动；动力箱与主轴箱（多轴箱）配合使用，用于实现主运动；单轴头主要用于实现刀具的主运动，如铣削头、钻削头等。其他部件均以选定的动力部件为依据来配套选用。

(2) 支撑部件

它是组合机床的基础部件，包括侧底座、立柱、立柱底座和中间底座等。用于支撑和安装动力部件、输送部件等。其结构的强度和刚度对组合机床的精度和寿命影响很大。

(3) 输送部件

它包括移动工作台、回转工作台、回转鼓轮工作台及环形回转工作台等。用于带动夹具和工件的移动和转动，以实现工位的变换，因此，要求有较高的定位精度。

(4) 控制部件

包括可编程控制器、液压传动装置、操纵台、电柜等。用来控制具有运动动作的各个部件，以保证组合机床按预定的程序实现工作循环。

(5) 辅助部件

包括定位、夹紧、润滑、冷却、排屑装置以及上下料机械手等。

2. 常用的通用部件

(1) 动力滑台（简称滑台）

动力滑台简称滑台，用于实现进给运动。根据驱动和控制方式不同，可分为液压滑台、机械滑台和数控滑台3种类型。

(2) 动力箱

动力箱是带动刀具作旋转主运动的驱动装置。动力箱通过安装在它上面的主轴箱（多轴箱）将动力传给刀具，它与主轴箱（多轴箱）配套使用。

如图7-3所示为1TD系列齿轮传动动力箱的结构图。其上的驱动轴2由电动机经一对齿轮传动，而驱动轴2则将运动传给多轴箱。

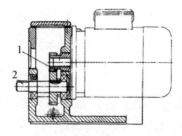

图7-3 1TD系列齿轮传动动力箱
1—齿轮；2—驱动轴

(3) 主轴箱（多轴箱）

主轴箱的功用是带动各主轴按照加工示意图中所规定的转速及转动方向旋转。主轴的数量和位置应与被加工工件孔的数量和位置相一致。

标准主轴箱体的主要组成部分是中间箱体、前盖和后盖。前盖和中间箱体上的孔是根据主轴和传动轴的数量和位置加工出的。整个主轴箱通过定位销和螺钉固定在动力箱上。

(4) 单轴头

单轴头又称为主轴部件或工艺切削头，其端部安装刀具，尾部连接传动装置，即可进行切削。

单轴头是具有一根刚性主轴的标准专用主轴头，如铣削头、钻削头、镗削头等，可以与相应规格的主运动传动装置配套使用，如图7-4所示。

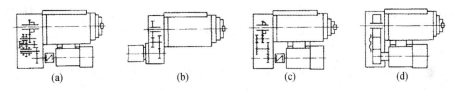

图7-4 1TX系列铣削头与4种主传动装置的配置

(5) 支撑部件

① 中间底座　中间底座是用于安装输送部件、夹具等的支撑部件。其侧面可以与侧底座、立柱底座相连接，并通过端面键或定位销定位。

设计中间底座时应考虑工件形状、大小、夹具轮廓尺寸、加工工艺要求和组合机床的配置形式等因素，中间底座一般按专用部件进行设计。

② 侧底座　侧底座与滑台共同组成卧式组合机床，因此，滑台有几种行程，侧底座的长度就相应有几种规格，即其长度应与滑台相适应。侧底座的高度有560 mm、630 mm两种。

③ 立柱及立柱底座　立柱与滑台共同组成立式组合机床，它安装在立柱底座上，为平衡动力部件的质量，立柱内装有平衡机构。

3. 通用部件的选用

通用部件的外廓尺寸及与其他部件之间连接处的联系尺寸（如结合面的大小，连接螺钉布置，尺寸及定位销位置等），在通用部件系列标准中均作了统一规定。因此，只要各部件的规格、技术性能符合设计要求，就可以在不同功用的组合机床上相互通用。

(1) 通用部件选用的方法和原则

部件通用化程度的高低标志着组合机床的技术水平。在组合机床设计中，选择通用部件是重要内容之一。选用的基本方法是根据所需的功率、进给力、进给速度等要求，选择动力部件及其配套部件。选用原则如下：

① 切削功率应满足加工所需的计算功率。
② 动力箱与主轴箱（多轴箱）尺寸应相适应和匹配。
③ 进给部件不仅要满足加工所需的最大进给力、进给速度和工作行程及工作循环的要求，同时还要考虑装刀、调刀的方便性。
④ 应满足加工精度的要求。选用时应注意结构不同或结构相同，精度等级不同的动力部件所能达到的加工精度是不同的。
⑤ 尽可能按通用部件的配套关系选用有关通用部件。
（2）通用部件的选用
① 动力部件选用　主要是指动力部件的品种和规格的确定。动力部件品种的确定，应当根据具体的加工要求、机床的配置形式、制造及使用条件等合理选择。动力部件规格的确定，应根据所需功率和进给力的大小，结合动力部件的选用原则，全面地考虑其他因素来选择。
② 其他通用部件的选用　对于侧底座、立柱等支撑件，可选与动力滑台规格相配套的相应规格；对于输送部件可按所需工作台的运动形式，工作台台面尺寸、工位数、驱动方式及定位精度等来选用。
选择通用部件时，还应根据加工精度要求、制造成本等确定通用部件的精度等级。

## 7.2　加工中心

### 7.2.1　概述

加工中心最初是从数控铣床发展而来的。与数控铣床相同的是，加工中心同样是由计算机数控系统（CNC）、伺服系统、机床本体、液压系统等各部分组成。但加工中心又不等同于数控铣床，加工中心与数控铣床的最大区别在于它装有一套能自动换刀的刀库系统。

零件一次装夹后，加工中心可连续完成铣、镗、钻、扩、铰、攻丝等多种工序。因而大大减少了工件装夹、测量和机床调整等辅助工序时间，对加工形状比较复杂，精度要求较高，品种更换频繁的零件具有良好的经济效果。

1. 加工中心的分类

（1）根据主轴与工作台相对位置的不同分类：分为卧式、立式和万能加工中心，如图 7-5 所示。

(a) 卧式加工中心 　　(b) 立式加工中心　　(c) 万能加工中心

图 7-5　加工中心的种类

① 卧式加工中心　这是指主轴轴线与工作台平行设置（主轴中心线为水平状态）的加工中心，通常带有可分度的回转工作台。此类加工中心主要以镗铣削加工为主，适合于加工壳体、泵体、阀体等箱体类零件以及复杂零件特殊曲线与曲面轮廓的多工序加工。

② 立式加工中心　这是指主轴轴线与工作台垂直设置（主轴中心线为垂直状态）的加工中心，此类加工中心主要以钻铣削加工为主，也能进行连续轮廓的铣削加工。适用于加工板类、盘类、模具及小型壳体类复杂零件。

③ 万能加工中心　也称五面体加工中心、复合加工中心或多轴联动型加工中心，是指通过加工主轴轴线与工作台回转轴线的角度可控制联动变化，完成复杂空间曲面加工的加工中心。此类加工中心是多轴联动控制，能进行卧、立切削加工，可完成除安装面外的所有面的加工，适用于具有复杂空间曲面的叶轮转子、模具、刀具等工件的加工。

（2）按加工中心运动坐标数和同时控制的坐标数分：有三轴二联动、三轴三联动、四轴三联动、五轴四联动、六轴五联动等。三轴、四轴是指加工中心具有的运动坐标数，联动是指控制系统可以同时控制运动的坐标数，从而实现刀具相对工件的位置和速度控制。

2. 加工中心的特点

（1）加工中心上装备有自动换刀装置。工序集中，工件一次装夹后可以完成多个表面的加工，大大节省辅助工时和在制品周转时间。

（2）加工中心刀库系统集中管理和使用刀具，有可能用最少量的刀具，完成多工序的加工，并提高刀具的利用率。

（3）加工中心加工零件的连续切削时间比普通机床高得多，所以设备的利用率高。

（4）在加工中心上装备有托盘机构，使切削加工与工件装卸同时进行，提高生产效率。

（5）操作者劳动强度低，但对操作者的技术水平要求高。

（6）设备成本高。

3. 加工中心的结构组成

各种加工中心虽然外形结构各异，但从总体来看主要由以下几部分组成。

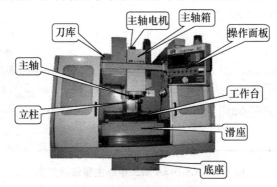

图 7-6　加工中心的组成

(1) 基础部件

它是加工中心的基础结构，由床身、立柱和工作台等组成，主要承受加工中心的静载荷以及在加工时产生的切削负载，因此必须要有足够的刚度。它们是加工中心中体积和重量最大的部件，一般是铸铁件或是焊接而成的钢结构件。

(2) 主轴部件

它是切削加工的功率输出部件，由主轴箱、主轴电动机、主轴和主轴轴承等零件组成。主轴的启、停和变速等动作均由数控系统控制，并且通过装在主轴上的刀具参与切削运动。

(3) 数控系统

它是执行顺序控制动作和完成加工过程的控制中心，由 CNC 装置、可编程控制器、伺服驱动装置以及操作面板等组成。

(4) 自动换刀系统

当需要换刀时，数控系统发出指令，由机械手（或通过其他方式）将刀具从刀库内取出装入主轴孔中，实现换刀动作，由刀库、机械手等部件组成。

(5) 辅助装置

包括润滑、冷却、排屑、防护、液压、气动和检测系统等部分。这些装置虽然不直接参与切削运动，但对加工中心的加工效率、加工精度和可靠性起着保障作用，因此也是加工中心中不对缺少的部分。

### 7.2.2 加工中心主要部件结构

1. 主轴部件

加工中心是以镗、铣、钻为主的数控机床，它的主运动是刀具的旋转运动，刀具由装夹机构安装在主轴上。

如图 7-7 所示为 JCS-018A 主轴结构简图。其主轴前端的 7:24 锥孔用于装夹锥柄刀具或刀杆。主轴的端面键即作刀具定位用，又可通过它传递扭矩。主轴 1 前支撑处配置了 3 个高精度的角接触球轴承 4，用以承受径向载荷和轴向载荷。后支撑 6 为一对小口相对配置的角接触球轴承，它们只承受径向载荷，因此，轴承外圈不需要定位。当主轴受热变形向后伸长时，不影响加工精度。

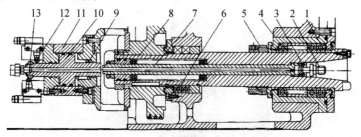

图 7-7 JCS-018A 加工中心主轴结构简图

1—主轴；2—拉紧螺杆；3—钢球；4、6—轴承；5—螺母；7—拉杆；8—碟形弹簧；
9—弹簧；10—活塞；11—液压缸；12、13—行程开关

# 第7章 箱体加工及设备

为实现刀具的自动装卸，主轴内装有刀具的自动松开和夹紧装置。如图 7-7 所示为刀具的夹紧状态，当机床执行换刀指令时，液压缸 11 上腔通压力油，活塞 10 推动拉杆 7 向下移动，压紧碟形弹簧 8，钢球 3 进入主轴内孔上端直径较大部位，即可将刀取出。活塞 10 通孔上端为螺孔，在刀具取出后，通入压缩空气，将刀具安装锥孔等处的切屑吹净，为装入新刀做好准备。当新刀插入主轴后，液压缸 11 上腔无油压，在碟形弹簧 8 和弹簧 9 的恢复力作用下，使拉杆 7、钢球 3 和活塞 10 退回到图 7-7 所示位置，钢球 3 在拉杆 7 前端的作用下向轴心收缩，拉住刀夹柄部。行程开关 12、13 由活塞 10 控制，发出刀具夹紧和松开信号。

2. 刀库

刀库系统是加工中心的重要组成部分，主要包括刀库与刀具交换装置。

刀库是存放加工过程中所使用的刀具的装置。加工中心的功能主要体现在刀库容量与刀库类型上。刀库的容量从几把到上百把，其类型各不相同，常用的有鼓轮式刀库、链式刀库和格子盒式刀库 3 种。

（1）鼓轮式刀库

该类型刀库结构简单紧凑，应用较多。目前，鼓轮式刀库一般安装在机床立柱的顶面和侧面，刀具存放数目一般不超过 32 把。当刀库容量较大时，为了防止刀库转动造成的振动对加工精度的影响，也有的安装在单独的地基上。鼓轮式刀库上刀具轴线相对于刀库轴线可以按不同方向配置，有轴向、径向或斜向 3 种，如图 7-8 所示。

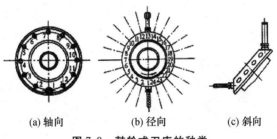

(a) 轴向　　　　(b) 径向　　　　(c) 斜向

图 7-8　鼓轮式刀库的种类

（2）链式刀库

链式刀库是在环形链条上装有许多刀座，在刀座孔中装各种刀具，链条由链轮驱动。这种刀库容量较大，扩展性好、在加工中心上的配置位置灵活，但结构复杂。链环可根据机床的总体布局要求配置成适当形式，以利于换刀机构的工作，刀库取刀多为轴向取刀。链式刀库有单环链式、多环链式和回转式链结构等几种，如图 7-9 所示。

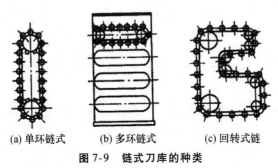

(a) 单环链式　　(b) 多环链式　　(c) 回转式链

图 7-9　链式刀库的种类

（3）格子盒式刀库

刀具分几排直线排列，由纵、横向移动的取刀机械手完成选刀运动，将选取的刀具送到固定的换刀位置刀座上，由换刀机械手交换刀具，这种形式的刀具排列密集，空间利用率高，刀库容量大。如图7-10所示为固定型格子盒式刀库。

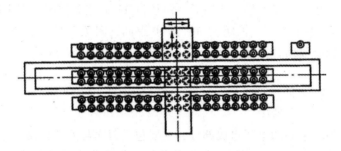

图7-10　固定型格子盒式刀库

3. 刀具交换装置

刀具交换装置是指在数控机床的自动换刀装置中，实现刀库与机床主轴之间刀具传递和刀具装卸的装置。刀具可固紧在专用刀夹内，每次换刀时将刀夹直接装入主轴即可。刀具的交换方式通常分为无机械手换刀和机械手换刀两大类。

（1）无机械手换刀

无机械手换刀是利用机床主轴与刀库的相对运动实现刀具的交换。如图7-11所示，XH754型卧式加工中心就是采用这类刀具交换装置的实例。其机床外形和换刀过程如下。

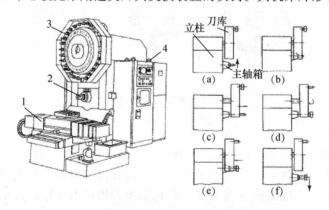

图7-11　XH754型卧式加工中心及其换刀过程
1—工作台；2—主轴；3—鼓轮式刀库；4—数控柜

① 如图7-11（a）所示，当本加工工步结束后执行换刀指令，主轴实现准停，主轴箱在立柱上沿Y轴上升，这时机床上方刀库的空挡刀位正好处在换刀位置，装夹刀具的卡爪打开。

② 如图7-11（b）所示，主轴箱上升到极限位置，被更换刀具的刀杆进入刀库的空刀位置，被刀具定位卡爪钳住，与此同时，主轴内的刀杆自动夹紧装置放松刀具。

③ 如图7-11（c）所示，刀库伸出，同时将刀具从主轴锥孔中拔出。

④ 如图7-11（d）所示，刀库转位，按照程序指令要求将选好的刀具转到主轴最下面的换刀位置，同时压缩空气将主轴锥孔吹净。

⑤ 如图7-11（e）所示，刀库退回，同时将新刀具插入主轴锥孔，主轴内的刀具夹紧装置将刀杆拉紧。

⑥ 如图7-11（f）所示，主轴箱下降到加工位置后启动，开始下一工步的加工。

这种换刀机构不需要机械手，结构简单、紧凑。由于换刀时机床不工作，因此，不会影响加工精度，但生产率会下降。另外刀库受结构尺寸的限制，装刀数量不能太多，每把刀具在刀库上的位置是固定的，从某个刀座上取下的刀具，用完后仍然放回原来刀座上。这种换刀方式常用于小型加工中心。

（2）机械手换刀

用机械手进行换刀的方式应用最为广泛，因为机械手换刀具有很大的灵活性，换刀时间也较短。机械手的结构形式多种多样，换刀运动也有所不同。下面介绍常用的两种换刀方式。

① 回转插入式刀具交换装置　回转插入式刀具交换装置是最常用的形式之一。下面以JCS-018A型加工中心为例介绍机械手换刀工作原理。

该机床的刀库位于机床立柱左侧，刀库中刀具的轴线与主轴的轴线垂直，避免了切屑造成主轴或刀夹损坏的可能。如图7-12所示，换刀之前，刀库2转动，待换刀具5的刀套4逆时针方向转90°，使其轴线与主轴轴线平行。随后机械手1顺时针转75°，同时抓住待换刀具5和主轴上的刀具，此时，主轴刀杆夹紧装置松开，机械手1下降将刀具拔出，然后转位180°交换刀具后再上升，将刀具分别插入主轴和刀套4，反转75°复位。刀套4顺时针方向旋转90°复位。

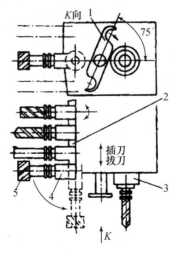

图7-12　换刀过程

1—机械手；2—刀库；3—主轴；4—刀套；5—待换刀具

② 单臂双爪回转式刀具交换装置　单臂双爪回转式刀具交换装置是最简单的刀具交换装置，担负自动换刀的机构是机械手。接到换刀指令后，机床控制系统便将主轴控制到指定换刀位置；同时刀具库运动到适当位置完成选刀。如图7-13所示，机械手的工作步骤如下。

a. 单臂旋转，双爪夹紧刀具。
b. 单臂前伸，同时从主轴孔和刀库中取出刀具。
c. 单臂旋转180°，双爪交换位置。
d. 单臂缩回，同时将新刀具装入主轴孔与旧刀具退回刀库中。
e. 双爪复位，至此换刀完成，程序继续。

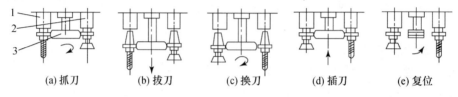

图7-13　换刀过程
1—主轴；2—刀库；3—机械手

这种刀具交换装置的主要优点是结构简单，涉及的运动少，换刀快，主要缺点是刀具必须存放在与主轴平行的平面内，与侧置或后置的刀库相比，切屑及切削液易进入刀夹而造成换刀误差，甚至损坏刀夹和主轴，因此必须对刀具另加防护。这种刀具交换装置既可用于卧式加工中心，也可用于立式加工中心。

## 复习思考题

1. 组合机床的工艺范围有哪些？
2. 按在组合机床上的功能分类，通用部件可分为哪几类？
3. 组合机床通用部件选用的方法和原则是什么？
4. 加工中心有何特点？
5. 加工中心由哪几部分组成？
6. 刀库有几种形式？
7. 刀具交换装置有几类？各有何特点？

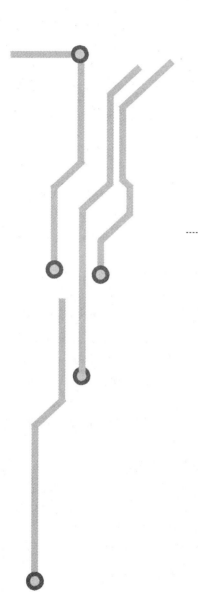

# 第 8 章
# 先进制造技术

先进制造技术（Advanced Manufacturing Technique，缩写 AMT）是利用计算机技术、网络技术、控制技术、传感技术与机、光、电一体化技术等发展起来的一种新技术。该技术涉及信息、机械、电子、材料、能源、管理等方面的知识，因此该技术的发展对推动国民经济的发展有着重要的作用。就目前世界的经济发展来看以美国、日本、西欧为代表的工业化国家在 AMT 上都有雄厚的实力。

AMT 的发展主要经历了以下过程。

① 人类漫长的历史发展中使用工具、制造工具进行产品制造是基本生产活动之一，直到 18 世纪中叶产业革命以前制造都是手工作业和作坊式生产。

② 产业革命中诞生的能源机器（蒸汽机）、作业机器（纺织机）和工具机器（机床）为制造活动提供了能源和技术并开拓了新的产品市场。

③ 经过 100 多年的技术积累和市场开拓，到 19 世纪末制造业已初步形成，其主要生产方式是机械化加电气化的批量生产。

④ 20 世纪上半叶以机械技术和机电自动化技术为基础的制造业的生产空前发展，以大批量生产为主的机械制造业成为制造活动的主体。

⑤ 20 世纪中叶（1946 年）电子计算机问世。在计算机诞生两年后，由于飞机制造（飞机蒙皮壁板、梁架）的需要，在美国发明了数字控制（NC）机床，不久计算机又开始用于辅助编制 NC 机床的加工程序，推出了自动编程工具 APT 语言（Automatically Programmed Tools）。此后 CNC、DNC、FMC、FMS、CAX、MIS、MRP、MRPII、ERP、PDM、Web-M 等数字化制造技术相继问世和应用。

本章主要介绍高速和超高速加工技术、柔性制造技术以及先进制造技术的发展趋势。

## 8.1　高速切削的概念与高速切削技术

高速切削理论是 1931 年德国切削物理学家 Carl. J. Salomon 博士提出的，他认为在常规切削速度范围内（如图 8-1 所示的 A 区），切削温度随着切削速度的提高而升高，但切削速度提高到一定值后，切削温度反会降低，且该切削速度值 $v_g$ 与工件材料的种类有关。

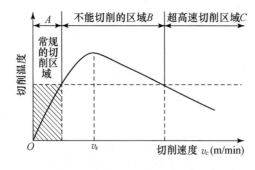

图 8-1　超高速切削概念示意图

对每一种工件材料，都存在一个被称为"死谷"（dead valley）的速度范围，如图 8-1 所示的 B 区，在该速度范围内，由于切削温度过高，刀具材料无法承受，切削加工不可能进行，但越过这个"死谷"，在如图 8-1 所示的 C 区，即高速区，则有可能用现有刀具材料进行切削,切削温度与常规切削基本相同,从而可大幅度提高生产效率。

高速切削技术是一个复杂的系统工程,它是在机床结构及材料、机床设计、制造技术、高速主轴系统、快速进给系统、高性能 CNC 系统、高性能刀夹系统、高性能刀具材料及刀具设计制造技术、高效高精度测量测试技术、高速切削机理、高速切削工艺等诸多相关硬件和软件技术均得到充分发展基础之上综合而成的。

### 8.1.1 高速与超高速切削

目前,高速与超高速切削技术的工艺和速度范围也在不断扩展,在航空航天、汽车、高速机车以及模具等行业得到广泛应用。在实际生产中,超高速切削铝合金的速度范围,粗加工时为 1 000～4 000 m/min,最高为 5 000～7 500 m/min;铸铁为 500～2 200 m/min,普通钢为 600～800 m/min;淬硬钢件（45～65HRC）的精加工为 100～500 m/min,钢齿轮（模数为 1.5）滚齿速度可达 300～600 m/min,而且超高速切削技术还在不断地发展,有人预言未来的超高速切削将达到音速或超音速。与传统的切削方法相比其特点主要有以下几点。

1. 切削力低、热变形小

加工速度提高可使切削力减少 30% 以上,而且加工变形减小,90%～95% 以上的切削热来不及传给工件就被高速流出的切屑带走,工件累积热量极少,工件基本保持冷态,热变形小,有利于加工精度的提高,刀具耐用度也能提高 70%。如大型的框架件、薄板件、薄壁槽形件的高精度高效率加工,超高速铣削则是目前唯一有效的加工方法。

2. 生产效率高

高速切削比常规切削加工的切削速度高 5～10 倍,进给速度也可相应提高 10 倍,单位时间材料去除率可提高 3～6 倍,因而零件加工时间通常可缩短到原来的 1/3,从而提高了加工效率,缩短生产周期。

3. 加工精度高

由于高切削速度和高进给率,可采用较小的进给量,从而减小了加工表面的粗糙度值。高速切削的切削力小,且变化幅度很小,机床的激振频率远高于工艺系统的固有频率振动,对表面质量的影响很小,加工过程平稳,零件的表面加工质量高。

4. 加工成本降低

许多零件在常规加工时,需要划分粗、半精、精加工工序,对精度要求高的零件,加工后还须手工研磨,工艺流程长。而采用高速切削,可在一道工序中完成加工,称作"一次过"技术（one pass maching）,这样可使加工成本大为降低,缩短加工周期。

5. 能加工难加工的材料

高速切削可实现陶瓷、半导体硅等硬脆材料的加工,以及镍合金、钛合金、高温合金等韧性材料的高表面完整性加工，而且可提高生产效率和减少刀具磨损，提高表面加工质量。

### 8.1.2 高速切削加工的关键技术

高速切削是以主轴高速化为核心的多项先进技术的综合应用。随着近几年高速切削技术的迅速发展，各项关键技术也在不断提升，包括高速主轴、快速进给系统、高性能CNC控制系统、先进的机床结构、高速加工刀具等。

1. 高速主轴

高速主轴单元是高速加工机床最关键的部件，主要形式有高速电主轴、气动主轴和水动主轴。现在应用的高速主轴在结构上几乎全都采用主轴电机与主轴合二为一的结构形式，简称电主轴（Build-in Motor Spindle），如图 8-2 所示。电机外壳带有冷却系统，高速电主轴主要有带冷却系统的壳体定子、转子、轴承等部分组成，工作时通过改变电流的频率来实现增减速度。由于高速电主轴要实现高速运转，以下几个零部件质量直接影响着高速电主轴的性能。

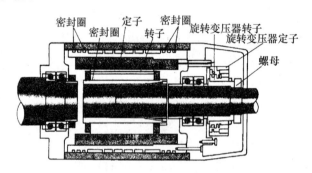

图 8-2 电主轴结构

① 转轴是高速电主轴的主要回转体。它的制造精度直接影响电主轴的最终精度。成品转轴的形位公差尺寸精度要求很高，转轴高速运转时，由偏心质量引起的震动严重影响其动态性能，必须对转轴进行严格动平衡测试。部分安装在转轴上的零件也应随转轴一起进行动平衡测试。

② 高速电主轴的核心支撑部件是高速精密轴承。因为电主轴的最高转速取决于轴承的功能、大小、布置和润滑方法，所以这种轴承必须具有高速性能好、动负荷承载能力高、润滑性能好、发热量小等优点。近年来相继开发了动静压轴承、陶瓷轴承、磁浮轴承，动静压轴承具有很高的刚度和阻尼，能大幅度提高加工效率和加工质量，延长刀具寿命，降低加工成本；磁浮主轴的高速性能好，精度高，容易实现诊断和在线监控。但这种主轴由于电磁测控系统复杂，价格十分昂贵，而且长期居高不下，至今未能得到广泛应用。目前市场上应用最广泛的就是陶瓷轴承，一般的角接触陶瓷轴承，内外圈都是钢圈，滚动体是陶瓷材料。陶瓷具有密度小、刚度好、热膨胀系数小等优点，而且经理论计算和接触疲劳试验以及压碎试验表明，混合式陶瓷轴承首先失效的是钢圈，而不是陶瓷球。由于前面3种轴承理论寿命均为无穷大，特别是磁悬浮轴承还具有自动调节偏心等

优点,在未来超高速机床市场上,随着技术的发展,磁悬浮轴承应是发展方向。而在一般的高速加工机床中混合式陶瓷轴承或纯陶瓷轴承也将具有广泛的使用场合。

③ 采用良好的润滑系统对高速电主轴性能有着重要的影响。典型的润滑方法是采用油雾润滑或气油混合物润滑。前者主是把润滑油雾化后再对轴承进行润滑,润滑油不可再回收,对空气污染较严重。后者是直接把润滑油利用高压空气吹进轴承产生润滑作用的,同时还起到散热的作用。

电主轴的主要参数包括主轴最高转速和恒功率范围、主轴的额定功率和最大转矩、主轴轴承直径和前后轴承跨距等。在超高速主轴单元中机床既要完成粗加工又要完成精加工,因此,对主轴单元要求具有高的静刚度和精度。主轴单元的动态性能在很大程度上决定了机床的加工质量和切削能力。

在国外电主轴的研究已达到了实际应用水平。美国福特公司和 Ingersoll 公司联合研制的 HVM800 卧式加工中心的大功率电主轴,最高转速达 15 000 r/min,由静止升至最高转速仅 15 s。瑞士 DIXI 公司生产的 WAHLIW50 型卧式加工中心,电主轴转速为 30 000 r/min。日本三井精机公司生产的 HT3A 卧式加工中心,采用陶瓷轴承支撑的电主轴,主轴转速达 40 000 r/min。目前电主轴已有专业生产厂家生产,专用做电主轴的电动机定子和转子。

我国电主轴的研制始于 20 世纪 60 年代,主要种类是内表面磨削电主轴。但这种电主轴功率小、刚度低,采用无内圈式推力球轴承,限制了社会化和商品化生产。20 世纪 70 年代后期至 20 世纪 80 年代,在高速主轴轴承发展的基础上,开发了高刚度、高速电主轴,已在机床和其他机械制造领域得到应用。

2. 快速进给系统

高速切削加工要求有很高的主轴转速和功率的同时,必须要有很高的进给速度和运动加速度。而且要在瞬时达到高速和瞬时准停等,还要求进给系统具有大的加速度以及高的定位精度。超高速切削进给系统是超高速加工机床的重要组成部分,是评价超高速机床性能的重要指标之一。

(1) 滚珠丝杠副进给系统

在 20 世纪 90 年代,工作台的快速进给多采用大导程滚珠丝杠和增加进给伺服电动机的转速来实现,其加速度可达 0.6 g;在采用先进的液压丝杠轴承,优化系统的刚度与阻尼特性后,其进给速度可达到 40~60 m/min,定位精度可达 20~60 μm。由于工作台的惯性以及受滚珠丝杠本身结构的限制,进一步提高进给速度非常困难。

(2) 直线电动机进给驱动系统

直线电动机是一种能直接将电能转换为直线运动的伺服驱动元件。它避免了滚珠丝杠、齿轮和齿条传动中的反向间隙、惯性、摩擦力和刚度不足等缺点,具有传动精度高、响应快和高稳定性的特点。

原则上,对于每一种旋转电动机都有其相应的直线电动机,按工作原理可分为直线异步电动机、直线直流电动机和直线同步电动机 3 种。直线电动机与旋转电动机在原理上基本相同,实质上是把旋转电动机径向剖切开,然后展直演变而来。直线电动机的转子和工作台固连，定子则安装在机床床身上，实现直线驱动，如图 8-3 所示。

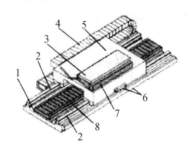

图 8-3　直线电机驱动系统原理图

1—定子冷却板；2—滚动导轨；3—动子冷却板；4—输电线路；5—工作台
6—位置检测系统；7—动子部分；8—定子部分

从 1845 年 Charles Wheastone 发明世界上第一台直线电动机以来，直线电动机在运输机械、仪器仪表、计算机外部设备以及磁悬浮列车等行业获得了广泛应用。1993 年德国 Ex-cell-O 公司在汉诺威机床博览会上展出了第一次使用直线电动机的高速加工中心，采用了 IndRamat 公司开发的感应式直线电动机，最高进给速度为 60 m/min，进给加速度达 1 g。美国 Ingersoll 公司在其生产的 HVM800 加工中心的三轴驱动上使用了永磁式直线电动机，最高进给速度为 76.2 m/min，进给加速度达 $1\sim1.5\,g$。意大利 Vigolzone 公司的高速卧式加工中心，三轴的进给速度均达 70 m/min，加速度达 1 g。目前直线电动机加速度可达 2.5 g 以上，进给速度达到 160 m/min 以上，定位精度高达 $0.5\sim0.05\,\mu m$。

（3）并联机构高速进给系统

进入 20 世纪 90 年代以来，在高速切削领域出现了一种全新结构形式的机床——六杆机床，又称为并联机床，如图 8-4 所示。它以 1964 年英国人 Stewart 设计的专利产品——六杆结构为基础的主轴，由 6 条伸缩杆支承，通过调整各伸缩杆的长度，使机床主轴在其工作范围内既可作直线运动也可转动。与传统机床相比，六杆机床能够有 6 个自由度的运动，每条伸缩杆可采用滚珠丝杠驱动或直线电动机驱动，结构简单。由于每条伸缩杆只是轴向受力，结构刚度高，可以降低其重量，以达到高速进给的目的。

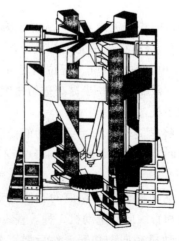

图 8-4　六杆机床结构示意图

国外新型并联机床的进给速度一般在 30～100 m/min 之间，最高加速度可达 3.5～5 g，主轴转速可达 20 000～150 000 r/min，功率达 10～40 kW。

3. 高速切削的刀具系统

高速切削与普通切削相比，高速切削时，刀具与工件的接触时间减少，接触频率增加，切削过程所产生的热量更多地向刀具传递，刀具磨损机理与普通切削有很大区别。此外由于高速切削时的离心力和振动的影响，刀具必须具有良好的平衡状态和安全性能，与被加工材料的化学亲和力要小，且具有优异的力学性能、热稳定性、抗冲击性以及耐磨性能。

目前高速切削通常使用的刀具材料有以下几种。

（1）硬质合金涂层刀具

由于刀具基体有较高的韧性和抗弯强度，涂层材料高温耐磨性好，故可采用高切削速度和高进给速度，切削速度可达 150～200 m/min 可用于钢、铸铁等材料的高速切削加工。

（2）陶瓷刀具

陶瓷刀具与金属材料的亲和力小，热扩散磨损小，其高温硬度优于硬质合金，可承受比硬质合金刀具更高的切削速度，是高速切削最重要的刀具材料之一，可以用 500～1 000 m/min 的速度切削铸铁，300～800 m/min 的速度切削钢件，100～200 m/min 的速度切削高硬材料（50～65HRC）。但陶瓷刀具的韧性较差，常用的有氧化铝陶瓷、氮化硅陶瓷和金属陶瓷等。

（3）聚晶金刚石刀具

聚晶金刚石刀具的摩擦因数低，耐磨性极强，具有良好的导热性，特别适合于难加工材料及粘结性强的有色金属的高速切削，切削铝合金的速度达 2 500～5 000 m/min，但价格较贵。

（4）立方氮化硼刀具（CBN）

具有高硬度、良好的耐磨性和高温化学稳定性，寿命长，适合于高速切削淬火钢（100～400 m/min）、冷硬铸铁（500～1 500 m/min）、镍基合金（100～400 m/min）等材料。

当主轴转速超过 15 000 r/min 时，由于离心力的作用，将使主轴锥孔扩张，普通刀柄与主轴的连接刚度将会明显降低，径向跳动精度会急剧下降，甚至会导致主轴与刀柄锥面脱离，出现颤振。为了满足高速旋转下不降低刀柄的接触精度，一种新型的双定位刀柄已在高速切削机床上得到应用，如图 8-5 所示的德国 HSK 刀柄就是采用的这种结构。这种刀柄以锥度 1∶10 代替传统的 7∶24，楔作用较强，其锥面和端面同时与主轴保持面接触，实现双定位，定位精度明显提高，轴向定位重复精度可达 0.001 mm。这种刀柄结构在高速转动的离心力作用下，锥体向外扩张，增加压紧力，会更牢固地锁紧在整个转速范围内，保持较高的静态和动态刚性，刀柄为中空短柄，其工作原理是利用锁紧力及主轴内孔的弹性膨胀，补偿端面间隙。由于中空刀柄自身重复精度好、连接锥面短，可以缩短换刀时间，适应于主轴高速运转。

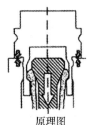 

原理图　　　　　　实物图

图 8-5　德国 HSK 刀柄系统

## 8.2　快速成型技术

随着全球经济一体化和科学技术的迅猛发展，制造业的竞争越来越激烈。这就要求企业能够缩短产品的设计制造周期，提高产品的质量，降低成本来取得竞争胜利。并且现代产品的研制呈现多品种小批量的特点，产品的适应性、反应性、质量和成本将是企业生存的关键，传统的设计和制造方式在很多方面难以满足上述要求。于是，快速成型（Rapid Prototyping）技术顺应这种竞争机制应运而生。它是近二十年来制造技术领域的一次重大突破。快速成型技术是机械工程数控技术、激光技术以及材料科学等学科的技术集成，它可以自动而迅速地将设计思想物化为具有一定结构和功能的原型件或直接制造零件。现在，快速成型技术已经在机械电子、汽车、航空航天、建筑、医疗、美术等许多领域得到应用。与传统制造方法相比，它具有生产周期短，成本相对较低，并且可以并行地设计制造，从而可实现生产柔性化，在产品开发、样品试制方面具有广阔的前景。

### 8.2.1　快速成型原理及方法

1. 快速成型原理

快速成型技术属于机械工程学科，先进制造技术范畴，是特种制造的一种。快速成型技术是由 CAD 模型直接驱动，通过软件分层离散和数控成型系统，用激光束或其他方法将材料叠加成三维实体。

快速成型技术基于增材制造（Material Increased Manufacturing）的原理，通过离散/叠加生成三维实体。其过程是：先由三维 CAD 软件设计出所需零件的计算机三维模型（亦称电子模型），然后根据工艺要求，用分层软件将电子模型分层，原先的三维模型离散为具有一定层厚的截面信息，在计算机控制下，数控系统以平面方式有序加工出每层并把各层自动粘结起来，这就是增材的过程。快速成型技术与传统制造相比具有如下的特点：可以制造任意复杂的原型或零件；CAD 模型直接驱动；成型过程高度自动化或较少的人为干预；成型过程无需专门的工夹具。

快速成型技术内涵在逐步扩大，已经成为包括一切由 CAD 直接驱动的过程，其材料的转移方式可以是添加、去除或添加和去除相结合等方式。但快捷性依然是快速成技术的一个最显著特征。

2. 快速成型技术的主要方法

各种快速成技术的原理是相同的,亦即增长或添加原则,各种方法的区别在于:所用材料不同和零件建造技术不同。

据资料介绍,快速成型技术方法有上百种,但较为较成熟的有五种:立体光刻(Stereo)、熔融沉积制造(Fused Deposition Manufacturing, FDM)、分层实体制造(Laminated Object Manufacturing, LOM)、选择性激光烧结(Selective Laser Sintering, SLS)、三维印刷(3-Dimensional Printing, 3-DP)。

(1) 立体光刻

其工作原理是:将工作台浸在光敏树脂中,用一定功率的光照在树脂表面,树脂固化,工作台下降一层高度,工作台上重新覆盖一层树脂,再照射固化,如此反复,直到生成原型件。最后,让工作台升出液面,取下零件。

(2) 熔融沉积制造

熔融沉积制造是采用一种特制的加热喷嘴,在计算机的控制下材料逐层堆积起来,每层相当于一个CAD切片,从基层开始自上而下逐层生成三维实体零件的方法。

(3) 分层实体制造

分层实体制造(又称叠层制造)是根据CAD模型各层切片的平面几何信息对箔材精心分层实体切割,并将每层箔材加热加压粘结成三维实体零件。

(4) 选择性激光烧结

选择性激光烧结是采用激光束对粉末材料进行逐层加热,使其达到烧结或熔化温度,最后制造出三维零件。

(5) 三维印刷

三维印刷类似于喷墨打印,其喷头在计算机控制下,在铺好的一层粉末材料上,有选择地喷射黏结剂,使部分粉末黏结,形成界面轮廓。一层完成后,工作台下降一层高度,再进行下一层的黏结,如此循环,最终形成三维零件。

## 8.2.2 快速成型技术发展概况

1. 国外快速成型技术发展概况

由于应用快速成型技术能显著降低开发成本和缩短开发周期,自从美国3D Systems公司推出它的第一台商品化的设备SLA-1以来,快速成型技术得到迅猛发展。美国在快速成型领域走在世界前列,有很多大学和公司做这方面的研究,取得了丰硕成果。如表8-1所示。

表 8-1　国外快速成型技术发展概况

| 机构名称 | 研究方向/产品 |
| --- | --- |
| 麻省理工学院（MIT） | 三维印刷，直接金属熔化沉积制造 |
| 得克萨斯州立大学（UT） | 选择性激光烧结 |
| 斯坦福大学（Stanford University） | 立体光刻，选择性激光烧结，分层实体制造 |
| 3-D Systems 公司 | 立体光刻，热塑性材料选择性喷洒工艺及其设备 |
| DTM 公司 | 选择性激光烧结设备，烧结材料 |
| Z-Corporation 公司 | 选择性激光烧结设备，烧结材料 |
| Helisys 公司 | 薄形材料选择性切割设备 |
| Stratasys 公司 | 熔融沉积制造 |

在欧洲以德国为代表，快速成型技术也有长足发展。特别是德国 EOS 公司，在选择性激光烧结、立体光刻领域其开发的设备和相应的材料处于领先地位，有资料介绍该公司已在其设备上直接烧结出了金属注塑模具，其烧结的塑料件，强度和光洁度也优于国内。此外，法国的 Laser3D 公司、瑞典的 SparxAB 公司也有设备问世。在亚洲，日本和新加坡涉足快速成型领域较早，发展也较为快。如日本索尼公司的 Solid Creation 系统，三菱公司的 Collamm 系统，新加坡 KINERGY 公司的 ZIPPY 系列产品等。

2. 国内发展概况

我国快速成型技术起步较晚，近几年发展迅速，有许多高校、科研院所、公司从事该领域的工艺研究、设备开发、材料制备等，取得了一批可喜的成果。其中，清华大学在立体光刻，分层实体制造方面取得了一定成果，成立了北京殷华公司，主要设备有 MEM 系列、SSM 系列；西安交大以卢秉恒教授为首的课题组主要从事立体光刻的研究；华中科技大学以高校为依托，成立了武汉滨湖机电公司，已有 HRPS 系列的成型机问世；北京隆源公司的 AFS 系列激光烧结设备商品化较早，也相对成熟，本课题所用设备即为 AFS-450 型成型机；北京北方恒利科技发展公司也有成型设备，它主要生产变长线激光烧结机、覆膜化陶瓷粉及相关软件；南京航空航天大学在选择性激光烧结金属、陶瓷粉末工艺研究上颇有建树。虽然我国快速成型技术的进步有目共睹，但与国外相比，仍有不小的差距。主要是制造的零件强度、精度不高；材料种类单一；成型机的可靠性、稳定性差；与之配套的后续工艺开发不够；制作大型件的能力不足等。

### 8.2.3　快速成型技术的应用

20 世纪 80 年代后期，快速成型技术首先在美国产生并商品化，而且日臻完善。自从 RP 商品化以来，对它的应用大体经历了 3 个阶段：第一阶段是用于直观性设计；第二阶段是 RP 产品可以应用于设备中，完成组成、配合与协调的阶段。第三阶段是加工设计模具的阶段。其主要应用有：

### 1. 新产品开发过程中设计验证与功能验证

RP 技术可快速地将产品设计 CAD 模型转换为物理实体模型，这样可以更方便地验证设计人员的设计思想和产品的结构合理性、可装配性、美观性，发现问题可以及时修改，克服了传统方法周期长的缺点。

### 2. 单件、小批量和特别复杂零件的直接生产

若为塑料件，可直接生产；若为金属件，一般要与快速模具相结合进行制造。现在，对金属直接激光烧结（DMLS）还不太成熟，还处在试验阶段，德国 EOS 公司已能用不锈钢粉直接烧结出金属模具，不过，还没有大范围的应用。

### 3. 快速模具制造

一般通过转化法，做出原型件，以此为母模，做出金属模具。或者是用间接法，用金属粉末与黏结剂烧成原形，再对其后处理，做出最终零件。

### 4. 快速成型在生物医学中的应用

其一应用快速成型技术做出人体假肢的原型，然后翻制出金属假肢，植入人体，取代坏死的器官，达到康复的目的。其二由快速成型技术将生物材料堆积成型，做出器官进行动物试验，以期能应用于人体。

## 8.3 先进制造技术的发展趋势

先进制造技术的发展趋势为精密化、柔性化、网络化、虚拟化、智能化、清洁化、集成化和全球化。

### 1. 柔性制造单元（FMC）将成为发展和应用的热门技术

这是因为 FMC 的投资比柔性制造系统（FMS）少得多，而经济效益相接近，更适用于财力有限的中小型企业。目前国外众多厂家将 FMC 列为发展之重。

### 2. 发展效率更高的柔性制造线（FML）

多品种大批量的生产企业如汽车及拖拉机等制造企业对 FML 的需求引起了 FMS 制造厂的极大关注。采用价格低廉的专用数控机床替代通用的加工中心将是 FML 的发展趋势。

### 3. 向超精微细领域发展

微型机械、纳米测量、微米/纳米加工制造将得到进一步发展。对加工精度的"精密化"、加工尺寸的"细微化"、加工要求和条件的"极限化"的研究，将是目前和将来制造技术研究和发展的焦点。

4. 绿色制造

包括绿色产品设计技术、制造技术、回收和循环利用技术等。人类与自然和谐发展是人类生存的需要，制造必须充分考虑环境保护，必须有利于生产者的身心健康，制造必然走"绿色"之路，这是国民经济可持续发展的必要条件。

5. 制造全球化

制造全球化是指制造企业在世界范围内重组与集成。制造全球化可以使企业的知识、资本、技术和经验所获得的效益达到最大化；在全球化中整合资源，实现全球资源优化配置，从而达到全球化采购、全球化销售、全球化生产和全球化研发的全球一体化制造模式。

## 复习思考题

1. 高速切削是基于什么原理实现的？实现高速切削需要哪些先进的装备来支持？
2. 快速成型有哪些方法？
3. 简述快速成型技术的应用状况。
4. 结合当今制造技术的现状，谈谈你对其他先进制造技术的了解。

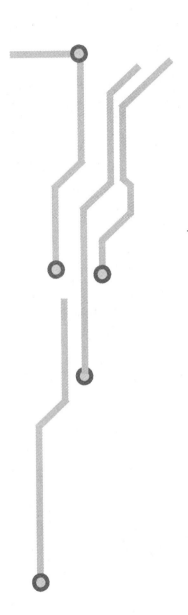

# 第 9 章
# 机床使用的基本知识

## 9.1 机床安装

机床的安装指的是机床位置的选择，机床基础的设计与施工，以及将新购机床或大修、改造、自制设备安装到规定基础上，进行校平和固定，达到安装规范，满足使用要求的过程。

### 9.1.1 机床的安装位置

机床的安装位置决定于使用车间的生产性质和组织形式所要求的设备布置形式、设备排列方案和机床合理的周边空间要求等因素。

### 9.1.2 机床的基础

机床的床身或底座下面用以承受机床的自重、工件重量及切削力等载荷的混凝土结构称为基础。

基础要求具有足够的强度、刚度和稳定性，在长期使用后不产生超过规定限度的倾斜、变形或下沉，要能够对床身等机床部件进行有效补偿，能够提高设备自身的静刚度，又要使机床获得较高的安装精度与加工精度，有效防止机床变形。

机床基础还必须具有较好的抗震、隔震能力，保证机床运动的平稳性及加工质量的可靠性，减少机床的磨损及零部件的早期失效，延长机床的使用期限。

按机床类型的不同，机床基础的主要结构形式有：混凝土基础和单独块式基础两大类，典型基础的结构形式如图 9-1 所示。

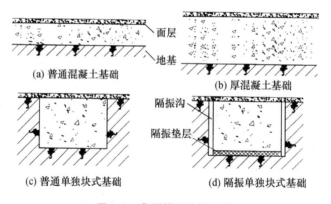

图 9-1　典型基础结构形式

混凝土基础工艺布置适应性强，造价低，机床安装方便，广泛适用于中、小型普通机床。其中，对于一般无特殊要求、长度在 4 m 以内、机床重量不大于 6 t 的机床，可不埋设地脚螺栓，机床直接到位；对于一些精度要求高、转速大于 2 000 r/min、有往复冲击或强烈振动的机床，则应在混凝土基础中预埋地脚螺栓，使机床得到可靠的固定。

直接在混凝土基础上安装中、小型机床类型及所需混凝土厚度如表 9-1 所示。

# 第9章 机床使用的基本知识

表 9-1 直接在混凝土地坪基础上安装中、小型机床类型及所需混凝土厚度

| 机床类型 | 机床重量/t | 混凝土等级 | 混凝土厚度/mm 压实填土地基变形模量/MPa | | |
|---|---|---|---|---|---|
| | | | 8 | 20 | 40 |
| 卧式车床、半自动车床、仿形车床、铲齿车床 | <6 | C10 | 160 | 140 | 120 |
| 立式钻床、摇臂钻床、数控钻床 | <5 | | | | |
| 外圆磨床、内圆磨床、平面磨床、无心磨床、工具磨床 | ≤6 | C15 | 150 | 130 | 110 |
| 滚齿机、刨齿机、插齿机、剃齿机 | <5 | | | | |
| 立式铣床、卧式铣床、万能铣床 | <6 | C20 | 140 | 130 | 100 |
| 牛头刨床、插床 | ≤3 | | | | |

单独块式基础又可分为普通型、隔振型、单台型和多台型，根据机床类型及载荷不同，分别采用混凝土结构或钢筋混凝土结构。单独块式基础的厚度大、刚性好、变形小，适用于大型机床、高动载机床、高精度机床及一些精度要求高的普通机床。

机床单独块式基础厚度可参考表 9-2 所列数据，平面尺寸不应小于机床支承面积的外轮廓，并考虑机床安装、调试及维修时所需空间以及可调整垫铁地脚螺栓预留孔大小等因素。

表 9-2 单独块状式地基的混凝土厚度

| 序号 | 机床名称 | 基础厚度/m | 序号 | 机床名称 | 基础厚度/m |
|---|---|---|---|---|---|
| 1 | 卧式车床 | 0.3 + 0.07L | 10 | 螺纹磨床 齿轮磨床 | 0.4 + 0.10L |
| 2 | 立式车床 | 0.5 + 0.15H | 11 | 高精度外圆磨床 | 0.4 + 0.10L |
| 3 | 铣床 | 0.2 + 0.15L | 12 | 摇臂钻床 | 0.2 + 0.13H |
| 4 | 龙门铣床 | 0.3 + 0.075L | 13 | 深孔钻床 | 0.3 + 0.05L |
| 5 | 牛头刨床 | 0.6～1.0 | 14 | 坐标镗床 | 0.5 + 0.15L |
| 6 | 插床 | 0.3 + 0.15H | 15 | 卧式镗床 落地镗床 | 0.3 + 0.12L |
| 7 | 龙门刨床 | 0.3 + 0.07L | 16 | 卧式拉床 | 0.3 + 0.05L |
| 8 | 内、外圆磨床 平面无心磨床 | 0.3 + 0.08L | 17 | 齿轮加工机床 | 0.3 + 0.15L |
| 9 | 导轨磨床 | 0.4 + 0.08L | 18 | 立式钻床 | 0.3～0.6 |

注：1. 表中 L——机床的长度（m）；H——机床的高度（m）；
　　2. 表中基础厚度指机床底座下（如有垫铁时，指垫铁下）承重部分的厚度。

如图 9-2 所示为有防振层的单独块状地基结构。

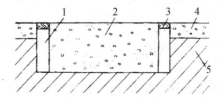

图 9-2 单独块式地基

1—防震层；2—基础层；3—木板；4—混凝土地坪；5—填土层

### 9.1.3 机床设备安装就位的方法

机床设备的安装就位的方法有两种。一种方法是在基础上直接进行，用减振调整垫铁校正水平。这种方法过程简单，操作方便，适用于小型或轻型机床。调整垫铁如图 9-3 所示。

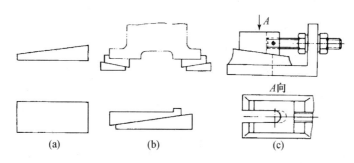

图 9-3 调整垫铁

对垫铁安放的要求有以下几点。

① 每一地脚螺栓近旁，应至少有一组垫铁。

② 垫铁组在能放稳和不影响灌浆的条件下，宜靠近地脚螺栓和底座主要受力部位的下方。

③ 相邻两个垫铁组之间的距离不宜大于 800 mm。

④ 机床底座接缝处的两侧，应各垫一组垫铁。

⑤ 每一垫铁组的块数不应超过 3 块。

⑥ 每一垫铁组应放置整齐、平稳且接触良好。

⑦ 机床调平后，垫铁组伸入机床底座面的长度应超过地脚螺栓的中心，垫铁端面应露出机床底面的外缘，平垫铁宜露出 10～30 mm，斜垫铁宜露出 10～50 mm，螺栓调整垫铁应留有再调整的余量。

另一种常见的方法是用地脚螺栓将机床紧固在基础上。

在机床就位之前，先将可调垫铁或减振垫铁装入预埋的地脚螺栓位置，然后把机床吊起，使床身上的地脚孔对准预埋螺栓后，缓缓放下。按说明书和《设备安装验收规范》的有关规定，选定基准面，校正水平，并用螺母对机床实施固定。

地脚螺栓的埋设是基础施工的重要内容，通常有直接预埋与二次浇灌两种形式。直接预埋可以使螺栓与混凝土整体结合比较牢固，但安装位置容易偏移，所以一般常采用二次浇灌法，即在基础浇筑时，事先预留地脚螺栓孔，待机床底座在基础上找正好位置，挂上螺栓后，进行第二次混凝土浇灌。二次浇灌地脚螺栓如图 9-4 所示。

地脚螺栓设置要求有以下几点。

① 带弯钩地脚螺栓的埋置深度不应小于 20 倍螺栓直径，带锚板地脚螺栓的埋置深度不应该小于 15 倍螺栓直径。

② 地脚螺栓轴线距基础边缘不应小于 4 倍螺栓直径，预留孔边缘距基础边缘不应该

# 第9章 机床使用的基本知识

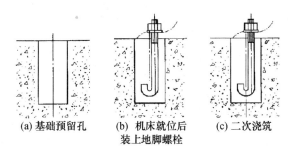

(a) 基础预留孔　　(b) 机床就位后装上地脚螺栓　　(c) 二次浇筑

图 9-4　示意图

小于 100 mm，当不能满足要求时，应该采取加固措施。

③ 预埋地脚螺栓地面下的混凝土厚度不应该小于 50 mm，当为预留孔时，则孔底面下的混凝土层厚度不应小于 100 mm。

预留孔形状有直孔、锥孔和阶梯孔，其截面有正方形或矩形，地脚螺栓规格及预留孔的外形截面尺寸及深度如表 9-3 所示；地脚螺栓的选用执行 GB/T 799—1988 《地脚螺栓》标准。直径由机床地脚螺栓孔确定。

此外，在机床基础浇筑之前，还必须充分考虑和检查水、电、油、气通道或管路的敷设或预留。

最后，对地坪整体进行浇灌抹浆，找正水平，形成机床基础的面层。

表 9-3　地脚螺栓的规格及预留孔的外形、截面尺寸及深度

| 预留孔 | | | 地脚螺栓规格/mm | | |
|---|---|---|---|---|---|
| 外形 | 截面尺寸/mm | 深度 $h$/mm | M16～M20 | M24～M30 | M36～M48 |
| 直孔 | $a \times c$ | | 100×150 | 120×170 | 150×200 | 200×250 | 250×300 |
| 直孔 | $a \times a$ | | 100×100 | 120×120 | 150×150 | 200×200 | 250×250 |
| 锥孔 | $a \times a$<br>$b \times b$ | $L+100$ | 100×100<br>120×120 | 120×120<br>140×140 | 150×150<br>200×200 | 200×200<br>250×250 | 250×250<br>300×300 |
| 阶梯孔 | $a \times a$<br>$b \times b$ | | 100×100<br>120×120 | 120×120<br>140×140 | 150×150<br>200×200 | 200×200<br>250×250 | 250×250<br>300×300 |

注：表中 $L$ 为地脚螺栓埋入深度。

### 9.1.4 机床安装工作的内容

机床安装质量的好坏直接影响工件的加工精度和机床精度的保持性。机床的安装内容主要有以下几个方面。

① 组织有关技术人员确定安装调试方案。
② 对机床进行开箱检验，然后安装就位并找正。
③ 若用地脚螺栓将机床固定在块状地基上，应进行初平并按要求对地脚螺栓孔灌浆。若机床就位于混凝土地基上，必须用垫铁调整机床的水平。
④ 对于大型机床按技术规范进行组装。
⑤ 对机床进行精平衡后固定。
⑥ 安装精度的调整和试运转。
⑦ 清理现场与验收。

安装机床时，对于振动较大的机床，要采取隔振措施，以减少对周围设备的影响；对环境要求较高的精密机床，要避免周围振源的影响，也必须采取隔振措施。

最简单的隔振方法是让振动源与设备相距至少 5 m 以上，可使振动的能量随距离的增加而衰减。还可以通过设置波障使振动波无法通过固体和孔隙分界面而起到隔振作用。

具体的隔振措施如下。

① 在基础的四周设置隔振沟，其深度与基础深度相同，宽度为 100 mm，沟内为空或垫海绵、乳胶等材料。
② 在基础四周粘贴泡沫塑料、聚苯乙烯等隔振材料。
③ 在基础四周设缝与混凝土地面脱开，缝中填沥青、麻丝等弹性材料。
④ 精密机床应根据环境振动条件，在基础或机床底部另行采取隔振措施。

## 9.2 开箱验收、运转、调试和精度检验

### 9.2.1 设备的开箱验收

新购机床安装之前，首先应组织设备采购、管理、安装和使用等有关部门共同进行开箱检查。检查项目主要有以下几个方面。

① 检查外观包装是否残缺、损坏。
② 按照装箱单清点零件、部件、工具、附件、备品、说明书和其他技术文件是否齐全，有无缺损。
③ 检查机床有无锈蚀，如有锈蚀应及时处理。
④ 属未清洗过的滑动面，严禁移动，以防研损；清除缓蚀剂时最好使用非金属刮具，以防损伤表面。
⑤ 需安装的备品、附件和工具等应做好移交，妥善保管。
⑥ 核对设备基础图和电气线路图与设备实际情况是否相符，电源接线口位置及有关参数是否与说明书一致，仔细做出检查记录。

# 第9章 机床使用的基本知识

⑦ 认真填写开箱验收单，并作为该设备的原始资料予以归档。

## 9.2.2 设备的调试和验收

机床在制造厂一般都进行严格的检查与试验，签发产品合格证后才能出厂，但在经过多次移动、起吊及安装等中间环节以后，使用单位还必须认真地调试和检验，并建立起相应的技术档案，验收合格的机床才能交付生产部门投入正常使用。

在进行机床的调试和验收工作之前，应按说明书要求认真清洗机床，指定部位加注润滑油，并熟悉机床操纵机构控制系统及其他相关部位的作用、性能和操作方法等，并对机床作静态的直观检查，保证试车时不出事故。

用手转动各传动件，手感应轻松自如，无异常声响或卡刮现象，各变速换向手柄应操作灵活，定位准确，机床的各安全、保险机构以及电、气、液压等装置安装正确、可靠。

机床的调试和验收工作主要是指对新机床或经过大修的机床按有关标准进行空运转试验、负荷试验及精度检验。

### 1. 机床的空运转试验

机床空运转的目的是为了考核设备安装精度的保持性、设备的稳固性及传动、操纵、控制、润滑和液压等系统是否工作正常、灵活可靠，并为热平衡状态下的机床精度检验作准备。机床空运转检查内容有以下几项。

① 各种速度的变速运行情况。机床在空载状态下启动。对于主运动应按程序，从最低速到最高速依次逐级进行空运转，各级速度的运转时间不得少于 2 min，最高速运转时间不得少于 30 min。

② 在正常润滑条件下，空运转以后，各部轴承的工作温度不得超过说明书的规定。一般主轴滚动轴承不超过 70℃，温升 40℃，滑动轴承不超过 60℃，温升 30℃。

③ 各变速箱在运行时的噪声不超过 85 dB，更不应有冲击或敲打碰撞声。

④ 检查工作运行和进给系统工作的平稳性、均匀性。溜板在床身导轨上移动应平稳顺畅，各丝杠旋转灵活准确。有刻度装置的手轮、手柄，反向时的空行程不得超过 1/20 r。

⑤ 各种自动装置、联锁装置和分度转位机构的动作是否准确、协调。

⑥ 各种保险、换向、限位和自动停车装置是否灵活、正确、可靠。

⑦ 检查电、气、液压、润滑系统的工作是否正常。

### 2. 机床的负荷试验

机床空运转试验合格后，可进行负荷试验。负荷试验的目的是检验机床的刚度和各工作机构的强度，特别是考核机床主传动系统能否承受设计所允许的最大转矩和功率。

进行机床负荷试验时，要求机床所有机构、各运动部件动作平稳、工作正常、无振动和噪声。各手柄不得有颤抖或脱位现象，主轴的转速不得比空运转转速降低 5% 以上。

负荷试验的主要项目有以下几项。

① 机床主传动系统的最大转矩试验。
② 主传动系统短时间超过最大转矩 25% 的试验。
③ 机床最大主切削分力的试验和短时间超过最大主切削分力 25 % 的试验。
④ 机床传动系统达到最大功率的试验。

负荷试验一般在机床上用切削试件的方法或用仪器加载的方法进行。

3. 机床的精度检验

机床的精度检验主要是对机床的制造或大修质量和安装质量等进行复查与验收,使机床的精度参数控制在一定范围之内,保证该机床投入使用以后,能够切削加工出合格的产品。

精度是指在一定条件下测出的某些检验项目的实际值与理论值的差值。差值越小,则精度越高。

机床精度可分为静态精度和动态精度。静态精度是指机床在未受外载荷以及不运动或运动速度很低的条件下检验的原始精度,主要取决于机床零部件的加工与装配精度。动态精度是指机床在工作条件下检验的精度。它除了受静态精度影响之外,主要取决于受载条件下的刚度、抗震性和热稳定性等。

通常讲的机床精度是指静态精度。静态精度包括几何精度、传动精度及定位精度。不同类型和不同加工要求的机床,对静态精度的 3 个方面有不同的要求。

(1) 几何精度

几何精度是指机床不运动或运动速度很低时测得的基础零件工作面几何形状、运动部件的运动轨迹以及零部件运动轨迹之间的相对位置精度。如导轨的直线度、主轴旋转精度。

几何精度是装配、出厂和验收时的依据之一,因此,对所有的机床都有几何精度的要求。

(2) 传动精度

传动精度是指内联系传动链之间相对运动关系的精度。它们之间相对运动的误差称为传动误差。如加工螺纹的传动链。

在实际传动中,齿轮、丝杠、轴承等都存在误差,使得刀架实际移动的距离与理想距离存在误差。

(3) 定位精度

定位精度是指机床移动部件的实际位置相对理想位置所达到的精度。实际位置与理想位置之间的误差称为定位误差。

对于通过机床的定位装置或自动控制系统获得加工尺寸的机床,如坐标镗床、加工中心等,其定位精度要求很高。

机床的精度等级可分为普通精度级、精密级和高精度级。

国家对各类机床制定了相应的检验标准,规定了精度检验的项目、检验方法及公差值。

# 第9章 机床使用的基本知识

4. 以 CJK 6032-1 数控车床为例说明某些精度检验项目方法

精度检验所用到的实验仪器设备如表9-4所示。

表9-4 机床常用检验仪器

| 序号 | 名称 | 规格 | 级别 | 数量 | 备注 |
|---|---|---|---|---|---|
| 1 | 平尺 | 400 mm | 0 级 | 1 | 通用 |
| 2 | 方尺 | 400×400×400 mm | 0 级 | 1 | 通用 |
| 3 | 直检棒 | $\phi$80 mm×500 mm | | 1 | 通用 |
| 4 | 莫氏锥度检棒 | No5×300 mm | | 1 | 通用 |
| 5 | 莫氏锥度检棒 | No3×300 mm | | 1 | 通用 |
| 6 | 顶尖 | 莫氏3号 | | 1 | 通用 |
| 7 | 百分表 | 0～5 mm | 0.01 mm | 2 | 通用 |
| 8 | 磁力表座 | | | 2 | 通用 |
| 9 | 水平仪 | 200 mm | 0.02/1000 | 2 | 通用 |

CJK6032-1 数控车床几何精度检测试验记录表如表9-5所示。

表9-5 CJK6032-1 数控车床几何精度检测试验记录表

| 序号 | 检测项目 | 允差范围 mm | 检验工具 | 实测 |
|---|---|---|---|---|
| 1 | 导轨调平<br>a）纵向：床身导轨在垂直平面内的直线度<br>b）横向：床身导轨的平行度 | a) 0.02 凸<br>b) 0.04/1000 | 水平仪 | |
| 2 | 溜板移动在水平面内的直线度 | $D_c \leq 500$　　　0.015<br>$500 < D_c \leq 1000$　　0.02 | 指示器和检验棒 | |
| 3 | 尾座移动对溜板移动的平行度：<br>a）在垂直平面内<br>b）水平平面内 | $D_c \leq 1500$　　　0.03<br>在任意500测量长度上<br>　　　　　　　　0.03 | 指示器 | |
| 4 | a）主轴的轴向窜动<br>b）主轴轴肩支撑面的跳动 | a) 0.010<br>b) 0.020 | 指示器和专用装置 | |
| 5 | 主轴定向轴颈的径向跳动 | 0.01 | 指示器和专用装置 | |
| 6 | 主轴锥孔线的径向跳动：<br>a）靠近主轴端面<br>b）距主轴端面"L"处 | a) 0.01<br>b) 0.02<br>L = 300 | 指示器和专用装置 | |
| 7 | 主轴轴线对溜板移动的平行度：<br>a）在垂直平面内<br>b）在水平平面内 | a) 0.02/300<br>b) 0.02/300<br>（只允许向上向前偏） | 指示器和专用装置 | |
| 8 | 主轴顶尖的跳动 | 0.015 | 指示器和专用装置 | |

(续表)

| 序号 | 检测项目 | 允差范围 mm | 检验工具 | 实测 |
|---|---|---|---|---|
| 9 | 尾座套筒轴线对溜板移动的平行度<br>a）在垂直平面内<br>b）在水平平面内 | a）0.015/100<br>b）0.01/100<br>（只允许向上向前偏） | 指示器 | |
| 10 | 尾座套筒锥孔轴线对溜板移动的平行度<br>a）在垂直平面内<br>b）在水平平面内 | a）0.03/300<br>b）0.03/300<br>（只允许向上向前偏） | 指示器和检验棒 | |
| 11 | 床头和尾座两顶尖的等高度 | 0.04（只允许尾座高） | 指示器和检验棒 | |
| 12 | 横刀架横向移动对主轴轴线的垂直度 | 0.02/300 | 指示器和平尺 | |
| 13 | 精车圆柱试件：<br>a）圆度：靠近主轴轴端的检验试件的半径变化<br>b）圆柱度 | a）0.005<br>b）0.03/300 | 圆度仪或千分尺 | |
| 14 | 精车端面的平面度 | $\phi$300 直径上为 0.025<br>（只须凹） | 平尺和指示器 | |

（1）床身导轨的精度检验

机床导轨精度包括导轨在垂直平面内的直线度和导轨应在同一个平面内两个内容。检验前应再次对机床的水平进行复查和精调。

① 床身导轨在垂直平面内的直线度　将框式水平仪纵向放置在溜板上靠近前导轨处（如图 9-5 所示位置 a），从刀架靠近主轴箱右端位置开始，自左向右每隔 250 mm 测量一次，并记录读数，选择适当的比例，以导轨长度为横坐标，以水平仪读数刻度为纵坐标，作出导轨在垂直平面内的直线度曲线。然后利用两端点连线评定法，根据曲线计算出全长上的直线度误差和 250 mm 长度上的局部误差。

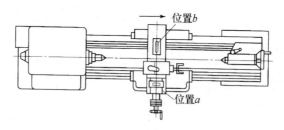

图 9-5　床身导轨的几何精度检验

两端点连线法评定误差值时是以误差曲线的两端点连线作为理想直线，误差曲线对该理想直线的最大变动量就是直线度误差值。

$$\delta = nil$$

式中：$\delta$——直线度误差值（mm）；

$n$——误差曲线中的最大误差格数;

$i$——水平仪的精度,$i = 0.02 \, \text{mm/m}$;

$l$——每测量段长度(mm)。

用 0.02/1 000 的框式水平仪测量 1 250 mm 长的车床导轨,溜板每移动 250 mm 测量一次,水平仪测量结果依次是 +1.2、+1.7、-0.6、-1.0、-0.8 格,根据以上读数绘出曲线,如图 9-6 所示。

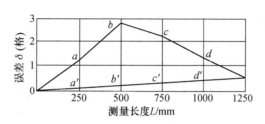

图 9-6 床身导轨在垂直平面内的直线度曲线

导轨全长直线度误差为:

$$\delta_{\text{全}} = bb' \times (0.02/1\,000) \times 250 = 2.7 \times (0.02/1\,000) \times 250 = 0.0135 \, \text{mm}$$

导轨直线度的局部误差为:

$$\delta_{\text{局}} = (bb' - aa') \times (0.02/1\,000) \times 250 = 1.5 \times (0.02/1\,000) \times 250 = 0.0075 \, \text{mm}$$

② 床身导轨在同一平面内的误差 水平仪横向放置在溜板上(如图 9-5 所示位置 b),纵向等距离移动溜板,记录溜板在每一位置时的水平仪读数。水平仪在全部测量长度上的最大代数和即为导轨在同一平面内的误差,该误差导致刀尖的径向摆动,同样使工作产生圆柱度误差。

(2)主轴的精度检验

根据车床精度标准,主轴几何精度检验共有 5 项内容。

① 主轴的轴向窜动 如图 9-7 所示,在主轴内锥孔中插入一短检验棒,在检验棒端部中心孔内置一钢球,千分表的平测头顶在钢球上,对主轴施加一进给力 $F$,旋转主轴,千分表读数的最大差值就是主轴的轴向窜动误差。

在机床上加工工件时,主轴的轴向窜动误差会引起工件端面的平面度和螺纹的螺距误差及工件的外圆表面的粗糙度误差。

② 主轴轴肩支承面的端面圆跳动 如图 9-8 所示,将千分表测头顶在主轴轴肩支承面的靠近边缘处,对主轴施加一进给力 $F$,分别在相隔 90°的 4 个位置上进行检测,4 次测量结果的最大差值是主轴轴肩支承面的跳动误差值。

用卡盘夹持工件加工时,主轴轴肩支承面的跳动误差会引起加工面与基准面的同轴度误差以及端面与内、外圆轴线的垂直度误差。

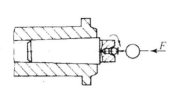 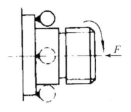

图 9-7　主轴的轴向窜动检验　　　　　图 9-8　主轴轴肩支承面的端面圆跳动检验

③ 主轴定心轴颈的径向圆跳动　如图 9-9 所示，将千分表测头垂直顶在定心轴颈的圆锥表面或圆柱表面上，对主轴施加进给力 $F$，旋转主轴进行检验。千分表读数的最大差值就是主轴定心轴颈的径向圆跳动误差值。

用卡盘加工工件时，主轴定心轴径的径向圆跳动误差会引起圆度误差和加工面与基准面的同轴度误差，多次装夹则会引起加工件各个表面轴线的同轴度误差，钻、扩、铰孔时，会使孔径扩大。

④ 主轴轴线的径向圆跳动　如图 9-10 所示，在主轴锥孔中插入一检验棒，将千分表测头顶在检验棒的外圆柱表面上。旋转主轴，在靠近主轴端部的 $a$ 处和距离主轴端面不超过 300 mm 的 $b$ 处分别进行检测与计算。千分表读数的最大差值就是主轴轴线的径向圆跳动误差。为了消除检验棒自身误差对检验的影响，可将检验棒拔出，相对主轴转过 90°，再次插入测量。重复 4 次，取 4 次测量结果的平均值作为该项目的几何精度检验误差值。

用两顶尖装夹工件加工外圆时，主轴锥孔轴线的径向圆跳动会引起工件的圆度误差和外圆与顶尖孔的同轴度误差，多次装夹工件会引起加工各表面轴线之间的同轴度误差。

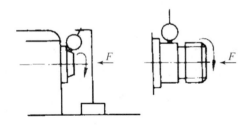 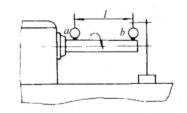

图 9-9　主轴定心轴颈的径向圆跳动检验　　　　图 9-10　主轴轴线的径向圆跳动检验

⑤ 主轴轴线对溜板移动的平行度　如图 9-11 所示，在主轴锥孔中插入 300 mm 长检验棒，将两个千分表固定在刀架溜板上，测头分别顶在检验棒的上母线 $a$ 和侧母线 $b$ 处（或用一个测量表分两次在 $a$、$b$ 处检验）。移动溜板，千分表的最大读数差值即为测量结果。为消除检验棒误差的影响，将主轴回转 180° 再检验一次，两次结果的代数平均值为平行度误差值。

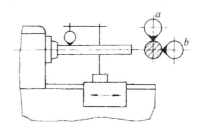

图 9-11　主轴轴线对溜板移动的平行度

用卡盘装夹工件车削时，主轴轴线对溜板移动在垂直平面内的平行度误差使工件产生圆柱度误差，在水平面内的平行度误差会使工件产生锥度误差。

（3）精车外圆的精度检验

本项目一般通过切削的方法检测试件的圆度和圆柱度两个形状误差是否在公差范围之内。精车外圆切削条件与精度检验如表 9-6 所示。

表 9-6　精车外圆切削条件与精度检验

| 试件材料 | 45# 优质碳素结构钢 $\phi 50 \times 300$ | |
|---|---|---|
| 刀具材料与几何参数 | 高速钢 $\gamma=10°$　$\alpha=6°$　$\kappa=60°$　$\kappa'=60°$　$\lambda_s=-10°$ | |
| 切削用量 | 主轴转速（r/min） | 600 |
| | 切削速度（m/min） | 94.25 |
| | 进给量（mm/r） | 0.1 |
| | 背吃刀量（mm） | 0.15 |
| 试件装夹方式 | 三爪自定心卡盘 | |
| 精度检验 | 圆度（mm） | 0.01 |
| | 圆柱度（mm） | 0.03 |
| 表面粗糙度 | 轮廓算术平均值 μm | 3.2 |

## 9.3　机床的修理

### 9.3.1　维修类别

根据机床修理的内容、要求以及工作量的大小，对维修工作划分为大修、项修、小修和定期精度调整等类别。

1. 大修

大修是工作量最大的一种维修。大修前，须对机床进行全面预检，必要时，对磨损零件进行测绘。制订大修预检单，做好各种配件的预购或制造等准备工作。

大修工作以维修工人为主，原机床操作人员配合。维修时，对机床的全部或大部分进行拆卸解体。对所有零件进行检查，更换或修复不合格的零件。

大修的主要内容包括刮研基准面，检测调试精度项，修理调整设备的电气系统、液压装置及机床附件，并进行外观的涂装翻新，从而全面消除修前缺陷，恢复机床原有的精度和性能。然后按规范进行大修验收。如有不合格项次，须进一步修复，直至完全符合机床验收标准。

2. 项修

项修即项目修理，又称中修，是根据机床的实际技术状态，对已达不到生产工艺要求的项目，按实际需要进行的针对性修理。项修前，也应进行预检，以确定项目和制订项修预检单，并准备好外购件和磨损件。

项修应根据预检情况对机床进行局部的拆卸、分解、清洗检定，更换与修复失效零件或不能维持到下一个维修期的其他零部件，必要时对基准件进行针对性修理和校正，从而恢复所修部分的精度与性能，并进行项修验收。对于个别难以达到标准要求的部分，认真作好记录，留待大修时修复。

3. 小修

小修是工作量最小的一种计划性修理。对于实行定期维修的机床，小修的内容主要是根据掌握的磨损规律更换或修复在修理间隔期内的失效或将要失效的零件，并进行调整，以保证机床的正常工作能力；对于实行状态监测维修的机床，小修的工作内容是根据检查发现的问题，拆卸有关零件，进行检测，调整、更换或修复工作，以恢复机床的正常功能。

由上可见，两种方式小修的对象都是零件，但确定失效零件的依据不同，显然状态维修针对性强，故更为合理。

4. 定期精度调整

定期精度调整指的是对精、大、稀机床的调整工作，使其达到或接近规定标准。定期精度调整周期为1～2年，调整时间一般安排在气温变化比较小的季节。

### 9.3.2 机床的维护与保养

机床的维护与保养是操作工人为了保持机床的正常技术状态，延长机床使用寿命所必需进行的日常工作。

1. 机床的日常维护

机床的维护要求机床操作者每天在生产中必须做到班前对机床各部位进行检查，用抹布清除机床上的灰尘污物，按规定在各润滑点加注润滑油，按要求认真做好检查项目的检查，确定正常后，才能投入使用。机床运行中应严格按操作规程正确使用，观察其运行情况，发现异常及时处理，操作者不能排除的故障应及时通知维修人员检修。工作完毕，应认真打扫，除切屑、去污液，清洁润滑导轨，擦拭、整理机床。

2. 机床的定期保养

定期保养是在机床维修人员的辅导、配合下，由操作人员进行的制度化、规范化的保养工作，分为例行保养、一级保养和二级保养。

① 例行保养又称为日保养，由操作者每天独立完成。保养内容除了上述的日常维护外，还要在周末和节假日之前对机床进行彻底的清扫、操拭与涂油。

② 一级保养又称月保养，两班制生产的机床 2～3 个月进行一次，干磨、多尘设备每月进行一次。以操作工人为主，维修人员配合。对机床的外露部件清洗、检查，如机床外表、罩壳、丝杠、齿条应保持清洁，无油污、无锈蚀。对易磨损部分要调整、紧固，如对传动部分的离合器、制动器及丝杠螺母间隔的调整，此外还要对润滑和冷却系统进行检修等。

③ 二级保养又称年保养，机床每运转一年进行一次包括修理在内的保养（以维修工人为主，操作工人参加）。除了一级保养的内容外，二级保养还包括补齐和紧固手球、手柄、螺钉和螺母等机件，保持机床完整，修复、更换已磨损零件，导轨、镶条的刮研维修，间隙调整，润滑油切削液的更换，机床电气的检修，甚至机床精度的复检与调整等。

3. 维护保养的要求

机床经过维护与保养后，必须达到 4 项规定要求。

（1）整齐

机床的附件、零部件及安全防护装置齐全，线路、管路完整。

（2）清洁

机床内外清洁，呈现本色，各滑动面、丝杠和齿条等无油污、无碰伤，无漏水、漏油、漏电和漏气现象。

（3）润滑

油壶、油杯、油枪、油嘴齐全，油毡、油线清洁，油标明亮，油路畅通，油质符合要求。

（4）安全

手柄、手轮操作灵活、可靠。

## 复习思考题

1. 机床安装有哪些要求？
2. 机床安装基础有哪些形式？对机床基础有哪些要求？
3. 机床就位后如何固定？
4. 机床开箱验收要检查哪些内容？
5. 机床精度包括哪些项目？检验这些项目经常用到哪些检验仪器？
6. 主轴精度要检验哪些项目？如何检验？主轴精度误差对加工精度有什么影响？
7. 机床大修的目的是什么？
8. 机床保养有哪些内容？为什么要进行保养？

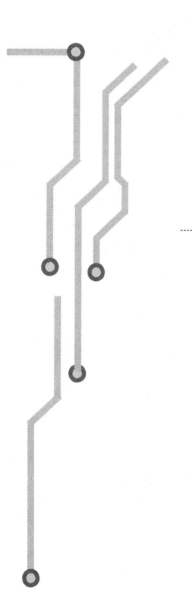

# 附　录
## 实训指导

## 实训一　车床拆装

### 一、实训目的要求

1. 熟悉车床结构及传动方式，零部件的作用及连接方式，提高识图能力。
2. 熟悉装配的概念及部件的拆装方法。
3. 培养严谨、细致的工作态度和科学有效的工作方法。

### 二、实训仪器设备

1. 设备：CA6140 型车床。
2. 工具：扳手类、旋具类、拉出器、手锤类、铜棒、衬垫、弹性卡簧钳、油盘、毛刷等。

### 三、实训内容及步骤

1. 讲授拆装基本知识

（1）拆装前的准备工作
① 了解机械结构及各部件关系。
② 确定拆装方法、程序和使用的工夹具等。
③ 清理、清洗零部件。
（2）拆装的常用工具
扳手类、旋具类、拉出器、手锤类、铜棒、衬垫和弹性卡簧钳等。
（3）机械装配的常用方法
互配法、选配法、修配法和调整法。
（4）机械拆卸的常用方法
拆卸顺序与装配顺序相反，一般为先外后内，先上后下的原则，它包括：击卸、拉卸、压卸和破坏性拆卸。
（5）拆装注意事项
① 重要油路等要做标注。
② 拆卸零部件要顺序排列，细小件要放入原位。
③ 轴类配合件要按原顺序装回轴上，细长轴要悬挂放置。
（6）连接方法
固定连接、活动连接；可拆连接、不可拆连接。
（7）成组螺栓装配顺序
分次、对称、逐步旋紧。

2. 讲授车床的组成和作用

① 主轴箱：主要用于安装主轴和主轴的变速机构，主轴前端安装卡盘以夹紧工件。

并带动工件旋转实现主运动。为方便安装长棒料，主轴为空心结构。

② 挂轮箱：主要用来把主轴的转动传给进给箱，调换箱内齿轮，并和进给箱配合，可以车削不同螺距的螺纹。

③ 进给箱：主要安装进给变速机构。它的作用是把从主轴经挂轮机构传来的运动传给光杠或丝杠，取得不同的进给量和螺距。

④ 溜板箱：是操纵车床实现进给运动的主要部分，通过手柄接通光杠可使刀架做纵向或横向进给运动，接通丝杠可车螺纹。

⑤ 尾座：安装顶尖支顶较长工件，还可安装中心钻、钻头、铰刀等其他切削刀具。

⑥ 床身：用于支撑和连接车床其他部分部件并保证各部件间的正确位置和相互运动关系。

⑦ 刀架：大拖板是纵向车削的；中拖板是横向车削和控制被吃刀量；小托板是纵向车削较短工件或角度工件；刀架是用于安装车刀。

3. 讲授车床的传动系统

电动机输出动力经皮带轮的传动传给主轴箱，变换箱外手柄的位置可使主轴得到各种不同的转速。主轴通过卡盘带动工件做旋转运动。此外主轴的旋转通过挂轮箱、进给箱、丝杠或光杠、溜板箱的传动，使拖板带动装在刀架上的刀具沿床身导轨做直线走刀运动。如附图1-1所示：

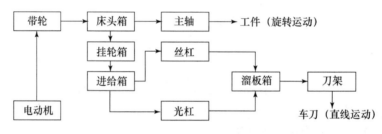

附图1-1　车床传动示意图

4. CA6140型车床主轴箱拆装

本课题是通过学生自己动手拆装主轴箱的轴Ⅰ部分、制动器及润滑装置等，使学生了解主轴变速箱的结构，并以组为单位，独立完成各部分的拆装过程的目的。

（1）主轴变速箱中Ⅰ轴的构造及拆装方法

首先说明拆装时所需的工具，然后讲述拆装的顺序，主要本着先拆的零件最后装配，后拆的零件先装配的原则，最后参照图纸让学生自己动手进行拆装，并对学生搞不清楚的地方进行指导。

轴Ⅰ的拆卸首先从主轴箱的左端开始的。轴Ⅰ的左端有带轮，第一步用销冲把锁紧螺母拆下，然后用内六角扳手把带轮上的端盖螺丝卸下，用手锤配合铜棒把端盖卸下，拆下带轮上的另一个锁紧螺母，使用撬杠把带轮卸下，然后用手锤配合铜棒把轴承套从主轴箱的右端向左端敲击，直到卸下为止，到这时轴Ⅰ整体轴组可以一同卸到箱体外面。

装在Ⅰ轴上的零件较多，拆装麻烦，所以通常是在箱体外拆装好后再将Ⅰ轴装到箱体中。

轴Ⅰ上的零件首先从两端开始拆卸，两端各有一盘轴承，拆卸轴承时，应用手锤配合铜棒敲击齿轮，连带轴承一起卸下，敲击齿轮时注意用力均匀，卸下轴承后，把轴Ⅰ上的空套齿轮卸下，然后把摩擦片取出，到这时整个Ⅰ轴上的零件卸下。

轴Ⅰ上的零件卸下后，向学生讲解轴Ⅰ的传动原理，并配合图讲解Ⅰ轴上的摩擦离合器的工作原理。

轴Ⅰ的装配在箱体外进行，在装配过程中应注意轴承的位置和Ⅰ轴上的滑套是否能在圆宝键上比较通顺的滑动，否则应视为装配不合理，从新进行装配。

轴Ⅰ装好后，再从箱体外装到箱体中。

（2）主轴箱的润滑装置

CA6140 型车床主轴箱的润滑方式主要有两种：柱塞泵式、下溅式。

对照实物，观察主轴箱的润滑方法：① 盘动轴Ⅰ，使柱塞运动，使学生了解柱塞泵的工作原理；② 使学生了解齿轮工作才能产生润滑油下溅的原理。

（3）钢带式制动器

在轴Ⅳ上装有制动器，通过制动器的操纵，使学生了解制动器的传动原理。

5. CA6140 型车床溜板箱拆装

（1）拆卸光杠、丝杠、操纵杠及固定支承座。

（2）拆下固定溜板箱 5 个螺栓（注意学生螺栓组的拆装顺序）。

（3）将溜板箱放置在工作平台上，串上光杠、丝杠、操纵杠。

① 讲解手动纵向、横向进给全过程。

② 操作溜板箱纵、横操纵手柄，观察看清齿轮切换及传动啮合，如何实现纵、横向机动进给。

③ 操作溜板箱丝扛进给手柄，观察丝杠、光杠、互换、互锁操作过程，了解机构原理。

④ 拆下纵、横向机动进给齿轮组及丝杠开合螺母装置，并讲解其结构和作用。拆装步骤如下：拆下手柄上的锥销，取下手柄；旋松燕尾槽上的两个调整螺钉，取下导向板，取下开合螺母，抽出轴等。装配按反顺序进行。

⑤ 清洗和修复各传动零件，按拆卸相反顺序安装好各个零件，使之能操作自如可靠。

（4）将溜板箱、丝杠、光杠、操纵杠安装在机床上，调解安装完毕后，使各个手柄操作自如可靠。

6. CA6140 型车床尾座的拆装

① 讲解尾座工作原理和各零部件功能。

② 提问学生如何拆装，讲解安装注意事项（主要是各基准面定位方法）。

③ 拆开尾座讲解进给和锁紧的功能零部件。

④ 清洗和修复各传动零件，按拆卸相反的顺序装配好各个零件。

7. 在拆装过程中提问并讲解车床可能出现的故障及排除方法

8. 清点工具，打扫卫生

### 四、注意事项

1. 看懂结构再动手拆，并按先外后里，先易后难，先下后上顺序拆卸。
2. 先拆紧固、联结、限位件（顶丝、销钉、卡圆、衬套等）。
3. 拆前看清组合件的方向、位置排列等，以免装配时搞错。
4. 拆下的零件要有秩序的摆放整齐，做到键归槽、钉插孔、滚珠丝杠盒内装。
5. 注意安全，拆卸时要注意防止箱体倾倒或掉下，拆下零件要往桌案里边放，以免掉下砸人。
6. 拆卸零件时，不准用铁锤猛砸，当拆不下或装不上时不要硬来，分析原因，搞清楚后再拆装。
7. 在扳动手柄观察传动时不要将手伸入传动件中，防止挤伤。

### 五、思考题

1. 说出车床主要部分名称及用途？
2. 齿轮传动有何特点？
3. 双向片式摩擦离合器有何作用？过紧或过松有何不妥？正转和反转的摩擦片片数为何不一样多？
4. 主轴箱有几种润滑方式？
5. 主轴轴承间隙如何调整？
6. 说明 CA6140 牌号意义？
7. 键连接有何特点？根据结构特点和用途的不同，键连接分哪几类？
8. 装配前的准备工作有哪些？
9. 指出三杠，说明其各自作用？
10. 开合螺母的作用？
11. 超越离合器起何作用？
12. 安全离合器有何作用？
13. 销连接特点？拆卸销时所用的工具叫什么？
14. 尾座作用？
15. 常用清洗液有几种？
16. 大拖板、中拖板、小拖板各起何作用？

### 六、实验报告要求

1. 根据实物画出车床的传动线路图。
2. 简要说明车床各组成部分的作用。

3. 回答 3～5 个思考问题。

# 实训二  铣床操作实训

## 一、实训目的要求

1. 了解铣床的组成及各手柄的作用。
2. 了解铣削加工工艺范围及特点。
3. 熟悉铣床的型号及种类。
4. 掌握铣削加工方法及简单分度计算。

## 二、实训仪器设备

X6132 型卧式铣床、分度头、平口钳、量检具、刀具等。

## 三、实训内容及步骤

1. 铣削知识的讲授

（1）对照机床讲授卧式铣床各组成部分及其作用，如附图 2-1 所示。

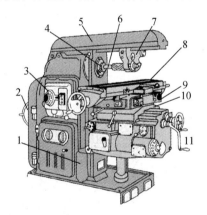

附图 2-1  X6132 型卧式万能升降台铣床

1—床身底座；2—主传动电动机；3—主轴变速机构；4—主轴；5—横梁；
6—刀杆；7—吊架；8—纵向工作台；9—转台；10—横向工作台；11—升降台

（2）讲授带孔铣刀的种类及安装
① 对照实物讲授带孔铣刀的种类及其作用，如附图 2-2 所示。
② 讲授带孔铣刀的安装

如附图 2-3 所示，带柄铣刀要采用铣刀杆安装，先将铣刀杆锥体一端插入主轴锥孔，用拉杆拉紧。通过套筒调整铣刀的合适位置，刀杆另一端用吊架支承。

（3）讲授分度头的结构与分度原理

分度头是铣床的重要附件之一，常用来安装工件铣斜面，进行分度工作，以及加工螺旋槽等。其结构及各部分作用如附图2-4所示。

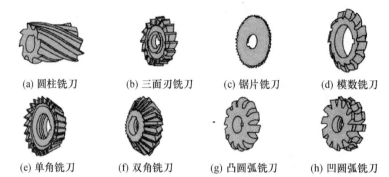

(a) 圆柱铣刀　　(b) 三面刃铣刀　　(c) 锯片铣刀　　(d) 模数铣刀

(e) 单角铣刀　　(f) 双角铣刀　　(g) 凸圆弧铣刀　　(h) 凹圆弧铣刀

附图2-2　带孔铣刀

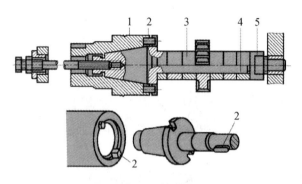

附图2-3　带孔铣刀的安装

1—主轴；2—键；3—套筒；4—刀轴；5—螺母

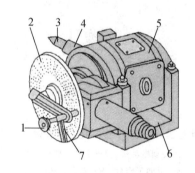

附图2-4　万能分度头结构图

1—分度手柄；2—分度盘；3—顶尖；4—主轴；
5—转动体；6—底座；7—扇形夹

简单分度方法的分度原理如附图2-5所示，分度头的传动路线是：手柄→齿轮副（传动比为1∶1）→蜗杆与蜗轮（传动比为1∶40）→主轴。可算得手柄与主轴的传动比是1∶1/40，即手柄转一圈，主轴则转过1/40圈。

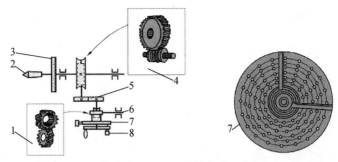

附图 2-5　万能分度头的传动示意图

1—1∶1 螺旋齿轮传动；2—主轴；3—刻度盘；4—1∶40 蜗轮传动；
5—1∶1 齿轮传动；6—挂轮轴；7—分度盘；8—定位销

分度头一般备有两块分度盘。分度盘正反两面上有许多数目不同的等距孔圈。

第一块分度盘正面各孔圈数依次为：24、25、28、30、34、37；反面各孔圈数依次为：38、39、41、42、43。

第二块分度盘正面各孔圈数依次为：46、47、49、51、53、54；反面各孔圈数依次为：57、58、59、62、66。

为了避免每次分度时重复数孔和确保手柄转过孔距准确，把分度盘上的两个扇形夹之间的夹角调整到正好为手柄转过非整数圈的孔间距。这样每次分度就可做到既快又准。

生产上还有角度分度法、直接分度法和差动分度等方法。

（4）工件的装夹

① 用平口钳装夹　小型和形状规则的工件多用此法装夹，如附图 2-6 所示。

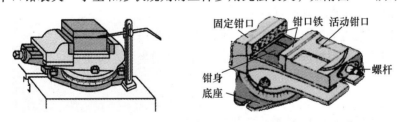

附图 2-6　用平口钳装夹工件

② 用分度头装夹　铣削加工各种需要分度工作的工件，可用分度头安装，如附图 2-7 所示。

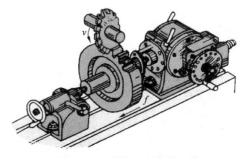

附图 2-7　用分度头安装工件

2. 铣敞开式键槽操作练习

这种键槽多在卧式铣床上用三面刃铣刀进行加工，如附图 2-8 所示。注意：在铣削键槽前，要做好对刀工作，以保证键槽的对称度。

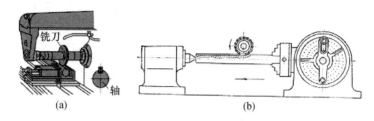

附图 2-8　铣敞开式键槽

以示范表演和讲解为主，在此基础上，学生在实习教师的指导下进行工件的铣削操作练习。

### 四、注意事项

1. 开机前各部手柄必须放在空挡位置。
2. 操作机床，不许戴手套，女同学必须戴帽子。
3. 操作前加注润滑油，空车运转 3 分钟。
4. 手动进给时不要太快，以免刀与工件相撞，装夹工件时要原理铣刀。
5. 必须把刀停稳后，才能装卸工件和测量工件。
6. 加工时必须按操作规则进行。
7. 加工时严禁用毛刷清理工件上、平口钳上的铁屑。
8. 工作完毕，清理机床上的铁屑和工作场地的卫生。

### 五、思考题

1. 对参加实际操作，培养动手能力有何感想？
2. 对大学阶段传授知识与培养能力有何看法？
3. 通过实习，有何收获、体会？有何意见和建议？

### 六、实训报告要求

1. 卧式万能铣床各部分作用。
2. 工件在铣床上的安装方法主要有哪几种？
3. 回答思考题。
4. 叙述操作步骤（上交加工件）。

## 实训三 滚齿机调整实训

### 一、实训目的要求

1. 了解滚齿表面形成方法、传动原理和机床的性能特点。
2. 掌握滚齿机的调整方法。
3. 培养学生的实际操作能力，观察和分析问题的能力。

### 二、实训仪器设备

Y3150E 型滚齿机、齿坯、滚刀、量检具、扳手等。

### 三、实训内容及步骤

1. 调整计算的原始资料

（1）被加工齿轮零件图如附图 3-1 所示。

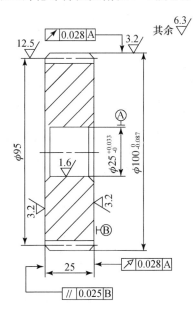

| 模数 | m | 2.5 |
|---|---|---|
| 齿数 | Z | 38 |
| 齿形角 | a | 20° |
| 公法线长度 | $w_k$ | $34.54_{-0.332}^{-0.126}$ |
| 跨齿数 | k | 5 |
| 精度等级 | | 10级 |

技术要求

1. 45钢
2. 调质235HBS

附图 3-1 齿轮零件图

（2）滚刀

材料：高速钢；螺旋升角：2°19′；旋向：右旋；齿形角 20°；头数：1；直径：55 mm。

（3）切削用量

从《机械加工工艺人员手册》中查。

## 2. 机床调整步骤

（1）分齿挂轮的安装

安装分齿挂轮时，要注意 e、f 齿轮组中 e 轮的安装。注意端齿离合器的使用，加工直齿、径向加工蜗轮时，用小端齿离合器；加工斜齿轮时，用大端齿离合器。

（2）刀架角度的调整

先松开固定刀架的螺母，用手柄套在方头轴上，转动方头轴即可调整刀架摆角。调整完后，拧紧固定刀架的螺母。注意刀架的调整方向。

（3）工件的安装

安装工件时，注意下列事项。

① 安装工件前应将所有的定心面与支撑面擦干净。

② 工件夹具（如垫圈、托盘的支撑面）应尽量靠近切削力的作用处。

③ 用千分表找正，使其径向振摆在 0.005～0.01 mm 之间。

④ 夹紧工件，防止松动。

（4）切深的调整

① 将刀架立柱移向工件，使滚刀和工件表面轻微接触。

② 将刀架立柱水平传动丝杠刻度盘对到"0"点（每小格 0.025 mm），每旋转一周，则刀架移动 2 mm，然后将刀架立柱稍微退出。

③ 利用点动按钮垂直移动刀架，使刀具外圆离开工件。

④ 将刀架立柱摇回"0"位，按计算的切深量，把刀架立柱摇进切深尺寸。

⑤ 利用点动按钮或手摇垂直移动刀架，使滚刀外圆离工件端面 2～3 mm 时，将控制机动离合器手柄向外转动合上，即可进行切削。

## 四、注意事项

1. 要求学生认真阅读实训指导书，做好准备工作。
2. 实训前算好挂轮比和相关参数。
3. 实训时，分工进行调整，交换检查调整的结果。
4. 实训过程中要反复思考，多提问，互相交流。
5. 实训过程中要注意安全，遵守操作规程。
6. 实训完毕，将机床恢复到实训前状态，清理机床和工作场地的卫生。

## 五、思考题

1. 加工左旋斜齿圆柱齿轮，用左旋滚刀时，刀架如何调整？
2. 在加工斜齿圆柱齿轮时，是根据工件的端面模数还是法面模数选刀？
3. 如何判断工件与滚刀转动方向的正确性？

## 六、实训报告要求

1. 机床的主要技术性能。

| 最大加工工件的模数 | | 最大加工工件的直径 | | 直齿 | |
|---|---|---|---|---|---|
| 最大滚切长度 | | | | 斜齿 | |
| 刀架最大行程 | | | | | |
| 滚刀最大直径 | | 进给量范围<br>（mm/工件 1 转） | | 刀架垂直进给 | |
| 滚刀转速范围 | | | | | |
| 工作台中心与滚刀轴中心距 | | | | 工作台水平进给 | |

2. 工件和刀具数据。

| 被加工工件 | | | 滚刀 | | | 切削用量 | | | |
|---|---|---|---|---|---|---|---|---|---|
| 齿数 | 法向模数 | 螺旋角 | 螺旋方向 | 头数 | 螺旋方向 | 外径 | 螺旋升角 | 切速（m/min） | 垂直进给 |
| | | | | | | | | | |

3. 调整及安装计算。

| 名称 | 传动比 | 配置挂轮 | | | 介轮 |
|---|---|---|---|---|---|
| 分度运动链 | | | | | |
| 垂直运动链 | | | | | |
| 差动运动链 | | | | | |
| 切速运动链 | | | | | |
| 刀架调整角度 | | | 刀架调整方向 | | |
| 跨齿数 | | 公法线长度（注出公差值） | | | |

4. 回答思考题。

# 参 考 文 献

[1] 郭艳艳. 机械制图及计算机绘图技能实训 [M]. 北京：人民邮电出版社，2007.
[2] 陈建. 车工技能实训 [M]. 北京：人民邮电出版社，2006.
[3] 罗继相，王志海. 金属工艺学 [M]. 武汉：武汉理工大学出版社，2009.
[4] 谭雪松，漆向军. 机械制造基础 [M]. 北京：人民邮电出版社，2008.
[5] 刘越. 机械制造技术 [M]. 北京：化学工业出版社，2003.
[6] 朱正心. 机械制造技术 [M]. 北京：机械工业出版社，2004.
[7] 张吉平，蒋林敏. 数控加工设备（第2版）[M]. 大连：大连理工大学出版社，2007.
[8] 杜可可. 机械制造技术基础 [M]. 北京：人民邮电出版社，2007.
[9] 吴先文. 机械设备维修技术 [M]. 北京：人民邮电出版社，2008.
[10] 陈根琴. 金属切削加工方法与设备 [M]. 北京：人民邮电出版社，2008.
[11] 单珊珊. 金属切削机床概论 [M]. 北京：机械工业出版社，2001.
[12] 赵宏立. 机械加工工艺与装备 [M]. 北京：人民邮电出版社，2009.
[13] 胡黄卿. 金属切削原理与机床 [M]. 北京：化学工业出版社，2004.
[14] 牛荣华. 机械加工方法与设备 [M]. 北京：人民邮电出版社，2009.
[15] 张普礼. 机械加工设备 [M]. 北京：机械工业出版社，1999.
[16] 晏初宏. 金属切削机床 [M]. 北京：机械工业出版社，2007.
[17] 崔兆华，王希海. 车工操作技能实训图解 [M]. 济南：山东科学技术出版社，2007.
[18] 陈家芳. 车工常用技术手册 [M]. 上海：上海科学技术出版社，2007.
[19] 陈舒拉. 公差配合与测量技术 [M]. 北京：人民邮电出版社，2007.
[20] 上海市第一机电工业局工会 [M]. 刨工. 北京：机械工业出版社，1979.
[21] 国家机械工业委员会统编，朱华主编. 中级刨工工艺学 [M]. 北京：机械工业出版社，1988.
[22] 杨柳青. 机械加工常识 [M]. 北京：机械工业出版社，2003.
[23] 吴国洪. 铣工 [M]. 北京：中国劳动出版社，2008.
[24] 林道平. 刨、插工学 [M]. 北京：中国劳动出版社，2008.
[25] 《铣工技术》编写组编. 铣工技术 [M]. 北京：国防工业出版社，1973.
[26] 姜鲁魁，廖振楷. 磨工技术问答 [M]. 济南：山东人民出版社，1977.
[27] 贺小涛，曾去疾等. 机械制造工程训练 [M]. 长沙：中南大学出版社，2004.
[28] 李长河. 机械制造基础 [M]. 北京：机械工业出版社，2009.
[29] 宋金虎. 金属工艺学 [M]. 北京：北京交通大学出版社，2009.
[30] 宋金虎，胡凤菊. 材料成型基础 [M]. 北京：人民邮电出版社，2009.
[31] 金关梁，金在富. 螺纹加工与测量手册 [M]. 北京：国防工业出版社，1982.
[32] 国家机械工业委员会. 中级镗铣工工艺学 [M]. 北京：机械工业出版社，1988.